各类示范标牌

减抗宣传牌

现代养殖场面貌

某养殖场场区（禽业）

某养殖场航拍图（禽业）

某养殖场鸟瞰图（种猪育种）

某养殖场鸟瞰图（奶牛业）

圈舍内景及养殖设备

工人巡视鸡舍

自动拣蛋设备

鸡舍笼改图

猪舍内部

生态猪养殖场内部

散栏饲养

牛棚舍

全混合日粮（TMR）料车

2×24 位并列式挤奶厅

现代化挤奶设施

成鸭鸭舍饮水区

鸭舍内景

畜禽养殖场兽用抗菌药使用减量化典型案例汇编

农业农村部畜牧兽医局

中国兽医药品监察所 编

中国兽药协会

中国农业科学技术出版社

图书在版编目（CIP）数据

畜禽养殖场兽用抗菌药使用减量化典型案例汇编/农业农村部畜牧兽医局，中国兽医药品监察所，中国兽药协会编. --北京：中国农业科学技术出版社，2021.11

ISBN 978-7-5116-5534-9

Ⅰ.①畜… Ⅱ.①农… ②中… ③中… Ⅲ.①兽用药—抗菌素—用药法—案例 Ⅳ.①S859.79

中国版本图书馆CIP数据核字（2021）第204885号

责任编辑　朱　绯
责任校对　贾海霞
责任印制　姜义伟　王思文

出 版 者　中国农业科学技术出版社
　　　　　北京市中关村南大街 12 号　邮编：100081
电　　话　（010）82106632（编辑室）（010）82109702（发行部）
　　　　　（010）82109709（读者服务部）
传　　真　（010）82109705
网　　址　http://www.castp.cn
经 销 者　各地新华书店
印 刷 者　北京科信印刷有限公司
开　　本　185 mm×260 mm
印　　张　19　彩插 16 面
字　　数　404 千字
版　　次　2021 年 11 月第 1 版　2021 年 11 月第 1 次印刷
定　　价　120.00 元

《畜禽养殖场兽用抗菌药使用减量化典型案例汇编》

参编人员

主　　编　谷　红　　巩忠福

副 主 编　黄显会　　王鹤佳　　郝利华

编写人员　（以姓氏笔画为序）

丁家勇	王子东	王亦琳	王忠田	王彦丽	王振来
王鹤佳	方忠意	邓亚婷	冯　梁	冯华兵	江定丰
巩忠福	孙播东	李　霆	李永琴	李军星	李金磊
杨　奇	吴　涛	吴　浩	吴志明	张　雯	张玉洁
张和平	陈　灵	苗玉涛	范　强	赵　贵	赵　琪
郝利华	胡　雪	胡自然	耿玉亭	钱莘莘	徐士新
徐松柏	高振同	黄　艳	黄怡君	黄显会	崔生玲
葛莉莉	董玲玲	韩　立	温　芳	傅博凡	蔡文军

前 言
PREFACE

　　兽用抗菌药广泛应用于动物养殖领域，在防治动物疾病、提高养殖效益、保障动物产品有效供给等方面，发挥了重要作用。但在养殖环节不规范、不科学使用兽用抗菌药，也会引起兽药残留超标、动物源细菌耐药等风险隐患。这些风险隐患不仅可造成兽用抗菌药使用失败，而且可能导致出现无药可治的多重耐药菌、甚至产生"超级细菌"，严重威胁人民身体健康和经济社会发展。耐药性不断发展成为全球公共卫生健康领域面临的一项重大挑战，引起了国际社会的高度重视。

　　党的十八大以来，全国畜牧兽医系统深入贯彻落实习近平总书记关于食品安全重要指示批示精神以及"四个最严"要求，多措并举、守正创新，全面实施兽用抗菌药综合治理行动，特别是 2018 年启动实施了兽用抗菌药使用减量化行动试点，引导广大从业人员"产好药、卖好药、用好药、少用药"，营造了良好社会氛围，取得积极进展。进入"十四五"时期，农业农村部将围绕保障畜牧业生产安全、动物源性食品安全、公共卫生安全和生物安全"四个安全"，依据《中华人民共和国生物安全法》，按照 2021 年中央一号文件、《国务院关于加快建立健全绿色低碳循环发展经济体系的指导意见》《国务院办公厅关于促进畜牧业高质量发展的意见》有关要求，深入实施兽用抗菌药使用减量化行动（以下简称减抗行动），有效遏制动物源细菌耐药风险，全面治理兽药残留超标问题，切实提升畜牧业绿色发展水平。

为科学指导推动畜禽养殖场（户）规范使用、减量使用兽用抗菌药，农业农村部畜牧兽医局组织中国兽医药品监察所、中国兽药协会，以蛋鸡、肉鸡、肉鸭、生猪、奶牛、肉牛、肉羊等畜禽品种为重点，从近3年减抗试点达标养殖场中遴选形成了一批兽用抗菌药使用减量化的典型案例，包括主要做法和经验，编制成册，以期对其他养殖场（户）能有所裨益。在此，对上述养殖场先行先试，主动实施减抗行动试点，并通过达标评价，给予充分肯定和表扬。对积极提供减抗实践鲜活材料的上述养殖场和有关人员，表示衷心感谢！

由于畜禽养殖减抗尚在探索阶段，不同地域、不同品种、不同养殖条件的场（户）面临的情况各不相同，收入汇编的相关做法和经验仅供参考、借鉴。

本书编者

2021 年 10 月

目 录
CONTENTS

第三部分　肉鸭养殖场减抗典型案例

第四部分　生猪养殖场减抗典型案例

第五部分 奶牛养殖场减抗典型案例

第六部分 肉牛养殖场减抗典型案例

第七部分 肉羊养殖场减抗典型案例

第八部分　养殖场典型做法实例

第一部分

01

蛋鸡养殖场减抗
典型案例

北京德青源农业科技股份有限公司（延庆基地）

动物种类及规模：蛋鸡 54 万羽，年产鲜鸡蛋 5 959t。

所在省、市：北京市。

获得荣誉：2008 年度全球水晶鸡蛋奖（2008 年，世界蛋品协会）；2008 全国蛋鸡企业 20 强（2009 年，中国畜牧业协会）；第七届农产品交易会金奖（2009 年，农产品交易会组委会）；蛋鸡标准化示范场（2010 年，农业部）；全国农产品加工示范企业（2010 年）；第八届中国国际农产品交易会畅销产品奖（2010 年）；中国绿色食品 2010 上海博览会畅销产品奖（2010 年，上海博览会组委会）；"农业产业化行业十强企业"称号（2010 年，农业部）；优质鸡蛋生产企业（2011 年，中国畜牧业协会）；农业产业化国家重点龙头企业（2019 年）；全国兽用抗菌药使用减量化行动试点达标养殖场（2021 年，农业农村部）。

养殖场概况

北京德青源农业科技股份有限公司是一家中外合资股份制高新技术企业，也是北京最大的蛋鸡养殖企业，产品销售额占北京市场品牌鸡蛋 50% 的份额，延庆基地存栏蛋鸡 60 万羽，占地面积 900 亩（1 亩约合 667m^2，全书同），致力于运用先进技术为消费者提供高品质、健康、安全、营养、美味和新鲜的鸡蛋、鸡肉产品。

养殖场场区

鸡舍

作为全国蛋鸡行业的龙头企业，公司一直发挥着技术先锋的作用：是全国第一家对鸡蛋产品采用双重杀菌技术来保障鸡蛋安全卫生的蛋鸡生产企业，是第一家在鸡蛋表面喷涂"鸡蛋身份证"的生产企业，是国家蛋鸡饲养、防疫及产品标准的主要制定单位之一。德青源开发的蛋品追溯体系、生态养殖模式、蛋品后加工体系、蛋鸡场循环经济体系等，被国内蛋品行业竞相效仿。公司每年向北京、香港、上海、深圳等城市提供5亿枚高品质鸡蛋，是2008年北京奥运会鸡蛋供应商。

减抗目标实现状况

2018年减抗前，每生产1t鸡蛋抗菌药使用量为32.38g，2019年减抗后，每生产1t鸡蛋抗菌药使用量为30.55g。

减抗试点前后，兽用抗菌药年使用量同比下降7.23%。

主要经验和具体做法

一、建立健全生物安全体系

制定了整套生物安全制度，定期对农场进行生物安全评估，持续改进，不断完善，提高防疫等级。

（一）采取"全进全出"饲养模式

同一场区在相对同一时间内进鸡、转群或淘汰，根据饲养量的差异，相对时间控制在30天内。目的是利于生产组织（人员、物资、工作、饲料等），利于切断批次之间疾病传播。场区同时还采取冲洗、净场、消毒等措施，不给细菌病毒可乘之机。

鸡群周转：进鸡间隔不超过4周；空栏时间不低于4周，净场时间不低于2周。

做到"六统一"：统一进鸡转群，统一场家品种，统一防疫程序，统一饲养程序，统一饲料供应，统一考核标准。

（二）传染媒介的有效控制

场内定期清除生产区周围的杂草，防止有啮齿动物栖息。场区内道路、料塔下或操作间有饲料遗撒时，应及时清扫干净。场区内依消毒程序定期进行消毒，防止蚊蝇滋生。排水良好，除了刚刚下雨后，不得存有积水，当有蚊蝇出现时，应当选用高效低毒的药物进行喷洒处理。对鸡舍及存放材料的建筑物所有出入口处应进行适当的防护，尽可能地防止动物性有害生物入侵。冲洗完鸡舍后，及时填堵地面及墙壁的鼠洞漏缝，以防虫鼠入侵。

及时清理场内废物和垃圾，避免病虫害滋生。

二、加强鸡群饲养管理

（一）选择健康优质的鸡苗

品种选择：品种参考包括褐壳蛋（海兰褐、罗曼褐、京红）、粉壳蛋（海兰灰、罗曼灰、罗曼粉、京粉、大午金凤）、白壳蛋（海兰白）等。

供苗场选择：筛选和确定供苗场，提出基本资质要求。首先供苗单位必须达到供雏能力单日出雏 10 万羽以上，同批次父母代存栏不少于 10 万套；其次是市场认可，特别是国内大型商品蛋鸡场认可度高。

现场考察：考察项目包括种鸡场的规模、生物安全体系、饲养模式、生产成绩、鸡群健康状况（现场采血检验）、技术能力、孵化能力、运输条件以及雏鸡免疫疫苗等。

雏鸡质量要求：① 无垂直传播疾病，白痢沙门氏菌血清抗体检测阳性率 0.1% 以内，病原体检测阴性，禽白血病 J 亚型（ALV-J）阴性，AB 亚型（ALV-AB）阳性率 5% 以内，禽网状内皮组织增生病（REV）阳性率 5% 以内，鸡滑液囊支原体（MS）种鸡免疫阳性率在 90% 以上，不免疫为阴性；② 供种鸡群要求在 30~55 周龄；③ 体重和均匀度要求个体体重不低于 30g、不高于 40g，均匀度在 85% 以上；④ 性别鉴别准确率在 99.9% 以上；⑤ 按照国家技术规范要求注射马立克氏病疫苗，保证免疫效果。

（二）切实有效的消毒管理

1. 消毒剂的选择与使用

要选择对人和鸡刺激性小、杀菌或杀毒效果好、易溶于水、对物品和设备无腐蚀或腐蚀小的消毒剂。一般至少选用 2~3 种消毒剂，现在常用的消毒剂有季铵盐类、碘制剂和醛类等。交替使用可使不同种类消毒剂优势互补。每种消毒剂各有其作用对象，季铵盐类属阳离子表面活性剂，主要作用于细菌；碘制剂利用其氧化能力杀灭病毒，作用较强；醛类可凝固菌体蛋白，对细菌、病毒均有较好的作用。

消毒剂使用注意事项：浓度要把握得当，每种消毒剂都有其发挥功效的最佳浓度范围，超出此范围，一是浪费，且达不到最佳效果；二是容易对鸡群和人体造成伤害；三是有些消毒剂会腐蚀饲养设备。

一定要使消毒剂完全溶于水并混匀。消毒前，应一次性将所需的消毒液全部兑好。药液不够时暂停消毒，将消毒液配好再继续，严禁一边加水一边消毒，这样会造成消毒液浓度不均匀，起不到消毒效果。消毒液要现用现配，不能提前配好，也不能剩下留用，防止消毒液在放置过程中失效；室外不宜用挥发快的消毒剂。在一定范围内，消毒液的杀菌力与温度成正比。温度增高，杀菌效果增加，消毒液温度每提高 10℃，杀菌能力约增加一倍，但是最高不能超过 45℃。因此，夏季消毒效果要比冬季好。配制消毒液时最好用温水（特别是固体消毒剂），尤其是舍温较低的冬季。在用活苗免疫前后24h之内应禁止消毒或冲洗饮水器管，否则会影响免疫效果。

2. 消毒方法

包括带鸡消毒、环境消毒、空栏消毒和净场消毒。

带鸡消毒：① 消毒前准备。带鸡消毒要在清粪、打扫卫生之后，清除环境中的污物时，可发挥更好的消毒效果。产蛋鸡要在集蛋完成以后进行。② 消毒液的配制。消毒剂的用量按使用说明的推荐浓度与用水量计算，用水量根据鸡舍的空间大小估算，一般每立方米鸡舍需要50~100mL。不同季节，消毒用水量应灵活掌握，在天气温暖时用量应偏大，按标准的上限计算；天气寒冷、保暖差时用量偏小，按标准的下限计算。③ 消毒顺序。一般按照从上至下，即先房顶、笼架，最后地面的顺序，从后往前，对通风口与通风死角的消毒务必要严格彻底（鸡舍侧窗、尾端、操作间等处），这是阻断传播途径的关键部位。④ 消毒时间。消毒最好选在每天的10：00—15：00进行，此时气温比较高一些，比较适合消毒。根据舍温，消毒时间可长可短，舍温高时，放慢消毒速度、延长消毒时间，可起到防暑降温作用；舍温低时，加快消毒速度、缩短消毒时间，可降低对鸡只的冷应激。⑤ 消毒方法。消毒液呈雾状，均匀落在笼架、过道和地面，使表面微湿。同时喷洒、冲洗房梁与通风口处，不可以直接对鸡体喷射。消毒后应增加通风，以降低湿度，特别在闷热的夏季更有必要。⑥ 消毒频率。雏鸡舍每周消毒2次；蛋鸡舍根据舍内环境污染程度及鸡龄不同，每周消毒2~3次，在产蛋上高峰之前或鸡群有异常时，适当加大消毒的频率。

环境消毒：① 消毒时间。一般下午16：00（冬季15：30）进行消毒，夏季温度高于30℃、冬季温度低于0℃或雨雪天气等情况时顺延。② 消毒频率。正常情况下每周三、周六采用统一消毒药品对场区进行消毒，特殊情况下，增加消毒频率。③ 消毒区域。场区环境，重点鸡舍周边，道路、食堂、宿舍、卫生死角等。

空栏消毒：一般程序包括① 清扫与冲洗，眼观检查合格；② 第一次消毒（戊二醛1：200喷雾消毒）；③ 第二次消毒（碘制剂1：500喷雾消毒）；④ 第三次消毒（季铵盐类1：600喷雾消毒）；⑤ 熏蒸消毒（甲醛30~48mL/m³）。空栏消毒应注意：① 消毒剂浓度按照浸泡浓度使用；② 用水量达到200mL/m³；③ 注意消毒剂之间配伍禁忌，如酸碱、氧化剂等；④ 熏蒸前把水线浸泡处理干净；⑤ 上一批鸡群有问题的鸡舍最后增加一次熏蒸消毒。

净场消毒：空栏期间把场区进行彻底清理消毒，包括鸡舍内外。舍内严格执行空栏消毒程序，舍外硬化地面彻底冲洗消毒，非硬化地面选择翻地露出新土或填埋新土等方式，最后铺撒一层石灰，最大程度地把上一批鸡遗留的各种东西处理干净。① 每批鸡转群或淘汰后，都要净场消毒一次；② 场区内所有杂物清理出场区，并进行合适的处理；③ 垃圾清理干净后，要对各区域进行检查，确保彻底清除干净；④ 消毒首先要对场区地面进行喷洒消毒（按照消毒用药指导），其次对车间前后端用火焰消毒器彻底焚烧，不能有鸡毛存在。

三、规范兽药使用

场内兽医具有执业兽医师资格，做到持证上岗，同时了解兽药使用的相关法规，能够根据《中华人民共和国兽药典》和《中华人民共和国兽药典·兽药使用指南》等国家标准和规范，掌握鸡群群体用药及常用药物配伍方案，保障鸡群健康和生产良性循环，同时做好处方用药记录，以备待查。

四、选择替抗产品和非抗产品

提高免疫力产品，青年鸡使用白介素、黄芪多糖等提高鸡群抵抗力。减少鸡群应激，在免疫、转群等之前，使用维生素等抗应激产品。调节鸡只肠道，关键阶段使用微生态制剂调理肠道，减少肠道疾病发生概率。中药防控，治疗鸡群呼吸道疾病选用麻杏石甘口服液，抗炎选用植物提取精油等来减少抗菌药使用。

慈溪市新浦益大养鸡场

动物种类及规模：蛋鸡 10 万羽，年产鲜鸡蛋 3 500 t。

所在省、市：浙江省慈溪市。

获得荣誉：2010 年被农业部评为畜禽标准化示范场；2011 年被评为畜禽养殖机械化示范基地；2016 年被评为浙江省"美丽牧场"；2020 年被农业农村部评为全国首批兽用抗菌药使用减量化行动试点达标养殖场；2021 年被评为浙江省高品质绿色科技示范基地。

养殖场概况

慈溪市新浦益大养鸡场于 2007 年投资建厂，坐落于杭州湾南岸新浦镇腰塘村，总占地面积 74.36 亩，其中生产用舍 14 923 m²，办公及附属用房 1 077 m²，绿化 660 m²。项目总投资 3 000 多万元，拥有自动喂料机、自动清粪系统、鸡舍环境监控系统等一系列现代化养殖设备，其中降温系统从瑞士进口、饮水乳头从荷兰进口，多项设施、设备达到国内先进水平。目前，养鸡场常年存栏父母代种鸡 5 万套，商品代蛋鸡 10 万羽，年产疫苗蛋 2 000 万枚和无公害鸡蛋 3 500 t。采用标准化笼养模式。

养殖理念：绿色养殖，循环农业，利益大众。

养殖场全景

减抗目标实现状况

2017 年起，对养殖场 20170717、20170903、20171130、20180717 四个批次的蛋鸡用药进行了核算，每生产 1t 鸡蛋用药量分别为 13.09g、12.42g、11.11g 和 10.88g。

主要经验和具体做法

一、加强兽医人员配备

兽医人员数量、资质可以保证养殖场的诊疗需求。兽医人员能通过观察鸡群精神状况、发病症状、临床检查、动物剖检等做出疾病诊断。能依据鸡群发病的状况、用药指征和药物敏感性结果合理选择抗菌药并制定用药方案。

二、完善基础设施建设

（一）兽医诊疗条件

养殖场建有兽医人员办公及诊疗、化验的场所，配备了基本诊疗设备，总部实验室配备了冰箱、电子天平、电热干燥箱、生物显微镜、生化培养箱、超净工作台、自动手提式灭菌器、水浴锅等设施、设备。在抗菌药敏感性试验、生化检验、必要的血清学检验、病理学诊断等方面，公司与浙江省农业科学院农产品质量标准研究所（现更名为农产品质量安全与营养研究所）、杭州洪桥中科基因技术有限公司签订了技术服务合同，可为养殖场提供及时准确的检测和技术指导。

（二）兽药储存条件

建有独立的药物储存室，配备了冷藏冰箱、货架台等设施，能够满足兽药、疫苗等物品的储存条件。

（三）生物安全保障

场区与交通干线、居民区、屠宰场及其他养殖场有一定的安全距离，鸡场内部对生产区、生活区、粪污处理区进行了区域划分，净道与污道无交叉。

鸡舍内部及周围的卫生由负责该栋鸡舍的饲养员每天负责清扫。鸡舍内安装了环境自动控制系统，可以实现养殖环境的智能控制。

生产区入口设有消毒池，场外车辆一律不许进入生产区，物资用内部车辆转运，内部车辆消毒后进入生产区；每栋鸡舍门口设有消毒池，经严格消毒后进入鸡舍；进入生产区的人员必须先换衣、换鞋，然后通过紫外灯照射、喷雾消毒通道后方可进入。

养殖场采用堆肥发酵技术对粪污进行无害化处理。发酵过程主要是将畜禽粪便等有机废弃物与发酵菌剂、辅料混匀后（含水量在 50%~60%），用铲车送入发酵池，堆积厚度为 1.5~1.6m，整个发酵池最多能堆满 7 天的鸡粪。靠高压风机强制通风和翻滚物料时物料与空气接触所提供的氧气，进行连续好氧发酵，使发酵物料快速腐熟、灭菌、除臭、去水、干燥，发酵周期 7 天。每天及时将发酵好的物料用铲车运走，将发酵池腾出空间以补充新的发酵物料，从而形成连续的发酵过程。

按照《病死及病害动物无害化处理技术规范》要求，每天定点进行病死鸡无害化处理。

三、完善基本管理制度并严格执行

对原有的《益大养鸡场生物安全管理制度》进行完善和修订，并严格执行，促进减抗工作的实施。

四、完善生产记录体系并严格执行

（一）兽用抗菌药出入库记录

对所有兽用抗菌药的购入、领用及库存均有完整的记录，设计了《抗菌药出入库记录表》《疫苗出入库记录表》，记录内容包括兽药通用名称、含量规格、数量、批准文号、生产批号、生产企业名称等。

（二）兽医诊疗记录

兽药使用均为预防保健性用药，无治疗性用药，根据实际情况设计并使用了《执业兽医处方笺》，抗菌药的使用有兽医处方记录，包括用药对象及其数量、诊断结果、兽药名称、剂量、疗程和必要的休药期提示。针对病死动物或典型病例，设计并使用了《病死鸡剖检记录表》，内容包括大体剖检和必要的病理解剖学检查。

（三）用药记录

《兽药用药记录表》的用药记录翔实，内容包括药物品种、规格、使用量和用药次数，且与兽医处方记录一致。此外，养殖场还制定使用《消毒记录表》《病死鸡处理记录表》《疫苗免疫记录表》等，尽量将养殖关键环节的养殖档案建立起来。

五、减抗具体措施和经验

（一）选购优质鸡苗

品质优良的健康鸡苗是养好鸡的基础，养殖场在引进鸡苗之前，必须先了解清楚该品种鸡的生长特性、当地是否有鸡疫病流行、被引进养殖场是否按规定程序接种相关疫苗等情况。最好选择从信誉好、规模大的养殖场引进鸡苗。本场选择从有一定生产规模、经营管理较好的北京市华都峪口禽业有限责任公司（以下简称峪口禽业）进购鸡苗。

（二）严控饲料品质，施行抗菌药替代技术

通过建立原料采购新标准，指导选购优质饲料原料，对玉米、豆粕等原料，进行多次过筛等预处理，提高饲料清洁程度，保障饲料安全。饲养各阶段饲料中不添加抗菌药。饲料中添加绿色饲料添加剂，如乳酸菌、枯草芽孢杆菌、凝结芽孢杆菌、中草药等。它们是新型天然绿色饲料添加剂，能促进有益厌氧菌生长，调节动物肠道 pH 值，改善肠道健康，通过刺激动物免疫器官发育、提高干扰素和巨噬细胞活性等途径提高畜禽机体免疫力。增强鸡群体质，降低发病率。

（三）做好疾病防控

坚持"预防为主，防养结合，防重于治"的原则。根据鸡苗母源抗体水平调整和选择疫苗，制定适合本场的免疫程序，做好免疫接种，并定期抽检本场鸡群的抗体水平。目前，本场制定的免疫程序免疫效果较好。对于育雏前期短期密集的疫苗接种，可为雏鸡适当补充维生素，缓解应激。

根据鸡群产蛋期易发生的疾病，采取针对性防控。对于大肠杆菌病，在饲料中添加乳酸菌、枯草芽孢杆菌等益生菌。对于输卵管炎症，每月投一次中药，连投 5 天，可有效缓解产蛋过多引起的输卵管炎症。对于鸡慢性呼吸道疾病，一是提高鸡的抵抗力，春秋冬三季平均 20 天投喂一次多维，可有效抵制日夜温差大引发的鸡受凉感染呼吸道疾病；二是调节鸡舍内的通风量，计算鸡舍最小通风量及风机换气等情况，通过安装环境控制系统，调节大小风机运行温度，使鸡群体感温度保持在相对稳定、适宜的范围内；三是通过技改将原先传统的刮粪板清粪改为传送带清粪，可减少粪便在鸡舍内的残留，降低鸡舍氨气浓度，改善鸡舍内的空气质量；四是保护环境卫生，严格按照鸡场消毒制度对鸡舍及周边环境进行消毒。

（四）加强饲养管理

全场执行批次化生产程序。"全进全出"，减少疾病传播，降低鸡群的发病率。

对鸡舍清粪设备进行改造。降低鸡舍内氨气浓度，改善鸡舍内空气质量，鸡群呼吸道疾病明显减少，提高鸡群福利。

配备物联网监控系统和智能管理系统。通过安装物联网监控设备，可监控养殖场大门口、育雏舍、各蛋鸡舍、主干道等关键位点，便于监管生产各环节和查看鸡群状态。每栋鸡舍安装环境自动控制系统，系统会根据设置好的温度来调节各鸡舍的温度、通风等，为鸡群提供适宜的生长环境。

安装磁化水处理设备。水磁化后理化性质发生了改变，鸡群饮用磁化水可提高机体免疫力、饲料转化率和减少空气臭味等。

蛋鸡舍

沼气池

（五）提高环境卫生控制

环境卫生：鸡场内部对生产区、生活区、粪污处理区进行了区域划分，净道与污道无交叉。场内卫生由专人打扫，鸡舍周围的杂草及卫生由负责该栋鸡舍的饲养员负责清扫、消毒。

环境消毒：道路每周消毒一次；鸡舍4天消毒一次（活苗免疫前后共3天不进行消毒）；工作人员的工作服由专人每天清洗消毒一次。

场外车辆一律不许进入生产区，物资用内部车辆转运，内部车辆消毒后进入生产区；进入生产区的人员要换衣、换鞋并经紫外灯照射10min后，喷雾消毒30s才可进入；每栋鸡舍门口设置消毒池，进入人员严格踩踏消毒后进入鸡舍。

养殖场采用堆肥发酵技术。将鸡粪便等有机废弃物与发酵菌剂、辅料混匀后（含水量在50%~60%），靠高压风机强制通风和翻滚物料时带来的氧气，进行连续好氧发酵，使发酵物料快速腐熟、灭菌、除臭、去水、干燥，发酵周期7天。每天及时清理发酵好的物料，补充新物料，形成连续的发酵过程。

病死鸡定时定点进行无害化处理。

福建省大丰山禽业发展有限公司

动物种类及规模：蛋鸡45万羽，年产鸡蛋6800t。

所在省、市：福建省三明市。

获得荣誉：2015年被农业部评为全国畜禽标准化示范场；2017—2019年被农业部（2018年4月起称"农业农村部"）评为蛋鸡标准化示范场；2021年被农业农村部评为全国兽用抗菌药使用减量化行动试点达标养殖场。

养殖场概况

公司成立于2014年10月，位于福建省三明市清流县大丰山省级森林公园内，是以商品代蛋鸡养殖、品牌鸡蛋、有机肥生产销售为主的福建省农业产业化省级龙头企业、"省级现代畜禽产业园创建县"引领企业。项目总投资3亿元，占地面积120亩，引进德国大荷兰人品牌全自动蛋鸡养殖设备。

选用峪口禽业、宁夏晓鸣农牧股份有限公司（以下简称晓鸣股份）等自主培育的京红、京粉、海兰白、海兰褐蛋鸡配套系商品代蛋鸡进行生产，这些品种具有抗病力强、死亡率低、产蛋性能好等优点，饲料报酬率高，生产性能发挥稳定，又具有地方品种特色，是目前国内蛋鸡的当家品种。

公司以现代化生态养殖管理模式，实施分阶段、"全进全出"的生产模式；采用自动送料、饮水、智能通风、自动传送等智能化生产和信息化互联网管理方式，随时掌握蛋鸡的生产状况，大大提高了蛋鸡生产管理效率。

公司坚持"科学饲养，绿色安全"的养殖理念。

减抗目标实现状况

减抗后，平均每生产1t鸡蛋使用抗菌药0.77g。实施减量化试点后减少使用抗菌药10.47%。

养殖场航拍图

可视化监控

主要经验和具体做法

一、环境控制

场区远离居民区，地势平坦，四面环山，地质构造简单，无构造断裂层通过，隔离环境条件满足项目建设生物安全要求。场区建设用地面积为120亩，建设9幢钢结构标准化鸡舍、配套饲料加工厂、有机肥厂、储蛋库、员工宿舍及办公用房相关配套设施，场内净道、污道无交叉。

对养殖过程产生的危险废弃物集中存放，委托有资质的环保企业无害化处理养殖过程产生的粪便、病死鸡。通过生物化制处理，形成堆肥，生产出的有机肥作为有机蔬菜、水果、烟叶、茶叶、油茶等的肥料，实现园区循环农业绿色经济。

二、设备选用和品种选育

公司以现代化生态养殖管理模式，实施分阶段、"全进全出"的生产模式：养殖设备选择的是世界领先的家禽、家畜设备供应商——大荷兰人公司的鸡舍成套设备，采用自动喂料、饮水、集蛋、通风降温及清粪系统等智能化生产和信息化互联网管理方式。

控制系统：ViperTouch是大荷兰人公司最新开发的用于禽舍气候和生产的模块化控制系统，有创新的触摸屏设计、操作速度极快的处理器和存储器、可以进行个性化配置的显示界面能连接8个室内温度传感器及2个湿度传感器，还有优化的舒适温度控制；带日光模拟功能的光照程序，养殖过程的报警管理，完整记录生产、生长、耗料量、耗水量及死亡率；集成网络接口轻松保存及传输生产数据，提高生产效率和经济收益。

选用国内具有种畜禽生产经营许可证的峪口禽业、晓鸣股份等养殖企业自主培育的京红、京粉、海兰白、海兰褐蛋鸡配套系商品代蛋鸡进行生产，这些蛋鸡具有抗病力强、死亡率低、产蛋性能好等优点，饲料报酬率高，生产性能稳定，有地方特色，是优选品种。

三、疫病防控技术

（一）环境控制和人员配备

养殖场远离居民区，满足生物安全要求，符合环保要求。在养殖场大门口设车辆消毒通道和人员消毒通道。场内分区建设布局合理，净、污通道独立，配备完整的兽医技术团队，有独立的诊断能力，能依据动物发病状况、用药指征和药物敏感性结果合理选择抗菌药，根据本地区鸡疫病发生的种类、当地疫病流行情况和免疫检测结果，因病设防，制定科学规范的管理制度和免疫程序，并制定用药方案。

（二）投入品使用

严格遵守饲料、饲料添加剂和兽药使用有关规定，对原材料采购严格把控，定期要求原料供应商提供产品检测报告；兽医人员对公司所有兽药的购入、领用及库存，应有完整的记录，所有的记录均单独成册，购入人员、领用人员在入库和领用后均应签字确认，保证公司的所有兽用抗菌药均可追溯。

（三）建立追溯体系

严格执行兽用处方药和休药期制度，并建立相关药品使用记录，库管人员将相关记录及时录入省农产品质量安全追溯监管信息平台，对每批次鸡蛋上市前赋码。

四、制度建设

具备完善的养殖场基本管理制度，包括生物安全制度，兽药供应商评价制度，兽药出入库管理制度，兽医诊断与用药制度、记录制度，人员管理制度，人员、车辆、物品进出管理制度，饲养员管理制度，消毒制度，免疫制度，检疫申报与疫情报告制度，动物产地检疫申报制度，养殖场消毒与无害化处理制度、病死动物报告及无害化处理制度、医疗废

绿化带

养殖设备

物无害化处理管理制度、免疫及药物预防制度，并设专人负责制度实施和监督。

粪污处理设备 　　　　　　　　　　　尾气处理设备

五、抗菌药替代方案

在养殖生产中，使用植物类中药提取物等新型兽药替代具有治疗、预防作用的兽用抗菌药制剂。

（一）立足全链条综合防控

在动物养殖全链条各环节，做到减少病原接触机会，提高畜禽自身免疫力。一是品种选育，种源无病原，实施疫病净化，确保种苗健康。二是饲料无病原，饲料常常存在霉菌及霉菌毒素，如黄曲霉毒素、玉米赤霉烯酮毒素、T-2毒素、呕吐毒素、赭曲霉毒素等，通过对饲料原料采取热处理熟化预调制技术，配合霉菌毒素复合处理剂（脱霉剂），减少饲料中的致病菌，提高饲料转化率，增强肝肾解毒排毒能力，提高自身免疫力，降低死淘率，提高生产性能等，严防"病从口入"。三是通过采取精准营养、精准配方、精细饲养等措施，实现营养均衡供给，应用抗病营养策略，增强机体免疫力，改善肠道健康，提高动物自身抗病力。四是环境少病原，加强养殖环境控制和粪污管理，为蛋鸡生长提供洁净的空间环境。

（二）应用绿色安全替代产品

从抗菌药促生长的作用机制来看，抗菌药发挥作用的主要部位在肠道，且抗菌药替代品要想达到替代抗菌药的效果，至少应具备三个作用特征：① 调整肠道微生物结构；② 保证动物肠道健康，促进营养物质吸收；③ 增强肠道免疫力，提高动物抗病力。酶制剂、有机酸、微生态制剂、中草药添加剂、低聚糖类五种抗菌药替代品中，中草药是经常使用的抗菌药替代品，常用中草药包括益母草、白头翁等具有改善动物免疫力、调节微生态平衡、调理肠胃健康、改善吸收等作用的天然植物提取物。

通过与国际一流饲料生产企业合作，建立点对点的营养抗病体系，由饲料生产企业技术人员与大丰山公司技术团队共同探讨建立了一套符合大丰山公司自身饲料营养体系，精选优质维生素及氨基酸和各类有机物质，保证各阶段鸡群的精准营养，提高全群的免疫力，达到营养抗病的效果，减少鸡群发病情况。通过复方中兽药制剂和微生态制剂的配合用药，有针对性地提升鸡群的免疫力以及解决部分问题。比如为了解决蛋鸡肠道吸收问题，公司采用了国际一流的酸化剂和植物精油，通过酸化剂处理，降低 pH 值的同时利用植物精油加强鸡群肠绒毛的发育，促进肠道吸收饲料营养。以此逐步完成无抗养殖的体系构建，在逐渐完善的过程中，向着无抗养殖方向稳步前进。

光明食品集团上海海丰大丰禽业有限公司

动物种类及规模：蛋鸡 50 万羽，年产鲜鸡蛋 8 395t。

所在省、市：上海市。

获得荣誉：2013 年被农业部认定为畜禽标准化示范场；是江苏省畜牧生态健康养殖示范基地。

养殖场概况

公司成立于 2014 年，现有青年后备鸡场一座、标准化产蛋鸡场两座，总投资为 5 414.9 万元。公司养殖最大存栏量为青年后备鸡 12.6 万羽，产蛋鸡 50 万羽。现有 17 万羽和 33 万羽标准化蛋鸡饲养场各一座、12.6 万羽育雏育成鸡场一座。养殖设备全部是从美国侨太·布罗克公司购买的全自动、标准化蛋鸡养殖设备，实现全自动生产，生产性能提高。鸡舍面积 100 亩，满栏后鸡蛋日产量为 18t，年销售量达 6 000 余 t。

公司相继通过 ISO 9001：2015 质量管理体系和 ISO 14001：2015 环境质量管理体系认证，公司产品通过无公害认证。公司始终秉持科学的管理及发展理念，通过引进先进的国际优质蛋种鸡品种及自动化养殖设备，与国家家禽工程技术研究中心紧密合作，强强联合，以国家家禽工程技术研究中心的技术为依托，建立并实施了涵盖饲养管理、疾病预

大门

全景

防、饲料营养、环境检测等一系列科学化、规范化管理程序，实现了具有国际领先水平的蛋鸡层式规模化饲养。

减抗目标实现状况

自 2018 年 1 月起正式启动抗菌药减量化试点工作，单位抗菌药用量由前一年的 31.98g/t 下降至 24.98g/t，下降幅度达 21.89%。

主要经验和具体做法

一、加强养殖场总体卫生防疫，保障养殖场生物安全

养殖场建在地势高燥平坦、背风向阳、排水良好的卫生地带，环境优美，易于组织防疫。养殖场距离交通要道、公共场所、居民区、城镇、学校 1km 以上；距离医院、畜产品加工厂、垃圾及污水处理厂 1km 以上。

场内布局：养殖场内部分设生活区、生产区、粪污处理区，实行专人分区管理。蛋鸡舍建设要向阳、通风，便于清洗、消毒和防疫。养殖场生产区布置在管理区的上风向或侧风向处，污水粪便处理设施和病死鸡处理点设在生产区的下风向或侧风向处。场区各类防疫、治污设施齐全。

大门入口处设置宽与大门相同、长 6m、深 0.3m 的水泥结构消毒池，并保证有充足有效的消毒液。生产区和生活区严格分开，二者之间设有隔离室、消毒室，内有消毒喷雾器、紫外灯等卫生防疫相关设备。

公司建立了饲养管理、疾病预防、饲料营养、环境检测等一系列科学化、规范化管理程序，形成了具有国际领先水平的蛋鸡层式规模化饲养基地。

二、确保种源质量，加强饲养管理，提升蛋鸡健康水平

鸡场的鸡苗从具有商品代蛋鸡经营许可证的晓鸣股份引进，是正规种鸡场和孵化场引进的健康合格的鸡苗，品种选用产蛋性能好、抗病力强的海兰褐蛋鸡。强化鸡群禽白血病（ALV）、滑液囊支原体（MS）、败血支原体（MG）的净化工作，降低阳性率，从根本上提高鸡苗质量及鸡只抗病力。

三、严格执行生物安全管理措施

进场车辆严格进行消毒、进场人员严格进行洗澡、消毒隔离后，方可进入鸡舍。仅允

许与场内生产相关车辆进场，要进行全面有效喷淋消毒。所有进场物资必须进行严格消毒方可运入场区。

生产人员进入生产区时应严格消毒，更换衣、鞋，工作服应保持清洁，定期消毒，饲养人员不准相互串岗；非工作人员不允许进入生产区。在特殊情况下，非生产人员需经领导批准，严格进行消毒，淋浴后更换防护服后方可进入生产区，并遵守场内一切防疫制度；场内严禁畜禽混养；严禁外购的活禽或禽类产品进入场区；定期进行投药灭鼠，并及时收集鼠药和死鼠进行无害化处理；及时对病鸡进行隔离诊治或处理，对死亡鸡进行无害化处理，鸡场发生疫病时，采用清群和净化处理措施，按规定做好无害化处理。

日常卫生管理。每天打扫禽舍卫生，保持料槽、乳头饮水器、用具干净，地面清洁，定期清理粪便。定期对舍、禽、设备及周围环境进行消毒，每批蛋鸡出栏后，蛋舍实施彻底清洗、消毒。场内制定严格完整的消毒制度和消毒程序，配套消毒设施齐全；建立完整的消毒记录；禽饮用水应定期进行微生物检测，水源充足、洁净。

每栋鸡舍鸡群采用"全进全出"，出栏后的空舍必须及时进行清理，高压冲洗并验收合格后进行消毒。定期进行带鸡消毒及公共道路和大环境消毒。

四、从细节做起，保证免疫质量和用药效果

依据流行病学对免疫程序进行适时合理调整。定期对鸡群进行抗体检测。严格把握各批次疫苗的质量，进行外源病毒等各方面的安全检测，并将检测结果及时反馈给采购部门，采购员根据检测结果安排采购计划。养殖场药品库配备相应的疫苗储存设备，并定期对设备进行检查，每天记录储藏温度，确保疫苗储存安全。定期对免疫操作人员进行相关业务培训，确保免疫各环节操作规范，以保证达到免疫良好的效果。每次鸡群免疫时，技术管理人员要到现场检查，了解疫苗预温或保温工作，同时要求灭活苗免疫时定期检查注射器剂量，定期更换针头，以确保免疫质量、降低免疫应激。

采购源头的控制。选择有资质、信誉高的供应商，并不定期对其产品送第三方检测机构进行检测，杜绝假药及不合格药物进入公司。常规保健使用多维、酸化剂以及微生态制剂，产蛋期治疗以中兽药为主。坚持开展病原菌对抗菌药的敏感性测试，减少不确定因素的随意用药或使用不敏感药物。做好日常台账相关记录，做到所使用药物进出库、使用记录内容一致。

五、积极寻找抗菌药的替代品

禁止在产蛋期使用抗菌药，以中兽药、免疫增强剂或其他替代产品和功能性添加剂替代抗菌药。治疗使用抗菌药时采用饮水或注射的方法，摒弃拌料投药的方式，减少抗菌药

的使用量。2019 年根据球虫发病规律，在易感期使用桉素精油（主要成分 1,8- 桉树脑）替代抗球虫药的使用，效果较好，通过此类产品的替代使用，减少抗菌药物的使用。产蛋期间呼吸道疾病使用双黄连、麻杏石甘、板青颗粒替代抗菌药，肠道疾病使用锦心口服液、银黄可溶性粉来替代抗菌药物。

贵州圣迪乐村生态食品有限公司

动物种类及规模：蛋鸡 63 万羽，年产鸡蛋 10 000t。

所在省、市：贵州省毕节市。

获得荣誉：2018 年被贵州省评为省龙头企业。

公司大门

鸡舍内部

养殖场概况

贵州圣迪乐村生态食品有限公司于 2014 年投资建场，2016 年投产，是四川圣迪乐村生态食品股份有限公司（率先在蛋品行业通过 HACCP 食品安全体系认证，先后通过绿色食品认证、无公害食品认证、ISO 9001 质量管理体系认证，2012 年公司"圣迪乐"商标被国家工商总局认定为"中国驰名商标"）的贵州子公司，位于贵州省毕节市金海湖新区响水乡青山村，是以饲料生产、商品蛋鸡养殖、品牌鸡蛋生产销售为主的贵州省农业产业经营化龙头企业。总投资 1.4 亿元，占地面积 240 亩，引进意大利 TECNO 全自动化养殖设备，荷兰 MOBA 自动化蛋品分级包装设备，现在是一家年产饲料 20 000t，蛋鸡养殖规模 63 万羽的全自动化养殖企业，年产 10 000t 高品质鸡蛋，年出栏淘汰鸡 50 万羽。

养殖理念：做安全蛋品的供应者、全产业链蛋品的领航者、蛋品科技的领先者。采用现代化生态养殖管理模式，实施分阶段、"全进全出"的养殖生产模式。

减抗目标实现状况

产蛋期间未使用抗菌药。全部采用中草药替代抗菌药。

主要经验和具体做法

一、生物安全控制

场区区域功能化并实行风险管控。总体上分为办公区、蛋品加工生产区和养殖生产区三个区对应三级风险管控，限制人员流动。办公区是低风险管控区；蛋品加工生产区是中风险管控区，主要用于蛋品包装及饲料生产，该区域限制人员流动；养殖生产区是高风险管控区，主要用于蛋鸡养殖，该区域禁止一切外来人员入内。养殖生产区建有物理隔离、空间隔离的 10 个养鸡舍，有严格的人流、物流路线，实现净污分离。

整个养殖区配有消毒通道、洗澡间。各个养鸡舍也配有消毒设施。

建设全自动化、全封闭式鸡舍。自动化环控设备保证蛋鸡舍温湿度；自动清粪系统，定期除粪，鸡粪不落地，直接通过专用车运至合作的有资质的有机肥厂；自动饮水、喂料系统，保证鸡只饮饲健康；自动集蛋系统，每日定时集蛋，通过中央集蛋线把鸡蛋送至蛋品包装车间，无交叉人员流动。

设有与养殖规模相适应的病死鸡无害化处理设施。

完善的引种制度。贵州圣迪乐村生态食品有限公司种鸡和商品代蛋鸡苗全部引自四川圣迪乐村生态食品股份有限公司及其分公司、子公司，从种源上保证鸡苗质量安全可靠，保证蛋鸡养殖过程健康安全。

公司深知食品安全的重要性，对饲料投入品的管控非常严格。均配备独立自建的实验室和饲料生产车间；饲料原料每批次均需检验合格后方能入仓使用。同时，公司每年对饲料投入品、水质、蛋品进行两次第三方抽查检测，重点筛查违禁药物和抗菌药，检测结果均为未检出。2020 年，公司产品先后在全国各地市场监管部门抽检 15 次，国家抽检 3 次，抽查的 18 批次蛋品中均未出现不合格产品。

二、综合管理

按照良好农业规范（GAP）标准对养殖场进行管理，有相应完善的管理规章制度，如生物安全管理制度、兽药供应商评估制度、兽药出入库管理制度、兽医诊断和用药管理制度、文件管理及记录制度、卫生制度、免疫接种制度、饲料及饲料加工、档案管理等相关管理制度。

养殖人员配置足够，不仅配备足够专业人员，同时配置足够的养殖后勤人员，能实时监控鸡群健康状况并快速反应。制定岗位职责、操作规范、技术规范。定期培训，让养殖人员更专业。

三、疫病监控及安全、合理、规范用药

公司配有一名执业兽医师，4名畜牧兽医专业毕业的专业人才，并且依托总部专业技术团队及大专院校专家为公司技术指导，做到预防为主、快速诊断、治疗有效。公司建有配套的兽医解剖室及实验室。

根据品种及实际情况，制定完善的兽医健康计划、免疫程序、保健程序、光照程序、诊断程序等，保证鸡群健康。

制定严格的兽药使用管理红线文件，实行"一把手"责任制，80日龄后禁止使用抗菌药，产蛋期间全程使用中草药替代抗菌药，保证食品安全。

总部专门组建了疫病疾控部攻关团队，寻找、完善替抗方案。通过试验筛选合格的中草药，制定中草药采购目录，严禁采购目录外的药品。完全使用中草药替代抗菌药。

四、数字化软件设施建设

集团投入使用数字化EFS智慧农场管理系统，对采食量、饮水量、产蛋数等生产数据汇总分析，每日了解鸡群生产情况，对异常情况及时预警。

使用鸡舍内部环境监控系统。实时监控鸡舍内部环境状况，如温湿度、CO_2浓度、NH_3浓度、风速、光照强度等，具备报警及调节功能，保证鸡舍环境稳定。

南通天成现代农业科技有限公司

动物种类及规模： 蛋鸡 200 万羽，年产量 20 000t 鸡蛋。

所在省、市： 江苏省南通市。

获得荣誉： 2020 年被农业农村部评为全国兽用抗菌药使用减量化行动试点达标养殖场。

养殖场鸟瞰图

鸡舍

养殖场概况

南通天成现代农业科技有限公司位于海安老坝港滨海新区友谊路西侧滩涂垦区，占地面积 1 000 亩，总投资 3.5 亿元。建设规模为 15 万套父母代种鸡、200 万羽商品代蛋鸡现代化养殖示范场和年生产 35 000t 有机复合肥加工厂，每年可向市场提供 1 500 万羽优质商品鸡苗及 20 000t 鲜鸡蛋。2014 年被大连商品交易所认定为指定鸡蛋交割库，形成种鸡繁育、苗鸡孵化、商品鸡示范场、品牌蛋销售及蛋品深加工五个板块。

公司从原料选用、投入品管理、生产工艺制定和生产过程管理等方面严把质量关，通过散装饲料车将饲料输入每一栋鸡舍的独立料塔，同时集蛋中心分鸡舍拣蛋确保每栋鸡舍从源头上可追溯。

公司通过了"无公害农产品产地认证"和"无公害农产品认证"。公司引进了国际先进的养殖设备和规范的管理模式，建立了国内少有的"农产品（鸡蛋）全程质量安全控制可追溯体系"，真正实现了农产品从养殖场到餐桌的全程质量安全控制可追溯。

减抗目标实现状况

2018 年公司全年使用抗菌药共 12 个品种 779.73kg，年产优质鲜蛋 25 000t，单位产出使用抗菌药 31.19g/t。

2017 年公司全年使用抗菌药共 13 个品种 1 220.25kg，年产优质鲜蛋 24 000t，单位产出使用抗菌药 50.84g/t。

减抗试点前后相比，抗菌药年使用量减少 36.10%。

主要经验和具体做法

一、生物安全控制

公司位于海安滨海新区，临近黄海，远离交通干线、居民区，周围没有养殖场与屠宰场。公司内部实行严格的隔离、封闭管理。完善蛋鸡养殖场三级防疫区管理制度，一级防疫区为种鸡、商品产蛋鸡、育雏育成鸡生产区，实行绝对隔离、封闭，对外来人员、车辆进行严格控制。在各生产区、公司大门入口等主干道建立配备了消毒池、消毒通道。凡进入公司人员，均需经公司大门入口处消毒通道，车辆一律停放公司外停车场；所有饲养人员进入生产区须再经严格的更衣沐浴、消毒；运送饲料车辆需经消毒池、消毒通道消毒，驾驶员需更换鞋后方可进入；所有道路、场地、鸡舍、设备定期消毒；消毒药定期更换，防止产生耐药性。

鸡舍采用自动清粪和中央输粪系统，保证鸡舍内鸡粪能及时清除，空气环境良好。公司配备有机肥料厂与病死鸡无害化处理厂，同时配备危废仓库。有机肥料厂配备 500t 发酵罐、粪便烘干设施堆积发酵，保证全场粪便有效处理。病死鸡无害化处理，24h 可以处理 2t 病死鸡，所有病死鸡都经过高温消毒，保证对外界无污染。污区专门配备相应队伍与实施设备，同时有相应监管机制，能保证畜舍及厂区整洁；每栋舍尾端都装有尾气处理装置与羽毛收集装置，保证对周围环境无污染。

蛋鸡饲料：依托集团饲料生产企业的优势，根据饲养蛋鸡的不同阶段和产蛋率情况，适时调整饲料配方，保证饲料营养能满足蛋鸡生长生产阶段的需要，做到营养平衡。蛋鸡用水采取饮用水和湿帘降温用水分开，加强水源检测，抽取地下深井水，从源头上确保鸡饮用水卫生安全。

公司配有独立的药品与疫苗仓库，仓库实行分区管理，分为处方药区、非处方药区、消毒药区、添加剂区、疫苗区。同时建立药品与疫苗管理制度，实行所有药品进出扫码上线云端牧业，确保产品质量，同时保证用药安全。疫苗保存，拥有冷藏库与冷冻库，严格按照疫苗保存条件保存。

二、综合管理

针对不同的生产区、不同的工作岗位制定了员工岗位工作操作规范，并在生产实践中不断地总结完善。组织员工培训、学习，让员工知道做什么、怎么做，防止在饲养管理过程中完全依赖于设备，出现管理盲区。组建公司技术团队，同时与扬州大学紧密合作，对生产管理、疾病控制、消毒效果等进行攻关。

公司从欧美等引进了蛋鸡养殖、种苗孵化、鲜蛋分拣等自动化设备，鸡舍内养殖、喂料、喂水、拣蛋、清粪，鸡舍温湿度调控、光照控制实现全程自动化、智能化。目前公司一栋鸡舍饲养 12 万羽蛋鸡仅需 1 名饲养员管理。主要控制通风、温度、湿度以及内部小环境稳定。

所有养殖区投入使用农场管理系统，上线手机应用程序，在电脑与手机上可以实时监控鸡舍各类生产数据，如温湿度、压力、风速、体感温度、采食量、饮水量、产蛋数等，同时数据与设备供应商可实时共享分析环控与鸡群状况。投入使用惠顺管理软件，对各类生产数据进行汇总与分析，及时了解鸡群生产情况与标准生产指标差距，对鸡群生产异常数据进行提示，可供生产管理人员分析。公司所有生产区安装监控与报警系统，将全套生产区报警信号传输给每个管理人员，可实时监测或回放生产异常情况。报警系统与设备报警联动，可对温度、压力、设备异常、饮水量等报警。

三、疫病监控及安全、合理、规范用药

目前公司专业技术人员有 7 名，其中，研究生 1 名，本科生 3 名，专科生 3 名。专业队伍稳定，从事生产一线多年，具有丰富的生产管理经验与临床解剖诊断经验。公司拥有执业兽医师 1 名。相关人员具备依据动物行为表现、发病症状、临床检查和必要的病理剖检等做出初步诊断能力，能依据动物发病状况、用药指征和药物敏感性结果合理选择抗菌药并制定用药方案。所有用药方案均依据鸡群表现、采食、饮水状况、临床表现、解剖变化、实验室初诊等进行，同时会收集用药效果，分析探讨发病原因，采取相应措施。

公司设有独立的解剖室与实验室。解剖室配备相应解剖工具、样品储藏、处理设施和消毒设施，可满足相应病死鸡的解剖、样品处理与保存要求。实验室目前具备血清学诊断、细菌分离与鉴定、消毒效果检验等设备，目前配备了 PCR 仪、酶标仪、生物安全柜、

摇床、培养箱、冰箱等。配备专业的工作人员，可熟练进行相关试验。目前主要进行新城疫、禽流感、传染性支气管炎、鸡滑液囊支原体、减蛋综合征、传染性法氏囊炎等病原体抗体检测，大肠杆菌、沙门氏菌分离鉴定与药敏试验，霉菌毒素的检测与分析，消毒效果的检测分析，水质检验，蛋品药残分析等。

对影响蛋鸡生产性能的高致病性禽流感、新城疫、沙门氏菌病、禽白血病等重要传染病开展疫病净化，制定科学的免疫程序，在开展疫情监测和免疫抗体检测的基础上实施科学防疫，公司组建40多人的专门防疫队伍，对存栏鸡按程序及时免疫注射。

兽药出入库管理制度主要涉及兽药管理、处方的出具、领料单的审批等相关措施。入库管理主要根据采购单对入库产品的自检报告、批准文号、数量、含量、规格、生产企业以及外包装等进行审核，同时出入库都需进行云端牧业扫码。同时建立了兽医诊断与用药制度、文件记录制度以及相关制度。主要分为兽用抗菌药出入库记录、兽医诊疗记录、用药记录、消毒记录、人员与车辆出入登记记录、免疫记录等。抗菌药出入库记录主要涉及抗菌药的购入、领用、库存等。兽医诊疗记录主要涉及诊断记录、实验室诊断、鸡群症状、动物解剖记录、用药效果等。要求记录完整规范。用药记录主要涉及处方、领料单、生产记录卡以及用药登记表等，记录内容要求完整、翔实，应具体到品种、规格、使用量和用药次数，且与兽医诊疗处方、药房用药记录一致。其他记录需根据公司文件管理制度进行填写，保证真实、可靠、内容完整。

组建攻关团队，对一些替抗产品进行性能试验。主要筛选治疗呼吸道、消化道疾病的中成药、微生态制剂。做好日常保健与预防，审慎使用兽用抗菌药。发病阶段使用相应有效产品来控制，在产蛋期禁止使用抗菌药，科学规范实施联合用药，能用一种抗菌药治疗，绝不同时使用多种抗菌药；能用一般级别抗菌药治疗，绝不盲目使用更高级别抗菌药。

自动拣蛋设备

工人巡视鸡舍

制定并执行本养殖场兽用抗菌药减量实施计划，加强养殖相关人员和兽医技术人员培训，了解抗菌药使用方式，做到按照国家兽药使用安全规定规范使用兽用抗菌药，严格执行兽用处方药制度和休药期制度，坚决杜绝使用违禁药物。加强蛋鸡养殖条件、种苗选择和动物疫病防控管理，提高健康养殖水平，不使用促生长兽用抗菌药。开展兽药使用可追溯工作。

江苏徐鸿飞生态农业有限公司

动物种类及规模：蛋鸡 43 万羽，年产蛋量 5 044t。

所在省、市：江苏省南通市。

获得荣誉：公司多年连续被江苏省质量监督管理委员会、江苏名牌事业促进会、江苏省企业诚信调查评估委员会授予"江苏省明星企业"称号，获颁"江苏省质量信得过 AAA 级品牌单位"证书、"江苏名牌产品"证书，获江苏省南通市工商行政管理局、南通市企业信用管理协会颁发的"南通市 AAA 级重合同守信用企业"证书，获中国食品安全年会授予"百家诚信示范单位"证书；2015 年 3 月，荣获由上海食品协会和上海蛋品行业协会颁发的"食品安全管理创新奖"；2020 年被农业农村部评为全国兽用抗菌药使用减量化行动试点达标养殖场。

养殖场概况

公司成立于 2015 年，现有标准化产蛋鸡舍 6 幢及配套的附属用房 21 000m²，同期存栏可达 66 万羽。引进西班牙金耐尔现代化蛋鸡笼养设备 4 套，存栏蛋鸡 44 万羽，计划 2020 年全部投产 66 万羽，每栋采用 5 列 8 层 H 型层叠笼养模式，每栋配备 2 名饲养人员养殖 11 万羽蛋鸡，实现"八个自动化"，即自动喂料、自动饮水、自动清粪、自动拣蛋、自动控制光照、自动控制通风、自动控制温湿度、自动喷雾消毒，以期为鸡群提供最舒适的生活环境。

公司养殖基地是农业农村部蛋鸡标准化养殖示范基地。全部引进 84 日龄青年蛋鸡，养殖过程中坚持对投入品严格控制，除开产前青年鸡少数使用外，产蛋鸡绝不使用抗菌药，全程绝不使用违禁药品，平时按照免疫程序做好疫苗免疫工作，定期检测抗体水平，定期使用中药、微生态制剂、生物制品等替抗产品保健。饲料全程采用商品全价饲料，由母公司下属另一家子公司"江苏巧科饲料有限公司"专用料仓运输车运输至公司养殖基地，直接输入生产区料塔，饲料全程不添加任何抗菌药。全场有严格的记录制度，投入品记录、生产记录、死淘鸡记录、消毒记录、人员车辆进出场记录、蛋品产出和包装等记录齐全，均存档备查可追溯。

减抗目标实现状况

2019 年 3 月 18 日至 2020 年 3 月 17 日，实际使用抗菌药（折合原料）总量 19.64kg，鸡蛋产量 5 043.63t，单位产出抗菌药使用量为 3.89g/t。

2018 年 3 月 18 日至 2019 年 3 月 17 日，实际使用抗菌药（折合原料）总量 21.81kg，鸡蛋产量 4 724.88t，单位产出抗菌药使用量为 4.62g/t。

减抗试点前后相比，单位产出抗菌药使用量减少 15.80%。

主要经验和具体做法

一、加强综合管理

提高思想认识，实现观念上的转变，转变饲养模式和生产方式。从建场开始，厂房的选址、设计都高标准严要求。公司引进西班牙金耐尔的设备，采用 5 列 8 层 H 型笼养模式，公司上下全体员工从意识上改变长期以来对抗菌药的依赖，通过改善养殖条件，提高管理水平，采用精细化生产方式，大大降低了鸡群发病率，从而减少抗菌药的用量。

生产过程中，进一步完善兽药出入库、使用管理等相关制度，加强对兽医人员和养殖相关人员技术培训。生产中药物使用严格按照国家相关法律法规执行，严格休药期管理，坚决杜绝使用违禁药物。根据鸡群实际情况，逐步减少土霉素、阿莫西林、泰乐菌素、恩诺沙星和利高霉素等抗菌药的使用。

二、加强生物安全管理

配有畜牧兽医工作人员 3 名，他们都具有多年家禽饲养管理及疾病防控经验。生产区配有办公及解剖场所，具备基本临床诊断解剖条件。

生化检验、血清学检验、病理学诊断和抗菌药敏感性测试主要委托公司合作单位进行，主要合作单位有如东县动物疫病预防控制中心、青岛易邦生物工程有限公司检测中心、南通正大有限公司动保中心等，由以上单位提供技术服务，并将相关结果用于指导用药。

把好消毒防疫关，在鸡群养殖全链条各环节做到减少病原接触机会，提高鸡群自身免疫力，包括：引进青年鸡检测，确保无病原；采用全价混合饲料，减少饲料中的病原体，运输车量严格消毒，确保饲料安全，饮用清洁的自来水，严防"病从口入"；平时加强环境消毒和粪污清理，为鸡群健康生长提供一个清洁的环境。

公司生活区和生产区严格分开，从进场第一道门到进入鸡舍，人员须经过3次消毒，进入生产区人员必须消毒洗澡更衣、换鞋；饲料运输车辆须经过门口消毒池、喷雾消毒和车辆消毒房喷雾消毒后方可进入生产区；净道污道分开、无交叉。通过消毒切断病原传播途径，实现健康养殖。

公司养殖过程中产生的废弃物鸡粪原来提供给母公司的另一家子公司"江苏翊鸿有机肥业有限公司"生产有机肥。为了更好地保护环境，避免运输途中的污染问题，公司又在基地西北角划出20多亩地，投资1 000多万元，建立鸡粪处理设施，专门处理鸡粪，其中包括：基础设施钢结构房屋7 972 m^2，投入800多万元；鸡粪发酵、有机肥生产设备投入500多万元；公司还投资90万元，建设了日处理40t污水的污水处理系统，确保生活污水和空舍期冲洗污水经过处理达标后，再进入场内生物净化塘贮存，用于场内绿化和农田灌溉。

三、加强饲养管理

加强对饲养人员培训，实行"传帮带"，各项工作按岗位职责执行，按流程操作，工作中尽量做到"不出错、少犯错"，把工作做到位。养殖过程中，技术人员、饲养员每天巡视鸡舍，观察鸡群，做到早发现、早治疗。鸡舍使用西班牙埃克凡的环控及通风设备，通过通风小窗、导流板、水帘、风机等控制鸡舍温湿度，尽可能给鸡群提供一个舒适的生活环境，实现健康养殖，保证鸡群健康。

四、合理使用中成药和非抗产品

根据不同季节、天气、鸡群日龄等因素，不定期使用中成药、微生态制剂、酸化剂、微生物制品等替抗产品做好预防保健工作。本公司常用替抗产品有双黄连口服液、锦心口服液、果根素、麻杏石甘口服液、板青颗粒、白头翁口服液、瘟毒疫清、黄芪多糖、巧妙酸、倍健、新肽乐健、普力健等产品。通过实施合理的免疫程序和预防保健方案，实现鸡群健康养殖，使其少发病、不发病，从而减少抗菌药的使用。

南通新康德禽业有限公司

动物种类及规模：蛋鸡 40 万羽，年产鸡蛋 5 500t。

所在省、市：江苏省南通市。

获得荣誉：2008 年以来，公司先后顺利获得出入境检验检疫局的出口备案资质、无公害农产品产地认证及产品认证，并成为首批江苏省畜牧生态健康养殖示范基地；2010 年成为农业部首批畜禽标准化示范场；2020 年被农业农村部评为全国兽用抗菌药使用减量化行动试点达标养殖场。

养殖场概况

公司创建于 2007 年，是由江苏康德蛋业有限公司（原南通康德生物制品有限公司）分期投资建设的现代化蛋鸡养殖示范基地，坐落于具有"中国禽蛋之乡"美誉的海安县，目前占地总面积 100 亩，固定资产 2 500 万元，环境优美，三面环水，远离居民区，绿化面积占 50% 以上。下设育雏育成区、产蛋区、饲料加工区、蛋品运销区、粪便处理区等。

现拥有育雏育成一体化鸡舍 2 栋、产蛋鸡舍 7 栋，以及与之相配套的饲料车间及中央输料系统、水处理与配电系统、蛋库及中央输蛋包装系统、鸡粪有机肥车间、办公生活用房等。基地引进国际上先进的层叠式蛋鸡饲养设备，采取负压通风全密闭饲养模式，喂料、饮水、降温、加温、拣蛋、清粪等饲养过程全部实现自动控制。

现代化蛋鸡养殖示范基地处于国内一流、江苏领先的水平，高点定位、规范运作，逐步实现了由松散型、低效率养殖向集约型、工厂化、高效化养殖转变，由小规模不规范养殖向大规模规范化养殖转变，由无标准蛋鸡生产向福利化、标准化、绿色环保生态化生产方向转变。

减抗目标实现状况

实行减抗前一年（2018 年 4 月 1 日至 2019 年 4 月 30 日），共计使用抗菌药 65.05t，实行减抗后一年（2019 年 5 月 1 日至 2020 年 5 月 31 日），共计使用抗菌药 48.22t，减少

16.83t 使用量。

主要经验和具体做法

一、提高饲养管理水平

建立健全各项制度。南通新康德禽业有限公司作为江苏康德蛋业的原料供应商，是其各种出口蛋粉等的重要来源，一直严把投入品关，不使用兽用抗菌药，所有投入品，包括饲料原料、兽药、饲料添加剂，都需经过第三方检测后出具不含相关兽药、农残的报告后，才可进入本公司合格供应商名录。每年江苏康德蛋业也会对公司提供的鸡蛋进行兽药、农残的复检。针对在合格供应商名录中的厂家，每年会结合实际情况，制定相应检测计划与检测项目，将所有投入品采样送第三方检测机构检测。在现有的管理制度基础上，进一步修改和完善，增加了兽药出入库管理制度，做好兽药出入库记录，做到账物平衡。增加了解剖制度，进一步规定了日常解剖相关注意事项。

日常饲养管理科学化。根据鸡群的不同生产阶段，科学调整饲料配方，以保证饲料营养能够满足鸡群生长阶段的需要，做到营养均衡。在日常饲养中，加强环境卫生管理，生产区、生活区、粪场加强消毒，严格执行相关消毒规定。在不使用兽用抗菌药的情况下，以中草药制剂和微生态制剂替代，预防保健为主。

公司养殖环境实行自动化控制。鸡舍内 24h 保持通风，鸡粪实行分层风干，水分降至 65% 以下，能直接装车或灌袋销售，或进行生物发酵处理制成生物有机肥，不造成任何环境污染。基地严格按照原国家质量监督检验检疫总局或海关总署对蛋品出口备案养殖场的各项要求进行管理，真正实行"五统一"，即统一供应禽苗、统一防疫消毒、统一供应饲料、统一供应药物、统一收购加工，通过数字化养殖监控网络和信息汇集交互平台，对蛋鸡品种、繁育、饲料、饲养、防疫、设备、环境（粪处理）、分装、物流等环节，实现全新的"监、控、管、销"技术体系，生产各个环节都有质量记录和跟踪反馈管理，使"康德"牌鸡蛋成为消费者满意的放心产品。通过标准生产示范创建，基地已形成生产标准化、防疫程序化、设备自动化、饲料全价化、管理科学人性化的生产模式。

一栋鸡舍饲养 4.5 万羽蛋鸡，只需要一个饲养员管理。现可饲养商品蛋鸡 40 万羽，常年 30 万羽蛋鸡产蛋，年产无公害鲜鸡蛋超过 5 500t，每天近 17t 鸡蛋运至江苏康德蛋业有限公司加工生产，年销售额达 3 500 多万元，实现纯利润达 400 多万元。

育雏期保健：1 日龄使用液体维生素（主要成分是 B 族维生素）拌料，增强机体抵抗力。把控好鸡舍里温度与湿度，免疫后使用黄芪多糖粉减少应激，免疫期间可适当在疫苗中增加转移因子或单独饮水使用，预防应激，提高疫苗吸收率。

育成期保健：转群前后使用泰平安（B族维生素）饮水，在饲料中添加牛至油，维护肠道健康，预防球虫。免疫期间在疫苗中添加特福（转移因子），免疫后使用芪黄素增强免疫效果，减少应激。夏季在饲料中添加藿香正气散防暑降温，日常在饲料中添加料磺一号（脱霉剂），提高饲料利用率。

产蛋期保健：在产蛋高峰期前添加扶正解毒散、银翘散，增强抵抗力。根据各阶段营养所需，及时调整配方，适当添加微生态制剂，预防肠道疾病，提高生产性能。日常在饲料中添加料磺一号，提高饲料利用率，提高产蛋率。

"全进全出"管理。按照鸡群生长阶段分区域"全进全出"，科学安排空舍期，彻底消毒后方可重复使用。

二、强化生物安全管理

场区周围有河流及防疫沟，生产过程中严把投入品关，从不添加国家规定的各种禁用兽药及添加剂。鸡蛋每季度都接受原国家出入境检验检疫局或海关残留监控抽检，抽检合格率100%。2008年以来，公司先后顺利获得原江苏出入境检验检疫局或海关的出口备案资质、无公害农产品产地认证及产品认证，并成为首批江苏省畜牧生态健康养殖示范基地，2010年成为农业部首批畜禽标准化示范场，所产优质鲜鸡蛋被江苏康德蛋业有限公司保护价收购，并加工成蛋液、蛋粉、全蛋液、蛋黄粉、蛋白粉、溶菌酶、蛋黄球蛋白等，产品销往太太乐、雅士利、徐福记等国内知名食品加工企业，并有相当部分产品出口国外。

人员、车辆进出管理：生产区人员不可随意出场，不可随意串舍。外来人员不允许进出生产区。外来人员在经允许的情况下可经由门卫处智能消毒通道消毒后进入生活区。物料车需经门卫消毒登记后才可进入生活区。

消毒灭源常规化：在生产区内，入厂门口等主要干道建立消毒池、消毒通道、脚踏盆并保持有效消毒浓度。生产区、生活区主要道路环境每天消毒一次，定期更换消毒药，以免产生耐药性。淘汰鸡时，抓鸡车需由污道入口消毒合格后方可进入鸡舍后端，停在指定位置，相关人员只可在指定范围活动，不允许进入鸡舍。淘汰结束后，需及时将地面清扫干净并消毒。

确保环境卫生：注意防鼠防蚊防蝇，鸡舍、蛋库、粪场、饲料间内外放置捕鼠笼、捕蝇笼。保持鸡舍内环境整洁，按时出粪并及时清扫。

病死鸡无害化处理：对所有病死鸡用无害化湿化机进行无害化处理。

三、合理规范使用兽药

场内相关技术人员需了解兽药使用的相关法规，熟悉各类食品安全法律法规和相关国家标准，掌握鸡群群体用药及常用药物配伍方案，保障鸡群健康稳定和生产良性循环。一是选择保护肠道健康和促消化吸收的产品，如中药类的脱霉剂、牛至油等；二是提高机体免疫力，减少应激，选用富含 B 族维生素、维生素 C 类兽药和黄芪多糖等中草药制剂，以预防保健为主。

平山县西柏坡五丰蛋鸡养殖专业合作社

动物种类及规模：蛋鸡 50 万羽，年产鲜鸡蛋 7 500t。

所在省、市：河北省石家庄市。

获得荣誉：2015 年被农业部确定为畜禽标准化示范场；2020 年被农业农村部评为全国兽用抗菌药使用减量化行动试点达标养殖场。

养殖场概况

华润五丰有限公司是中央直属的国有控股企业集团、世界 500 强企业——华润（集团）有限公司旗下优秀的综合食品企业集团，集食品研发、生产、加工、批发、零售、运输和国际贸易于一体。主营大米、肉食、生鲜、综合食品，并代理国内外各类优质产品，同时负责运营华润希望小镇产业发展项目。业务区域覆盖中国内地及中国香港市场。

西柏坡华润希望小镇位于平山县西柏坡镇霍家沟村，是华润集团通过"环境改造 + 产业帮扶 + 组织重塑"建设出的社会主义新农村绿色示范小镇。2011 年 9 月，华润五丰希望小镇产业发展部西柏坡项目部成立，主要负责小镇的产业帮扶工作。同时，项目部还组织成立了西柏坡五丰蛋鸡养殖专业合作社，并以合作社为平台帮助当地群众增收致富。目前，小镇正由产业帮扶向产业发展全面过渡，主要从事种植业和养殖业，如苹果种植基地和蛋鸡养殖基地。

华润五丰南甸 50 万羽蛋鸡养殖项目位于河北省石家庄市平山县南甸镇，属于产业帮扶二期工程，总投资逾 2 亿元，蛋鸡舍年存栏量可达 50 万羽，2012 年 12 月奠基，2014 年 7 月正式运营。项目建成后成为河北省规模最大、设备最先进的标准化蛋鸡养殖基地。占地 176 亩，建筑面积近 30 000m²，其中，后备鸡场 5 362m²，产蛋鸡场 1 9174m²，鸡蛋分拣中心 2 000m²，办公及附属用房 3 000m²。存栏后备鸡 17 万羽，产蛋鸡 50 万羽，年产品牌鸡蛋 7 000t。产品通过华润旗下的万家超市，销往中国内地及中国香港市场。

减抗目标实现状况

2017年4月至2018年3月,抗菌药用量279.91kg,产量6 312.91t,折合每吨鸡蛋使用抗菌药量44.34g。

2018年4月至2019年3月,抗菌药用量41.73kg,产量7 264.73t,折合每吨鸡蛋使用抗菌药量5.74g。

减抗试点前后相比,单位产出抗菌药使用量减少87.05%。

主要经验和具体做法

一、合理选址

合作社位于河北省平山县南甸镇,地理位置优越,依靠灵山,绿植覆盖率较高,空气质量好,周边蛋鸡养殖量少,非常适合蛋鸡规模养殖。远离交通干线,周边无居民区、无屠宰场及其他养殖场。

二、先进的养殖设备

合作社采用了国内最先进、自动化程度最高的德国大荷兰人养殖设备和荷兰MOBA集蛋设备,能保证给予鸡群最舒适的小环境,减少应激发生。配有大荷兰人农场系统,随时监控鸡群情况。

鸡舍前后、上下温差控制在2℃以内,防止温差过大引起的应激。冬季保证鸡舍温度在16℃以上,并且无寒冷贼风直吹鸡群。夏季保证鸡舍内温度在30℃以下,风速平均为3m/s,保证了鸡群体感温度低于25℃。

三、严控鸡苗质量

选取国际最优良品种和国内知名大公司的鸡苗,保证鸡苗健康,防止携带垂直传染病,目前公司饲养品种主要是晓鸣股份和河北华裕农科的海兰系列。每批次鸡苗均有专业质检人员提前进入种鸡企业检测种鸡群健康情况,包括种鸡禽白血病、血清沙门氏菌抗体、生产报表等。鸡苗到场后,对到场鸡苗进行称重、检测禽白血病抗原、母源抗体等。

四、严格的卫生消毒制度

公司分为生活区、生产区、鸡舍三级防疫区，不同区域对进场车辆、人员、物品执行严格消毒，最大限度避免外来疫病传给鸡群。加强日常消毒，每周至少两次鸡舍的带鸡消毒和场区消毒；工作人员每天更换工作服，并进行清洗消毒；轮换使用消毒液，并进行消毒液筛选检测。

五、做好免疫

结合本地区流行的疾病，并参考正大集团、北京德清源等大公司免疫程序，制定适合本公司的免疫程序。经过试验筛选出合适的疫苗。公司关键疫苗均选用国内外知名企业产品，如美国默沙东、印尼美迪安、梅里亚、青岛易邦、山东齐鲁、广东大华农、国药集团、诗华诺倍威等。公司使用的疫苗均通过试验数据对比筛选后使用。建立标准化的免疫操作手册和 10 人的专业免疫队伍，保证免疫的有效性。

六、重视化验室检测

化验室可开展血清学检测（ND、H5、H7、H9、EDS）、酶联免疫吸附试验（ELISA）、细菌培养、染色鉴定、药敏试验、鸡蛋兽药残留快速试纸条检测等。针对公司不能检测的项目，送第三方（谱尼检测、疾控中心、青岛易邦、山东齐鲁、保定瑞普、国药集团等）检测。每半年采集细菌感染鸡只，进行药敏试验，作为抗菌药物选取参考。

七、科学用药

精选用药：取消多个抗菌药联合预防用药方案。

寻找抗菌药的替代品。① 预防用药：通过加大使用免疫增强剂调节鸡群健康。② 抗呼吸道疾病药物：采用中兽药、植物精油替代。③ 抗肠道疾病药物：采用中兽药、益生菌替代。

2018—2020 年计划开展替代产品试验 19 项，已经完成 14 项。其中效果明显的 8 项已经应用于生产，夏季肠道腹泻试验、胃溃疡试验通过改善管理方式也取得了理想的效果。

8 项效果明显的替代试验

序号	替代品及采取措施	作用及效果
1	益新爱可（甘露糖肽）	育雏开口
2	芪贞增免颗粒	育雏前期
3	益母草生化散	输卵管炎

（续表）

序号	替代品及采取措施	作用及效果
4	麻杏石甘颗粒	呼吸道
5	酸化剂	改善采食量，肠道
6	更换湿帘	改善夏季腹泻
7	调整饲喂方式	改善育雏胃溃疡
8	常青球虫颗粒	育雏抗球虫

老鼠苍蝇等有害生物控制：请专业灭鼠公司，使用安全高效的0.005%溴敌隆毒饵灭鼠。针对养殖场苍蝇问题，采用灭蝇灯和生物捕捉结合方法诱导杀灭，省去大量化学合成药物的使用。

八、使用优质饲料

根据饲养品种海兰褐的营养需求标准，设计纯玉米豆粕配方，不添加杂粮和其他替代添加剂、抗菌药，保证鸡蛋安全和鸡群营养需要。根据海兰褐蛋鸡不同阶段营养需求，细化分为6个料号，满足不同时期营养需要。严格控制饲料霉菌毒素的含量，提高鸡群抵抗力。

九、鸡粪环保处理

公司鸡舍中鸡粪全程采用传送带传送，鸡粪含水率保持在65%以下，避免氨气对鸡群呼吸道黏膜的刺激。鸡粪每天经"纵向、横向、斜面"三段输送至专用车辆，再运送至有机肥厂进行生产，既环保又确保全程不造成二次污染。

十、营养、生产、兽医三大板块密切合作

本公司及总部技术人员有畜牧师1名、兽医师1名、高级兽医师1名、执业兽医师2名、在职博士1名，其他均为畜牧兽医、食品、企业管理相关专业人员，共计20人。定期组织技术人员参加减抗相关知识技能培训。

宁夏顺宝现代农业股份有限公司

动物种类及规模：蛋鸡 120 万羽，年产鲜蛋 14 000t。

所在省、市：宁夏回族自治区青铜峡市。

获得荣誉：2016 年"塞上一宝"被认定为第十届宁夏著名商标；2016 年被宁夏回族自治区科学技术厅评为富硒蛋鸡养殖技术创新中心；2018 年"塞上一宝"品牌系列产品被评为中国地区名优特色产品；2020 年被农业农村部评为全国兽用抗菌药使用减量化行动试点达标养殖场。

养殖场概况

2001 年投资建场，占地面积 2 046 亩，主要养殖蛋鸡。建设规模为 120 万羽，每年可生产鲜鸡蛋 14 000t，白条鸡 70 万羽，生物有机肥 12 000t。公司是按照生态产业链模式从事商品蛋鸡养殖的国家级农业高新技术企业。

养殖模式：按照生态产业链模式，形成玉米种植、饲料加工、蛋鸡养殖、老母鸡屠宰加工、鸡粪生物有机肥加工的生态循环产业链。蛋鸡养殖采用国内外先进的自动化层叠式笼养模式。

养殖理念：打造养殖循环产业模式，创造良好养殖生态环境，实现高效健康安全养殖。

减抗目标实现状况

每生产 1t 畜产品（毛重）的抗菌药使用量为 3g。

主要经验和具体做法

一、生物安全控制

主要从基础生物安全、结构生物安全、运营生物安全三方面控制生物安全。

（一）基础生物安全

在场址选择上坚持以"健康、生态、安全"为理念，选择地势干燥、通风良好、远离居民区的位置，公司西临贺兰山山脉，形成天然的隔离屏障，为蛋鸡的健康养殖打下基础。

（二）结构生物安全

整体规划布局全面考虑鸡粪、污水的处理和利用。从人和鸡的健康安全出发，并按照便于卫生防疫的要求，合理布局各区域的位置，顺着主导风向和地形坡向依次建成职工生活区、生产管理区、蛋鸡生产区、兽医卫生及粪污处理区。

管理区与生产区隔开，外来人员只能在生活区和管理区活动，不得进入生产区。

生产区是蛋鸡生产的重要场所，设有育雏舍、育成鸡舍、蛋鸡舍、饲料库、兽医室等；生产区有围墙与外界隔开；车辆入口处设有消毒池、车辆熏蒸消毒间，车辆必须通过消毒池消毒，然后经熏蒸消毒间熏蒸消毒后方可进入；人员入口处设有风淋室、雾化消毒室、更衣室、洗澡间，人员进入必须进行消毒，然后洗澡，换上消毒好的工作服方可入场。场内道路分净道和污道，净道和污道不交叉使用，以免污染。净道为明道，主要用于运送饲料，并供饲养管理人员行走；污道为暗道，主要是地下鸡粪运输皮带和地上道路用于运输淘汰鸡等，从鸡舍另一端通向场外。兽医检测中心及粪污处理场在下风向和地势较低处，为单独的隔离区域，防止交叉污染。

（三）运营生物安全

包括日常生产、饲养管理、卫生消毒等日常生产运营活动的生物安全防控。通过对鸡场的人、车、物、料等生产运营相关要素进行分析，从传染病传播三要素考虑，最难防控的就是传播途径问题，风险最大的是鸡蛋的包装托、运载淘汰鸡车辆和粪污、病死鸡。

不重复使用包装蛋托。鸡蛋的包装托之所以是高风险传播源，是因为很多养殖企业不注意蛋托是传播疫病的媒介，甚至很多企业在重复回收利用，这就导致了疫病从禽蛋市场转移到养殖场的风险。为杜绝外来病原的传入，专门配套建设了蛋托生产车间，只针对本场养殖所需配套生产，禁止对外销售，杜绝了疫病传入的风险，一次性使用，杜绝重复利用，降低生物安全风险，保障鸡只健康和生物安全。

严格淘汰鸡管理。2019年对屠宰车间设备进行升级改造，建设淘汰鸡屠宰车间，日屠宰能力10 000只，满足公司淘汰鸡需要，避免淘汰鸡的区域流通，防止淘汰鸡运输车辆作为疫病的传播媒介，入场调运淘汰鸡引发疫病感染。

粪污、病死鸡处理。配套建立年处理量15 000t生物有机肥厂，建设固液肥生产车间和12 000t液体肥发酵罐，并单独建设病死鸡生物安全发酵池。生物有机肥厂用于满足公司鸡粪、废水、废液的无害化处理，实现养殖废弃物的无害化、资源化利用。

自加工饲料。饲料加工选用国内先进的饲料加工设备，年产饲料 40 000t，并配备 1 000t 玉米储藏仓 1 个，原料储藏库 2 间，面积共 24 000m²。采用罐式运输车送料，全程避免外源性污染。

加强投入品管理。公司对投入品的管理近乎苛刻，投入品不但涉及鸡群健康，更为重要的是影响食品安全，必须严格执行投入品的审核、筛查、评估和检测，定期和不定期进行评估，一经发现不符合规定的品种，列入黑名单永不再用。① 饲料：饲料原料的供应商要经过严格审核评估，还要对饲料原料进行自检和第三方检测，所有入场原料必须逐批次进行抽样检测，检测合格后方可使用，严禁使用伪劣、违规的饲料原料及添加剂。② 兽药、疫苗等生物制品：兽药、疫苗等采购农业农村部批准的正规厂家生产的产品，做好兽药管理平台记录、出入库台账、执业兽医处方和使用等相关记录；雏鸡苗引自国内大型正规厂家，进雏前对同批次雏鸡苗进行病原和抗体检测，包括鸡白痢、大肠杆菌、沙门氏菌、支原体、传染性支气管炎抗体、流感抗体、新城疫抗体等，检测合格后方可选用，引进雏鸡苗时必须要提供相关引种证明及检疫合格证等相关手续。

二、综合管理

（一）建立健全生产管理制度

主要包括饲养管理制度、生物安全制度、外来车辆人员管理制度、消毒管理制度、兽药购进、使用管理制度、饲料使用管理制度、供应商评价制度、卫生防疫制度、疾病诊断制度、病死禽无害化管理制度、疫情监测报告制度等。严格执行相关制度，每年度对养殖相关制度进行审定，允许在原基础上进行补充修订完善，由公司总经理签发执行。

（二）人员及岗位管理

人员主要分为养殖人员、辅助人员和服务管理人员。养殖人员是指育雏、蛋鸡饲养人员，辅助人员是指鸡蛋拣选包装人员，服务管理人员主要是指厂长、兽医、技术员、维修工、电工、厂区卫生消毒员、门卫和巡检值班人员等。为保障生物安全，所有人员经过严格的消毒、洗澡、更衣后方可进入养殖区，不得随意外出，不定期对人员消毒效果进行评价，评价结果纳入绩效考核。公司专门设立制度执行监察组和技术（技能）职称评审组，确保制度落实到位，每年对各个岗位人员进行技能和技术考评，作为绩效、晋升依据，激发调动各岗位人员的工作热情和提升工作技能的积极性。

（三）养殖风险管控

除生物安全管控外，还包括食品安全、饮水安全、设备安全风险管控和饲料、兽药、疫苗等投入品的严格审核管理，定期进行人员健康检查，开展健康知识培训，杜绝人畜（禽）共患病的发生传播；保证用电安全，建立断电报警相应机制，建立养殖用电双电源、双回路预案，确保养殖安全。

鼠患控制。老鼠不但会携带病原微生物四处传播，咬死雏鸡，引起鸡群惊群应激，更加危险的是会对水源、饲料、电器设备进行损坏，使得鸡舍设备故障频发，每年因老鼠问题引起电气故障多达十余起，为此公司投入大量资金，对养殖区内鸡舍周边铺设石灰石粒，防止杂草生长及老鼠打洞，并聘请国内专业的灭鼠团队，与北京市康华盛大有害生物发展有限公司签订长期合同，对公司所有区域，包括宿舍、家属院、办公室、有机肥等区域，定期投药灭鼠，经过三年的集中灭鼠工作，再没发现老鼠，也没发生因老鼠引起的设备事故和伤鸡事件。

鸡场水源安全及养殖场周围水资源保护。鸡只饮水必须定期进行检测评估，水的卫生指标不合格会严重危害鸡只健康，进一步影响蛋品安全。

医疗废弃物无害化处理。公司与吴忠市利康医疗废弃物处置有限公司签订合同，定期对化验及医疗废弃物集中收集进行无害化处理。主要对化验室耗材、试剂、疫苗包装、兽药包装等进行严格管控，使用后的医疗废弃物必须经过严格的高压灭菌或消毒药消毒，用塑料袋密封放置到专用的医疗废弃物暂存间的指定器具内，由吴忠市利康医疗废弃物处置有限公司定期收集，集中无害化处理。

三、疫病监控及安全、合理、规范用药

公司现有执业兽医师2名、化验员4名，并聘请2名日本蛋鸡养殖、兽医学专业教授定期到场指导。定期组织兽医技术人员参加各类专业会议及培训，不断提高专业水平，以满足工作要求。

设有专用办公室、解剖室、兽医化验室，设备更新后，在原有基础上增加5项化验室检测项目，能够全面覆盖养殖生产过程的各关键环节，主要对饲料、蛋品、环境等进行化验和检测分析。化验室配有酶标仪、恒温培养箱、鼓风干燥箱、超净工作台、超低温冰箱、霉菌培养箱、原子荧光光度计、原子吸收分光光度计、恒温水浴锅、高速离心机、振荡器、调速多用振荡器和蛋品质量检测设备等。

提高兽医诊疗技术：提升兽医检测手段，为兽医预防诊断提供科学数据，及时纠偏，避免养殖疾病风险和压力，解决"吃""管""养"出来的病。从饲料原料质量检测、养殖消毒效果检测、免疫抗体检测、球虫检测、饮水微生物检测、雏鸡苗质量检测、抗体检测、蛋品质量检测等数据中早发现、早解决。如饲料霉菌超标引起的肠炎、大肠杆菌病，水线中微生物滋生引起的肠道疾病，空舍消毒不彻底引起下一批次鸡群发病等情况。

转变诊疗思路：除严格规范使用兽药外，还加大替抗产品的选择应用。兽医诊疗由治疗为主转为预防为主，将疾病划分为"管理性"疾病、"营养性"疾病、"常规性"疾病三大类。①"管理性"疾病可以通过提升养殖"硬""软"件来减少疾病的发生，如设施设备升级改造，保持饲养环境的舒适、卫生、空气良好。对雏鸡供暖设备进行重新改造，使

育雏温度、湿度得到保证。蛋鸡饲养智能化环控升级，解决冬季寒冷和夏季高温等外界气温突变对鸡群的影响。消毒设备更新换代，利用超声波雾化、臭氧发生设备对空舍、水线进行消毒。②"营养性"疾病，通过大量的实验数据分析总结经验成果，在养殖各阶段使用替抗产品，如酶制剂、益生菌、中成药、有机酸来进行保健预防，可极大降低疾病的发病率。③"常规性"疾病，通过免疫提升机体相应的抗病力，在育雏育成期常见细菌性疾病的治疗中，结合药敏试验结果准确用药，提高治疗效果，减少抗菌药的使用。

加强技术合作：积极开展项目合作，依托宁夏兽药饲料监察所开展蛋鸡粪源细菌耐药性监测，基于监测结果，共同构建蛋鸡育雏育成期疾病管理体系，为产蛋期"零用药"提供保障，加大对投入品的检测力度，在疾病多发阶段精心管理、及时预防，减少疾病的发生。

第二部分

02

肉鸡养殖场减抗
典型案例

嘉吉动物蛋白（安徽）有限公司

动物种类及规模： 肉鸡。

所在省、市： 安徽省滁州市。

获得荣誉： 2020 年被农业农村部评为全国兽用抗菌药使用减量化行动试点达标养殖场。

养殖场概况

公司 2011 年投资建场，主要养殖种鸡、肉鸡，占地面积 3 400 亩，拥有 2 个青年鸡场、8 个产蛋鸡场、1 个孵化厂，为肉鸡养殖提供优质的鸡苗供应。目前肉鸡场有 23 个农场在运营，2021—2022 年计划出栏肉鸡 5 300 万只。

嘉吉动物蛋白（安徽）有限公司

养殖模式： 公司采用地面平养模式，进鸡前对鸡舍、垫料进行严格消毒，采取措施使垫料保持干燥状态。

养殖理念： 养殖场实行活禽"全进全出"的封闭管理模式，执行严格的生物安全制度。

减抗目标实现状况

每生产 1t 畜产品（毛鸡）的抗菌药使用量为 56.97g。

减抗试点前后，抗菌药使用量减少 74%。

主要经验和具体做法

一、生物安全控制

养殖场与周边的隔离与屏障。个别养殖场靠近乡村主干道，养殖场的净道与污道未完全分开，但按照严格的生物安全制度进行管理，可基本保证禽舍的清洁环境。

场区区域布局与管理。公司利用 Rotem 控制器自动控制鸡舍通风，自动水料线系统提供清洁卫生的饲料和饮水，确保鸡群有一个良好的生存环境。系统可以自动报警，保证饲养环境处于受监控状态。

消毒设施的设置与管理。建立了消毒管理制度，车辆等进场必须进行清洗和消毒，人员进出必须洗澡并更换场内工作服，生产区的入口处都有脚踏消毒盆和手部消毒酒精喷壶。

卫生、除粪、病死鸡无害化处理。制定了《肉鸡场空栏期工作》《死淘鸡处理》等操作手册及相关文件。按照规定清理粪便。所有病死鸡委托有无害化处理资质的公司进行无害化处理。

出入人员、交通管理。制定了车辆、人员、物品等进出的制度，所有入场人员需在门卫处登记，内部人员进入填写《内部员工进出登记表》或打卡，更换工作服进入消毒通道。经淋浴消毒后进入，随身携带的物品经传递窗熏蒸消毒后方可带入。访客入场递交《农场和孵化厂入场申请》，获批后登记方可进入。外来车辆不允许随意进场，需登记后进行清洁消毒，方可进入指定区域，不能进入未经批准的区域。

饲料饲草、兽药疫苗等投入品管理。饲料配方由公司动物营养团队专家制定，由嘉吉自有饲料厂生产。饲料厂制定了严格的 HACCP 计划，严格把控原料质量，设定好调制温度，保证饲料符合卫生标准。公司配备药品疫苗中心库房，面积约 500m²，配置约 30m² 的冷库，有冰箱、冰柜等保证药品疫苗的储存条件。药品库房分为种鸡药品库房、肉鸡药品库房，以防产品混淆引起的食品安全风险。在每个农场也配置小型的药品库和冰箱用于暂存药品疫苗。中心库房保留药品出入库记录和调拨单，并在公司的管理系统中完成药品的收发。公司有自己独特的兽药供应商管理系统和采购系统，确保生产原料合规和无污染，并对药品供应商进行年度审核。标准化是公司发展的目标，贯穿整个过程，如药品接收、药库管理、处方、药品发货、农场接收和农场投药。记录完备可追溯。

雏鸡引进管理。公司认为生产高质量产品始于饲养管理，并贯穿整个种鸡周期和孵化过程，高质量雏鸡将形成更高的 7 日龄增重，提升料肉比和抗病力。

二、综合管理

（一）制度建设

建立了生物安全管理制度。公司创建了一系列管理文件，建立了肉鸡场空栏期工作、人员入场、车辆入场、空栏期清洗、育雏准备、肉鸡育雏、农场水质控制、饲养期管理、肉鸡免疫、死淘鸡处理等制度，从人员、车辆、物资、消毒、防疫、水质控制以及无害化处理等方面进行生物安全管控，相关管理制度在农场上墙张贴。

建立了兽药供应商评估制度。按照公司兽药供应商管理程序（S/EM），依据第三方的审核情况与文件管理、食品安全与质量文化管理、HACCP 与 PRP 管理等判定供应商管理水平，再根据优先级与风险的高低对供应商进行每年一次或每三年一次的审核。核实供应商的相关资质、审核报告、整改报告的符合性、充分性、有效性，确保兽药供应商及其产品的合规性和质量。每年由采购部门主导，会同兽医、动保、库房等部门，根据供应商的产品质量、技术服务、产品投诉以及价格回顾等方面对供应商进行评分。

建立了兽药出入库管理制度。公司制定了《药品疫苗仓库管理制度》，明确规定了兽用药品的接收管理、存储管理和调拨管理。

建立了兽医诊断与用药制度。公司创建了《嘉吉动物蛋白（中国）肉鸡药品批准清单》，药物选择必须在批准的清单内，兽医根据《农场兽医日常工作程序》中规定的职责，关爱鸡只健康，根据需要开具处方，并根据出栏计划，严格执行《肉鸡场停药期管理》规定，确保药物使用合法合规，保障食品安全。

建立了记录制度。公司明确规定做好相关药物使用记录，在农场饲养日志上和公司的电子版日报表中，均可查询到用药记录。

（二）人员及岗位管理

制定了人员、岗位等操作手册及相关文件。各岗位人员按照自己的职责分工和本岗位的操作规范开展工作，确保农场饲养日志上的用药记录准确翔实，用药记录包括药物品种、规格、使用量、用药次数和天数，应与兽医处方、中心库房发放记录一致。存在风险的岗位做好自身防护，保障人员安全，防止发生生产事故和造成产品质量问题。

（三）实时监控与快速反应

养殖场开启数字化管理，全场由外到内各功能区全部安装视频监控，通过数据传输给集团总部和主管部门领导，公司可直观地掌控整个生产流程和整体安全防控机制运行情况，及时了解生产状况，杜绝管理漏洞和死角以及防范各种不规范行为。

（四）品种选择选育

公司在接收祖代场来的雏鸡时检测鸡败血支原体（MG）、鸡滑液囊支原体（MS）、鸡传染性贫血病（CAV）、禽脑脊髓炎（AE）、禽白血病（ALV）和沙门氏菌等病原体，以便更好地了解雏鸡信息。公司通过生物安全、日常管理、使用疫苗和药品控制父母代鸡群支原体，以确保没有任何垂直传播问题。无支原体的雏鸡有可能大大减少抗菌药使用，例如泰乐菌素和红霉素。高质量的雏鸡将从各个角度造福企业。

（五）育雏育成管理

整个养殖过程严格执行"四统一"管理模式，即统一供应雏鸡、统一供应饲料、统一技术服务、统一回收屠宰。选择鸡舍正中区域作为育雏区域，根据鸡群日龄和数量安排合适的鸡舍，并按照鸡群日龄和饲养密度不同，对光照、饲料种类进行分类配置。按照公司免疫和用药程序，由专人进行免疫接种和预防用药。根据日龄和鸡群密度采用合适的方法定期对鸡舍消毒。按照有关规定对水线、料盘等定期进行清洗和消毒，做好相关记录。

（六）关键风险因素管控

对各类生产数据进行汇总分析，及时了解鸡群生产情况，对生产异常情况进行提示和预警。做好日常保健、疾病防控记录，在不同的生产阶段，有针对性地使用中药制剂、微生态制剂，促进鸡群肠道吸收。

三、疫病监控及安全、合理、规范用药

（一）兽医人员及管理

共有兽医 4 名、兽医经理 1 名，均具有执业兽医师资格证，具备开具处方的资质。兽医经理负责兽医团队的日常管理和与其他部门的沟通合作等。2 名兽医负责种鸡和孵化环节的兽医工作，2 名兽医为肉鸡场服务。

兽医每周会巡查养殖场，查看养殖场生物安全管理情况，发现现场存在的管理问题，并根据鸡群临床症状，选择解剖鸡只，做出诊断，需用药的鸡群，根据临床症状及解剖结果决定是否使用抗菌药，并开具处方。如果不需要抗菌药治疗，可选择使用抗菌药替代产品缓解症状。针对细菌感染的鸡群，采集相应的组织样品送到实验室进行细菌分离及药敏试验，选择敏感药物。如需送检样品，可在实验室进行血清学、微生物学、PCR及药敏等检测，不具备检测条件的会送外检。在《农场兽医日常工作程序》中规定了兽医的职责范围。

（二）诊疗设施、条件及管理

兽医在位于农场所在地的公共办公室办公，根据计划安排养殖场走访或者根据养殖场需要进行现场检查，每个养殖场都配备了解剖室，供兽医诊断、解剖及采样等诊疗工作，

待检样品可送到公司动保中心实验室进行检测。公司建立了自己的动保中心实验室，可以开展临床检验、生化检验、血清学检测和微生物检测等各项工作。但有关组织切片等病理学诊断，需送到第三方实验室进行检测。

（三）畜群免疫及监测

为健康家禽提供优质的生长环境，包括生物安全控制，严防病原微生物侵入，关注动物福利，参与动物福利审核，每批次鸡均进行腿部健康评分，按照嘉吉全球的动物福利要求，每年对每个养殖场进行至少一次动物福利的审核。公司对鸡只健康进行监测，从细菌学和免疫学的角度给兽医提供建议，同时可借助国际和国内有实力供应商的技术支持，进行病原学分析，调整使用适宜的疫苗。公司坚持按照国家有关高致病性禽流感的强制免疫要求进行全程防疫，尤其加强了对鸡传染性支气管炎的防疫，让鸡只形成较强的抗病力。

（四）合法、合理、规范使用抗菌药

用药治疗并不是确保鸡群健康的主要工具，公司致力于从种鸡到肉鸡的生物安全控制，培训专业团队掌握更多的饲养管理知识。同时，利用实验室资源以及临床症状等进行诊断，适时调整免疫程序以增加抗体保护，从而减少药品使用。保留抗菌药购买使用和储存记录。通过严格的遴选和评估流程，从入选供应商购买合规药品。公司不允许在饲料中使用任何人用抗菌药。作为家禽养殖企业，公司坚定地认为生物安全和管理就是一切，而投药一直是最后的工具。肉鸡和种鸡使用的所有抗菌药均由执业兽医开具处方，并遵循抗菌药使用和停药期相关规定。鸡群在加工之前进行兽药残留检测，并每年度审核抗菌药使用情况和相应文件记录。

（五）严格执行休药期管理制度

按照国家关于休药期的规定，制定了本公司《兽药停药标准》，并在《肉鸡场用药清单》中详细标明，严格执行，在出栏前3天进行兽药残留检测，出现阳性样品由公司总经理技术总监、供应链总监、计划经理一起进行论证，给出处理意见，确保产品质量安全。

（六）水质控制

公司极其重视水质控制。对饮用水进行年度监测和饲养期间的监测。在农场日常饮水中加酸加氯，农场利用氧化还原电位在线分析仪（ORP计）随时监测，保证ORP值在650~750，以控制饮水中的病原微生物含量。

（七）建立中心化验室

嘉吉动物蛋白（中国）中心实验室于嘉吉动物蛋白中国项目之初开始设计建造，在2013年4月正式投入使用，始建面积 $400m^2$，总投资约1 263万元人民币。随着公司业务高速发展的需要，中心实验室于2019年1月完成了设备设施等的升级改造，改造投资约400万元人民币，升级后中心实验室面积达到 $700m^2$，新设备设施的投入使用进一步提升了实验室的检测能力。中心实验室依据CNAS-CL01《检测和校准实验室能力认可准则》

建立了实验室管理体系，于 2016 年 9 月 25 日通过 CNAS 体系认可，中心实验室在认可周期内通过 CNAS 的监督审核和复评审。实验室工作职责主要包括：肉鸡的化学残留物检测、养殖过程监控、成品放行检测、原辅料验收检测等。

（八）替代品、替代措施和替代方案

公司在滁州的蛋白业务集饲料、孵化、养殖、屠宰加工于一体。对整个养殖环节的用药是可控的，制定了严格的生物安全操作手册及相关文件，并且严格执行。通过优质的鸡苗、优质的饲料、良好的管理、配套的监测服务和专业的兽医服务，确保农场药品科学使用、真实记录，致力于健康养殖，实现减抗，并探索无抗养殖模式。

抗菌药耐药性是一个全球性问题，合理使用抗菌药有助于确保安全、营养和可负担的全球食品供应。公司在整个养殖场供应链中负责任地、合理、可持续地使用抗菌药，确保畜产品质量和人民舌尖上的安全。考虑到用药并不是确保家禽健康的主要工具，公司致力于改善从种鸡到肉鸡的生物安全和给专业团队提供更多关于家禽管理的知识。同时，利用实验室诊断和调整免疫程序来增加抗体保护，减少药品使用。

安徽牧翔禽业有限公司

动物种类及规模： 肉鸡，年出栏 22.1 万只。

所在省、市： 安徽省六安市。

获得荣誉： 2017 年被农业部评为畜禽标准化示范场；2021 年被农业农村部评为全国兽用抗菌药使用减量化行动试点达标养殖场。

养殖场概况

安徽牧翔禽业有限公司于 2011 年注册成立，注册资金 1 000 万元，主要养殖麻黄肉鸡，下辖种鸡场、育雏养殖场、孵化场、技术研发中心和现代农业种植基地等多个创业实体。

公司自成立以来，始终坚持以高校科研单位为后盾，以省龙头企业牧翔禽业为依托，产学研相结合，与安徽农业大学签订产学研协议，建立了密切的合作关系，充分依托科普培训中心，大力实施"新型农民科技培训工程"，做好先进实用技术的宣传和培训工作。通过定期发放鸡苗，回收成鸡，统一宰杀、包装等养殖初加工，确保产品质量，并通过和电商制定保护价，销往全国各大市场。

养殖模式：采取"自繁自养"、健全生物安全体系和疾病防控的养殖模式，严禁其他禽类及相关产品进入厂区。

养殖理念：减抗、无抗，替代抗菌药使用。

减抗目标实现状况

每生产 1t 产品，抗菌药的使用量为 43.43g。通过参与兽用抗菌药使用减量化行动试点工作，兽用抗菌药的使用量减少幅度约 30%。

主要经验和具体做法 ■ ■ ■

一、生物安全控制

安徽牧翔禽业公司从环境控制、生物安全设施完善升级入手，确保养殖基地远离交通干线、居民区、屠宰场及其他养殖场，公司净道与污道无交叉；鸡舍环境清洁；车辆、人员通道、生产区入口等位置均设有消毒设施；建有粪污清理和病死鸡无害化处理设施。公司制定了生物安全管理制度、免疫接种制度、鸡场粪污清理利用及环保管理制度、饲料及饲料加工、档案管理等配套制度，为减抗养殖创造了良好条件。

（一）卫生、消毒设施的设置与管理

规范的生物安全制度是养禽场疫病防控的重要保障，公司高度重视环境消毒，树立了消毒能"治"病、消毒比治病更重要和成本更低的理念。选用不同种类的消毒剂，遵守消毒规程，加强消毒工作的组织和实施。

消毒隔离是鸡场防疫的关键所在，必须筑牢全场防疫阵地。为此，公司进一步完善相关设施，为各生产环节配齐消毒机、喷雾器、消毒剂和工作衣、鞋、帽、手套。对清洁卫生及消毒措施做出了具体规定。① 大门消毒池中消毒液保持水深15cm以上，每周更换一次，大雨后要及时更换。② 生产区域人员均需经过紫外线消毒室消毒5~10min后，更换专用工作服和胶鞋进入生产区，禁止非生产人员进入生产区。③ 生产区主道路每隔10天进行一次全面消毒，生石灰、氢氧化钠溶液等交替使用。各舍门口道路每天下午下班前使用氢氧化钠溶液消毒。生活区每月安排2天集体卫生清洁，并同时消毒，冬春季节，每天对生活区进行消毒。④ 育成舍和产蛋舍每天带鸡消毒2次。2.8消毒剂、6.8消毒剂、拜安、百毒灭等交替使用，现用现配。明确每种消毒液的使用浓度，并标明是否可以用于带鸡消毒。⑤ 出售淘汰鸡，客户车辆、鸡笼严格消毒，不能进入场内，只能用本场已消毒好的鸡笼将淘汰鸡转入客户笼。随后，立即对场地进行冲洗和消毒。⑥ 饲养人员不准相互串舍。要随时注意观察鸡群健康情况，发现异常情况及时报告。所有用具与设备必须固定在本舍内使用，不准互相借用。⑦ 搞好鸡舍内外卫生，定期消毒。夏、秋季每周用2%氢氧化钠溶液或3%来苏儿溶液消毒3次，春、冬季每周消毒1次。⑧ 经常开展灭鼠、麻雀、蚊、蝇等工作。

（二）场区区域布局与管理

采取叠层笼养，鸡舍密度大，夏季降温尤为重要，主要采取一边增大水帘面积，一边增打水井，利用深井水作为循环水方式，达到降温目的，为鸡群创造舒适的舍内环境。

（三）粪便、死尸无害化处理

采用传送带清理粪便，无害化处理后经粪污道运出场区，与有机肥厂签订合同，粪便实行日清洁制，既解决了臭味问题，又有利于保持养殖场内外环境清洁卫生，并为生物安全打下牢固的基础。

对病死鸡、剖检鸡、冻干疫苗空瓶以及厂区发现的鸟类、鼠类尸体等，及时收集并喷淋氯制剂消毒后送入无害化焚尸坑，坑内确保生石灰消毒的有效含量。

（四）出入人员、车辆管理

外来车辆、物品、人员和本场生产员工进入公司前均需做好登记并消毒。严禁将其他禽类及相关产品带入厂区。饲养人员进鸡舍前经严格消毒。工作期间不允许互串鸡舍，并且做好本栋鸡舍的消毒和生产记录。

（五）饲料饲草、兽药疫苗等投入品管理

严把饲料原料质量关，预混料均来自合法饲料厂生产的合格产品。验收人员对饲料的入库质量负责，严格按照验收程序验收入库的饲料和原料，外观色泽新鲜一致，无发酵、霉变、结块、异味、异臭等现象，有害物质及微生物允许量应符合饲料卫生标准（GB 13078）的规定，不用畜禽产品及其副产品作为饲料原料。禁止被污染或劣质饲料原料入库。库管员对饲料和原料库存期间的质量负责，需按品种、规格有序整齐存放，便于领用、识别、统计，做好防水、防潮、防盗、防火、防鼠等工作，防止其他动物污染或破坏饲料原料。饲料使用遵循"先进先出"的原则，由各舍饲养员每天上班时到库房领取，并做好数量、品种、规格、领取人等记录，库管员应及时掌握用料进度，饲料库存低于警戒线（5天用量）时，及时向物资供应部门反映，以保证饲料的供应。定期对料塔、料线、水塔、水管等进行清理消毒，避免污染。

规范合理使用兽药。配备兽医技术人员，科学审慎使用兽用抗菌药。加强养殖相关人员和兽医技术人员培训，建立科学合理用药管理制度，减少使用兽用抗菌药。积极探索使用兽用抗菌药替代品，改善养殖条件，提高健康养殖水平。

（六）雏鸡引进管理

公司采取"自繁自养"模式，从集团种鸡场引进麻黄鸡，按引雏计划进行引雏，根据鸡舍容量、设备、饲料、流动资金以及市场行情，确定引进时间、数量，避免盲目进雏造成不必要的经济损失。采取"全进全出"的模式饲养，雏鸡引进前对鸡舍全面消毒，并按规定空舍，做好防鼠、防麻雀、防蚊蝇措施，准备好全价雏鸡饲料、饮水机、饲料桶、干湿温度计、喷雾器、保温设备，确保引进雏鸡成活率。

二、综合管理

（一）制度建设

建立合理的管理制度，并严格按照制度规定执行。① 建立了生物安全管理制度，包括车辆、人员、物料进出管理，动物引进，消毒管理，环境卫生，饲养员管理，免疫计划落实，病死动物剖检及无害化处理等管理制度，并严格执行。② 建立了兽药供应商评估制度，包括产品质量、疗效、性价比及不良反应评价等内容。③ 建立了兽药出入库管理制度。包括出入库登记、分别按流水和品种建账、凭单出入库及凭证存档、定期盘库、盘存账物平衡、上传二维码、抗菌药（包括加药饲料）专账管理等内容。④ 建立了兽医诊断与用药制度。包括兽医岗位职责、兽医工作规范制度（禁用药管理、处方药管理、兽医处方管理、休药期管理）以及规范用药等相关内容。⑤ 建立了记录制度。明确应建立记录的岗位、环节、事件，保证记录准确性和真实性，要求做到可查找、可统计、可追溯，如责任人签名、存档时间等内容。⑥ 建立了其他配套制度。如卫生制度、免疫接种制度、饲料及饲料加工、档案管理等。

（二）人员及岗位管理

公司建立了人员及岗位管理的相关制度，要求所有人员各负其责，按照公司规章制度及岗位管理的要求完成各自的工作，所有人员在工作期间不准互串岗位，并且做好工作记录，每天下班前报主管领导。

（三）实时监控与快速反应

公司制定重大疫情和烈性传染病的应急处置预案，在发生重大疫情和烈性传染病时，立即向当地相关部门报告，并采取相应的应急措施。

（四）品种选择选育

公司主要饲养麻黄鸡，由当地鸡选育培养而成，对当地气候环境适应性强、抗病力高，生长期较传统肉鸡长 15~20 天，肉质较普通鸡肉更受当地消费者欢迎，且价格也高于普通肉鸡。

（五）育雏育成管理

公司采用"全进全出"方式，根据雏鸡的绝对增重情况和饲料转化率选择合适的出栏时间。① 合适的温度。育雏第一周鸡舍温度控制在 32~34℃，第二周 30~32℃，每周温度下调不超过 3℃，4 周后降至 20℃。随时观察温度变化，并根据需求调节温度。② 适当的湿度。10 日龄内雏鸡育雏室的相对湿度保持在 65%~75%，10 日龄后保持在约 60%。③ 适时饮水和开食。雏鸡进入育雏室应立即饮水，饮水后 2~3h 开食。④ 饲喂密度。根据雏鸡日龄不同及时调整饲喂密度，并配备合适的饮水器、饲料桶等。⑤ 光照。鸡舍根据雏鸡日龄不同调整光照方式和时长，第一周 24h 连续照明，第二周逐渐减少到

19h，第三周使用自然光。⑥ 空气和卫生条件。育雏室定期通风，每天清洗饮水设备，定期清洁喂食设备、房屋并消毒。⑦ 疾病的预防和治疗。公司制定了科学的免疫程序，并按照免疫程序接种疫苗，精细管理，以提高雏鸡成活率，创造更高的育种效益。

（六）关键风险因素管控

公司高度重视饲养中存在的风险隐患，及时预防，避免造成不必要的损失。公司采取"自繁自养"饲养模式，严禁将其他禽类及相关产品带入厂区。

三、疫病监控及安全、合理、规范用药

（一）兽医人员及管理

聘请了 2 位专职兽医人员，均具有执业兽医师资格。通过日常检查，及时观察鸡群异常，做出初步判断，依据鸡群剖检症状、药物敏感性结果等，制定合理用药方案。坚持先开具处方再用药，严格遵守休药期规定，防止药物残留。公司要求执业兽医开处方时参考药敏试验结果，必须按说明书用药，严禁随意加大用量或者减少用量，严禁滥用抗菌药，确保所产鸡肉的质量符合《食品安全国家标准 食品中兽药最大残留限量》（GB 31650—2019）的规定。

（二）诊疗设施、条件及管理

设有诊疗、化验场所，配备一般诊疗、化验工作所需的设施、设备，可开展常规临床检验。病理解剖、药敏试验、血清学检测、抗体检测、病原学检测、生化试验等检测项目，委托安徽金丰源畜牧科技有限公司完成。

（三）畜群免疫及监测

根据《中华人民共和国动物防疫法》和本地疾病流行病学特点，由兽医主管部门统一安排，认真做好免疫工作。使用合法兽药生产企业生产的疫苗，不使用实验产品或中试产品。制定科学免疫计划和免疫程序，接种活菌苗前后 1 周停用各种抗菌药，按既定防疫程序严格执行，落实防疫，不任意调整防疫日期，做好接种记录。免疫程序由场长制定并监督落实，抽检免疫效果，并做好应急补救措施。免疫接种器械必须及时清洗消毒保存，免疫结束及时归还所用器械，废弃的疫苗瓶经消毒后无害化处理。鸡群免疫接种后，按规定佩戴免疫标识，并详细记入免疫档案。

（四）合法、合理、规范使用抗菌药

规范合理使用兽药。一是配备兽医技术人员，设立养殖场兽药房，建立健全兽药出入库、使用管理、岗位责任等相关管理制度，规范做好养殖用药档案记录管理。对兽药供应商进行评估，购进合法、合格兽药产品，并对治疗效果进行评价。查验通用名称等基本情况，全部符合要求后入库并做好记录。出库执行"先入先出"制度。做好出库的相关记录。做到账款、账物、账货相符。二是科学审慎使用兽用抗菌药。加强养殖相关人员和

兽医技术人员培训，建立科学合理用药制度。三是减少使用兽用抗菌药。改善养殖条件，提高健康养殖水平，积极探索使用兽用抗菌药替代品。四是及时将用完的疫苗瓶、盒子、手套、注射器等，在指定的地点焚烧处理。严禁乱扔或按生活垃圾进行处理，确保生物安全。

（五）严格执行休药期制度

建立了休药期制度，严格执行休药期，出栏前 7 天，饲喂不含任何药物及药物添加剂的饲料，屠宰前 10h 停止喂料，提高畜产品质量安全。

（六）替代品、替代措施和替代方案

为达到减抗目标，又不影响产品产量和质量，公司主要以"净、养、调"为主要措施。"净"即指鸡群享受干净的饲料、水与空气，免受霉菌毒素影响，减少病原微生物的侵袭；"养"即指给予鸡群合理的营养，并促进消化吸收，减少应激；"调"即是调节菌群平衡，增强机体免疫力。适时添加益生菌，调节鸡群菌群平衡，增强免疫力。

球虫病既是条件病，又是免疫性疾病，通过添加中药球虫散，既提高了麻黄鸡体质，又降低了药物对肝脏和肾脏的损害，同时可以有效控制兽药残留。

加强饲养管理是防控疫病的重要组成部分，公司对病禽进行"人性化"护理。多数病禽通过加强营养，可较快康复或缩短发病时间。动物诊疗人员将护理作为临床诊疗的重要内容和环节。在减抗形势下健康养殖、高效养殖，可有效实现减抗目标。

安徽省顺安农产品销售有限公司

动物种类及规模： 肉鸡，年出栏 4 000 万只。

所在省、市： 安徽省宁国市。

获得荣誉： 2020 年被农业农村部评为全国兽用抗菌药使用减量化行动试点达标养殖场；是农业产业化国家重点龙头企业、肉鸡供港基地。

养殖场概况

公司成立于 2015 年 8 月，注册资本 1 000 万元。公司自成立之日起，承接原安徽五星食品股份有限公司全部资产、人员，从事肉鸡养殖全产业链工作。

养殖模式：公司采取"公司＋农户"与自养的饲养模式。

养殖理念：减抗养殖、健康养殖。

减抗目标实现状况

减抗期间合计使用抗菌药（折合原料）635.70kg，即每生产 1t 畜禽产品（毛鸡）抗菌药的使用量为 77.73g。

与上一年相比，抗菌药使用总量降低 20％ 以上。

主要经验和具体做法

一、生物安全防控

（一）养殖场与周边的隔离与屏障

本次减量化行动实施地点为公司程村养殖小区，小区始建于 2012 年，坐落于宁国市港口镇山门程村，远离交通干线、居民区、屠宰场及其他养殖场，采取全封闭式管理。

（二）消毒设施的设置与管理

制定清洗消毒制度，严格清洗消毒。对空禽舍内外环境及舍中的用具、水箱和饲料仓库合理选择消毒剂类型和稀释度进行彻底的清洗消毒，设备在用完后和保存前也必须彻底清洗和消毒。消毒剂要确保对人和鸡安全、对设备无破坏性、无残留，消毒剂的任一成分不会在肉或蛋内产生有害积累。

养殖场鸟瞰图　　　　　　　　　　　　进出消毒

（三）卫生、除粪、死尸无害化处理

公司并购了南阳生物科技有限公司，所有养殖小区固体粪污定时送到南阳生物科技有限公司进行堆肥发酵，生产有机肥，及时消除粪污二次污染。公司与宁国市垃圾处理站、海螺集团宁国公司签订长期合作协议，及时将死淘鸡、病死鸡送入垃圾处理站或海螺集团宁国公司进行焚烧处理，消灭二次感染源。这些措施消灭了污染源，净化了养殖环境，减少了疾病发生率，确保鸡群健康，减少了药品使用量。

（四）出入人员、车辆管理

养殖场人员、物品进出管理实行场长负责制。养殖场工作人员需取得健康合格证方可上岗，并要定期进行体检。加强养殖场饲料、兽药、疫苗等物资运输工具进出消毒管理，运输工具要使用本场专用运输车辆。运输车辆进出场门，要按照消毒管理规定严格消毒，进出物资做好记录。禁止外来车辆进出场区。场门消毒池消毒药物要定期更换。严格控制人员进出场区，确需进入的，要做好人员进出记录，在消毒室净手及留置消毒 20~30min，更换防护服和鞋靴，除养殖场员工外，其他人员禁止进入鸡舍，养殖场员工在进入鸡舍、设备库、垫料库之前要按规定穿工作服和工作鞋，做好消毒。

（五）饲料饲草、兽药疫苗等投入品管理

养殖场的饲料须来自正规生产企业，并建立完善的领、用料制度。饲料中不得加入激素、违禁药，不能饲喂促生长剂。配合饲料或预混料必须来自合法饲料厂生产的合格

饲料。使用配合饲料按原料的说明书使用，同时保存好饲料添加剂的记录，贮存要防霉、防潮，通风良好，并设有防火、防盗、防鼠及防鸟设施。严禁将过期、变质的饲料发放使用。

兽药必须经验收员验收合格后方可入库，不符合规定的兽药不得入库。兽用毒性药品、精神药品、麻醉药品、放射性药品、生物制品入库和出库须经双人查验。仓库保管员应根据有效凭证收货、发货，进行检查核对，做好真实、准确、完整的质量检查，确保及时、准确查明兽药来源、去向等所需信息情况。仓库保管员对货单不符、包装不牢或者破损、标志模糊不清、质量异常等兽药有权拒收或者不予发放，同时向经理和质量负责人报告。

粪便堆积发酵　　　　　　　　　　　　　　　中控室

公司的药品门市部通过了市畜牧兽医局的审查、验收。门市部配备了常规兽药及常规疫苗，并配备疫苗储备专用冷柜，常年为养殖户和自养小区提供服务。农户和小区负责人，通过执业兽医师的处方，在药品门市部购买、领取药品。不使用无批准文号或过期失效疫苗。疫苗的管理必须有各类疫苗的领用记录，存放妥当，无过期疫苗。

（六）雏鸡引进管理

引进雏鸡以前，对所引鸡场进行疫情调查，必须来自健康鸡群，由孵化场提供检疫证明和车辆消毒证明。查看生产记录、日龄、生长发育情况，对鸡只的免疫情况、疫病发生情况进行全面了解，需无任何传染病、寄生虫病症状和伤残。检查、审阅使用的药物、饲料添加剂，并将情况填表登记。运输工具及装载器具经消毒处理，符合动物卫生要求。装运时本场技术和兽医主管必须亲自到场，仔细检查、过磅收款。经当地动物卫生监督机构检验合格、开具相关证明后，方可出场。

二、综合管理

(一)制度建设

从生物安全管理、兽药出入库管理、兽医诊断与用药管理、兽药供应商评估、用药记录等方面,制定了一系列管理制度,通过制度控制,保证兽药安全使用,确保食品安全。

(二)人员及岗位管理

制定了人员、岗位等工作职责手册及相关文件。各岗位人员按照自己的职责分工开展工作,工作中按照本岗位的操作规程进行,确保农场饲养日志上的用药记录准确翔实,用药记录内容包括通用名、规格、使用量、用药次数和天数,应与兽医处方、中心库房发放一致。存在风险的岗位做好自身防护。保障人员安全,不发生生产安全和产品质量安全事故。

(三)实时监控与快速反应

化验室对每个养殖小区及合作农户的每批次肉鸡都定期抽取血样进行血清检测分析,主要检测内容为:新城疫、禽流感 H9、H5、H7 等;根据用药和例行监测情况,检测磺胺类(总量)、多西环素、氟苯尼考、新霉素、喹诺酮类等药物残留,并将检测结果及时反馈给生产部门和养殖小区负责人,以便及时调整使用药物种类和使用量,严把严控,防止超标,确保食品安全。

(四)品种选择选育

2018 年底,公司与岵口禽业实现了强强联合,成为 WOD168 小优鸡华东供种基地。该品种抗病性能优于其他肉鸡品种,在饲养过程中发病率相对较低,减少了药品使用量。雏鸡均匀度好,抗体一致,鸡苗疫病高度净化,沙门氏菌、大肠杆菌、禽白血病等病原体检出率极低,是保证减抗成功的必备条件。

(五)育雏育成管理

所有鸡舍的鸡必须"全进全出",以保证同一鸡舍的鸡日龄相同。家禽应有充足的空间,以便活动不受限制。夏季,养殖场应采取措施预防家禽中暑;可以采取降低饲养密度、提高通风量或在屋顶洒水等方式降温。冬季,养殖场通风为鸡只提供新鲜的空气,并在保持热量的同时排出舍内多余的水分、尘埃和有害气体。制定了保持光照制度,以便在每 24h 内至少有 8h 时间提供最低的光照强度,鸡群每 24h 至少要有 2~4h 的黑暗时间。鸡舍不得饲养猫、狗或其他宠物。公司从 2018 年开始转型升级,进行笼养升级改造。鸡群相互感染的概率大大降低,发病率降低。鸡群不再接触粪便,球虫病等疾病基本不再发生,大大减少了药物使用量。员工不得私自饲养或接触外部家禽或其他任何鸟类。

（六）关键风险因素管控

根据《中华人民共和国动物防疫法》及其配套法规，结合本地疫情流行特点制定免疫程序，做好免疫接种工作，疫苗必须来自有资质的疫苗生产企业。同时接受动物防疫部门指导，定期做好对高致病性禽流感、鸡新城疫等重大疫病的免疫抗体监测。

三、疫病监控及安全、合理、规范用药

（一）兽医人员及管理

公司有执业兽医师4名，动物医学专业本科生5名、专科生12名，从事养殖技术服务专业技术人员20余人。专业技术服务人员常年从事养殖技术服务，并建立了经济责任制，农户及养殖小区养殖成本、服务次数、服务质量与服务人员收入挂钩，形成激励机制，克服了"服务不服务一个样，服务好坏一个样"的弊端，从而使养殖技术服务落到实处，起到实际效果，为养殖户和公司带来效益。

鸡舍笼改

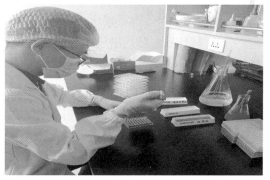
免疫监测

（二）诊疗设施、条件及管理

诊疗区配备有专门的兽医室和药房，提供诊断、解剖、配药场所，同时通过技术培训、师傅带徒弟等方式，使公司技术服务人员对鸡的常见病都能够诊断。

畜群免疫及监测。严格按照鸡群母源抗体水平，按期按质按量接种疫苗，特别是针对禽流感、新城疫、传染性法氏囊炎等常见疫病的免疫，严格按照规程和程序操作。另外，公司在自养场长期推广使用球虫疫苗，球虫发病率显著降低，减少了球虫药的使用量，虽然此类药品的费用没有明显减少，但鸡肉品质得到了保证。公司化验室配备先进、齐全的检验检测仪器设备，有专门的检验检测人员，能够对肉鸡血清进行分析，检测肉种鸡母源抗体和肉鸡抗体，能够对部分肉鸡病毒和细菌进行分析。若发现疫情或怀疑发生疫情时，应根据《中华人民共和国动物防疫法》要求及时采取措施，并尽快向当地兽医主管部门报告疫情。制定并执行科学合理的免疫程序，特别是按国家规定做好新城疫、禽流感等一类传染病的免疫接种工作。落实免疫制度，免疫时要做好免疫档案、免疫卡对照，免疫档案保存两年以上。兽医必须做好疫病的治疗记录，每栋鸡舍都应有免疫登记卡。

（三）合法、合理、规范使用抗菌药

科学用药，杜绝滥用和超剂量使用抗菌药，严禁使用禁用药清单中的药物。树立科学审慎使用兽用抗菌药理念，建立并实施科学合理用药管理制度，对兽用抗菌药物实施分类管理，严格实施处方药管理制度。实验室加大药敏试验的力度，完善相应的监测设备和检测手段，科学规范实施联合用药。禁止将原料药直接添加到饲料及动物饮用水中或者直接饲喂。所有疾病需经过兽医或实验室诊断，确诊后由执业兽医开具处方用药，没有治疗价值的病鸡直接淘汰处理，针对发病鸡个体隔离治疗，尽量不做群体性治疗，落实执业兽医和处方药管理制度，规范做好养殖用药和档案记录管理，加强养殖相关人员和兽医技术人员培训。

（四）严格执行休药期制度

落实休药期制度，规范使用兽用抗菌药，严格按处方用药，建立兽药使用监测体系，提升科学用药水平，推进兽用抗菌药物减量化使用，坚决杜绝使用违禁药物。

（五）替代品、替代措施和替代方案

长期探索使用替抗产品，减少抗菌药使用量。功能性产品如抗病毒药瑞解清、双黄连等；改善肠道如酸化剂；健胃药也使用中成药；通肾药如肝肾康等。供港鸡的生产要求高，兽药残留控制极其严格。通过这种方式，药品使用费用虽然有小幅度上升，但兽药残留得到了有效控制，各项指标达到了供港要求。

广西参皇养殖集团有限公司

动物种类及规模：肉鸡，年产鸡苗 2.5 亿羽、出栏优质鸡 8 600 万只。

所在省、市：广西壮族自治区玉林市。

获得荣誉：2015 年被农业部评为畜禽标准化示范场；2016 年获评五星级广西畜禽现代生态养殖场；2021 年被农业农村部评为全国兽用抗菌药使用减量化行动试点达标养殖场。

养殖场鸟瞰图

入口车辆消毒通道

养殖场概况

广西参皇养殖集团有限公司成立于 2000 年，是一家集科研、种鸡繁育、饲料生产、肉鸡养殖、农牧设备生产、粮食贸易等一体化，有员工 1 300 多人，合作农户 1 万多户的跨省、跨地区的农业产业国家重点龙头企业。2019 年参皇集团存栏种鸡 250 万套，年产鸡苗2.5 亿羽，年出栏优质鸡 8 600 万只，三项业务规模均位居全国前 10 位，年产饲料 100 万 t。

集团下属石和养殖场于 2012 年投入使用，占地面积 300 亩，可存栏商品肉鸡 75 万羽，2021 年被农业农村部评定为全国兽用抗菌药使用减量化行动试点达标养殖场。

公司注重产品质量和安全性，通过加强养殖过程的监控和风险防范，规范鸡群饲养管理标准，严格做好养殖场生物安全和投入品使用，加强抽查监督，提高技术服务的质量，确保成鸡质量符合要求。一直以来，公司均未发生过产品质量安全事件，公司的产地环境、生产过程和产品质量符合国家有关标准和规范的要求。

减抗目标实现状况

减抗试点期间，每生产 1t 禽肉所使用抗菌药折合原料药为 26.20g，实施减抗前为 37.70g/t，减幅 30.50%。

主要经验和具体做法

一、强化生物安全管理

建立技术研究中心，科学诊断，精准用药。

实施严格的防疫管理。工作人员进入生产区，必须在门口更衣室经过彻底更衣、消毒、淋浴方可进入。如返回生活区，再进入生产区时，必须重新彻底更衣、消毒、淋浴。

消毒灭原常规化。在生产区内，入场门口等主干道建立消毒池、消毒通道，并保持有效消毒浓度。鸡舍内、厂区道路、厂区周边环境每天消毒一次，定期更换消毒药，以免产生耐药性。所有进入场区的车辆都要经过门口消毒池和消毒通道，关闭门窗或拉好篷布，在车辆消毒通道停留 30s 以上，进行全面喷雾消毒。

病死鸡无害化处理。病死鸡通过"高温发酵＋益生菌"技术，无害化处理动物尸体，产生有机肥原料。改变传统的深埋、焚烧等无害化处理方法。

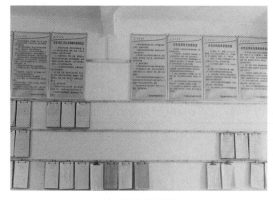

制度记录上墙

兽医检测

冷冻冷藏设备 粪污处理中心

二、提高饲养管理水平

（一）建立健全各项制度

在现有养殖管理制度的基础上，健全和完善各类制度，如增加了兽药供应商评估制度，完善了《参皇集团畜禽产品质量安全管理条例（B）版》《兽用药物及生物制品使用管理制度》《药房管理规定》《肉鸡养殖技术规范》《公司饲养管理作业标准》等有关制度。制定了整套生物安全制度，制度科学合理并上墙，符合生产实际。

（二）科学制定饲料配方

根据种鸡、肉鸡的不同生长阶段，调整日粮标准，饲喂不同的饲料，以保证所饲喂日粮能够满足鸡群生长需要，做到营养均衡，提高鸡群健康水平，提高抗病力，减少抗菌药物使用。

（三）"全进全出"管理

实行"全进全出"或"分单元全进全出制"饲养管理。调拨、出售后，栏（舍）空置2周以上，并进行彻底清洗、消毒，杀灭病原。

三、合理规范使用兽药

场内兽医必须具有执业兽医师资格，做到持证上岗，同时要了解兽药使用的相关法规，能够根据《中华人民共和国兽药典》和兽药说明书规范用药，掌握鸡群群体用药及常用药物配伍方案，保障鸡群健康稳定和生产良性循环，同时做好处方记录。

四、生产管理信息化

应用金蝶 EAS 系统现代信息化管理技术，对肉鸡、种鸡生产全程实施监控管理，对生产数据、兽用药物及疫苗等物料投入信息进行监控、追溯管理。

五、强化疫病监测和净化

做好家禽疫情监测、疫病诊断与检测及强制免疫疫病的抗体监控管理，开展细菌学检测、药敏试验、抗体检测等工作，为制定科学合理的保健程序、免疫程序、临床用药提供科学支持，监控鸡群防疫的有效落实。

在种鸡场实施重点疫病净化，降低鸡白痢、禽白血病、支原体阳性率，提高鸡苗健康度及抗病力，减少疾病发生，减少抗菌药使用。

六、选择替抗药物

（一）通过疫苗替代或减少抗菌药使用

使用不添加任何抗菌药的空白料，通过球虫四价疫苗替代抗球虫药物，达到有效预防球虫病的目的。

使用鸡滑液囊支原体与鸡败血支原体（MS+MG）疫苗，提高商品鸡苗抗病力，减少呼吸道、关节肿等疾病的发生，减少抗菌药使用。

（二）采取多重措施减少抗菌药使用

在鸡群饮水中定期投喂酸化剂，改变饮水的 pH 值，抑制饮水管道及鸡群肠道中的沙门氏菌、大肠杆菌生长。

在饲料中使用酵母多糖、肠悦等益生菌添加剂，改善鸡群肠道健康，降低鸡群鸡白痢和大肠杆菌病的发生，保证鸡群健康生长。

临床上使用中草药制剂联合抗菌，如鱼腥草、甘草颗粒、白翁散、三珍散、杨树花口服液等，提高鸡群抗病力，配合用药，达到最终疗效，减少抗菌药使用。

广西富凤农牧集团有限公司

动物种类及规模：肉鸡，年产肉鸡 600t。

所在省、市：广西壮族自治区南宁市。

获得荣誉：2011 年被农业部评为畜禽标准化示范场；2017 年被广西壮族自治区农业厅评定为五星级广西畜禽现代生态养殖场；2018 年被中国动物疫病预防控制中心评为动物疫病净化创建场；2019 年被自治区工商业联合会、自治区扶贫开发办公室评为广西"万企帮万村"精准扶贫行动先进民营企业，被农业农村部评为全国兽用抗菌药使用减量化行动试点达标养殖场，被农业农村部等八部委评为农业产业化国家重点龙头企业；2020 年，被自治区科技厅、财政厅、税务局评为国家高新技术企业，被自治区农业农村厅评为四星级无规定动物疫病养殖场。

养殖场概况

广西富凤农牧集团有限公司丁当养殖场位于南宁市隆安县丁当镇森岭村，于2009 年 3 月投资建设，占地面积 150 亩，现建成育雏舍 9 栋和育成舍 16 栋，鸡舍总面积约 30 000m²。

养殖场养殖设施设备完善，现代化程度高。严格按照国家肉鸡标准化示范场要求进行规划各功能区的布局和建设。鸡群采用全封闭三层笼位饲养模式，配套全自动输送带清粪

养殖场大门

养殖场全景鸟瞰图

系统和水帘式通风降温系统、电热保温系统、自动饮水系统和直流电智能光照控制系统；配备发电机房、兽药房、兽医解剖室，同时配套建有 $500m^2$ 的粪污无害化处理车间，配备粪污无害化发酵罐。

公司引进了国内先进的养殖设备，建设了集团优质肉鸡的标准化控制体系，建立了农产品（肉鸡）全程质量安全控制可追溯体系，实现了农产品从养殖场到餐桌的全过程质量安全可追溯。富凤集团坚持以"质量第一、诚实守信、合作共赢"为经营理念，以"建一流企业、创一流品牌"，实现企业持续跨越式发展为目标；为社会提供丰富、健康、安全的肉禽产品，推动民生健康。

减抗目标实现状况

每生产 1t 肉鸡（毛鸡）抗菌药使用量（折合原料药）从试点前的 129.04g 降低到 98.24g，降幅达 23.87%。

主要经验和具体做法

一、加强生物安全防范措施

建设富凤质检中心，建有病毒、细胞培养实验室、药敏实验室、药物残留检测实验室、生化实验室等，完成对鸡群健康状况及时监控和跟踪，做好流行性疫病的动态监测，为兽药的精准使用和减量化提供了可靠保障。

二、加大养殖设施设备投入

（一）做好环境控制

功能区域化。养殖场分为生产区、办公生活区和粪污无害化处理三大功能区，各功能区之间用砌砖围墙和绿化带隔为独立单元，净道和污道严格分开，避免交叉污染。

（二）做好消毒，减少污染

每个生产区和生产单位均建有消毒通道、消毒池和雾化消毒喷淋系统，进入生产区人员需经过沐浴更衣和彻底消毒，车辆和用具经过专用消毒通道彻底消毒方可进入。

（三）养殖设施设备提质改造

为保证兽用抗菌药使用减量化行动试点工作的顺利实施，着力开展养殖设施设备的提质改造，在近两年时间内，投入千万元资金，新增 $103m^3$ 的鸡粪发酵罐 2 套，以"微生物＋发酵罐"的养殖粪污无害化处理方式实现养殖废弃物零排放、养殖环境零污染。同

冷冻冷藏设备

文化与荣誉

时在种禽场全面安装了自动清粪系统，改造抽风水帘式降温系统、直流电智能光照控制系统、雨污分流系统、树脂瓦隔热系统、自动喂料系统等先进的养殖设施设备，养殖的高机械化程度和智能化水平为肉鸡生产营造了良好的养殖环境，加快推进公司养殖数字化和信息化管理水平，在保障和改善动物福利的同时提高养殖效益。

（四）配套建设年产发酵豆粕 20 000t 生物发酵车间

采用营养物质体外预消化技术，开发出"生物饲料＋发酵草本精华"替抗方案，推动了养殖投入品替抗等系列课题的研究，以此生产的高效生物饲料，在全集团各养殖公司全面推广，进行养殖技术的成果转化，饲料的转化率高，该方案有针对性地解决了广西地区高温高湿环境下鸡群肠道疾病和冬季慢性呼吸道疾病多发的两大难题，在提高养殖效益的同时，大大减少了鸡群抗菌药的使用。

三、管理制度化和制度严格化

对照兽用抗菌药使用减量化行动方案，全面梳理公司所有生产管理制度。按照国家颁布的养殖相关法规要求，组织制度委员会修改完善养殖制度 32 项，新制定相关制度 11 项，重新制定了养殖技术规程，形成覆盖全面、意识超前、可操作性和指导性强的养殖新模式，成为兽用抗菌药减量化行动得以顺利实施并取得良好成效的基础。

四、科学、规范、合理使用兽用抗菌药

（一）科学用药，杜绝滥用和超剂量使用抗菌药

树立科学审慎使用兽用抗菌药理念，建立并实施科学合理用药管理制度，对兽用抗菌药实施分类管理，严格实施处方药管理制度。

实验室加大药敏试验的力度，完善相应的监测设备和检测手段，科学规范实施联合

用药。用药原则：能用一种抗菌药治疗绝不同时使用多种抗菌药，能用一般级别抗菌药治疗绝不盲目使用更高级别抗菌药，禁止将原料药直接添加到饲料及动物饮用水中或者直接饲喂。

加强对病鸡治疗行为的管理，所有疾病需经过兽医或实验室诊断，确诊后由执业兽医开具处方用药，没有治疗价值的病鸡直接淘汰处理，针对发病鸡个体隔离治疗，尽量不做群体性治疗。

（二）规范用药

配备 2 名执业兽医师和 7 名技术人员，完善养殖场兽药房、兽药出入库、使用管理、岗位责任等相关管理制度，落实执业兽医和处方药管理制度，规范做好养殖用药和档案记录管理。

加强养殖相关人员和兽医技术人员培训，使其对兽用抗菌药有正确的使用态度，了解和掌握使用方式，做到规范使用兽用抗菌药，严格按处方用药，落实休药期制度，建立兽药使用监测体系，提升科学用药水平，推进兽用抗菌药物减量化使用，坚决杜绝使用违禁药物。

（三）加强日常保健，提高鸡群免疫力，少用药；探索使用中药替代兽用抗菌药

加大使用中草药防病治病和提高鸡群疫病抵抗力，通过长期的积极探索，创新运用针对鸡肠道疾病和防治鸡呼吸道疾病的中药方剂，如使用呼感清、热感清、果根素、板青颗粒等预防或治疗呼吸道疾病以及在冬季呼吸道疾病多发的问题；运用强力粤威龙散、高山大巴散、四黄止痢颗粒等，有效解决了在高温高湿环境下鸡群肠道健康问题，逐渐替代了部分抗菌药，在兽用抗菌药减量化使用方面发挥了重要作用。

（四）加强对饲料生产和加工环节的控制，减少兽用抗菌药的使用

鸡场全程饲养投喂的饲料为集团下属的专业化饲料生产企业——广西大富华农牧饲料有限公司生产的禽类专用生物饲料。在饲料生产各环节严格进行质量控制和实施动物营养系统调控，达到低成本、高效益、低污染的效果。

在饲料中添加酸化剂、益生菌和使用微生态制剂与复合酶制剂，饲料酸化剂可以降低胃肠道 pH 值，激活胃蛋白酶原，刺激消化酶的分泌。改善饲料及鸡胃肠道内的生物活性，并具有促生长、防病保健的功能。

饲料中添加一定量的酶制剂、益生菌，能调节胃肠道微生物菌落，促进有益菌的生长繁殖，提高饲料的消化率。

严格把好原料进口关，保障饲料原料的安全，坚决不使用劣质原料，杜绝霉菌毒素危害，加强脱霉剂、益生菌与复合酶的使用。

严格把控药物添加剂的使用，添加剂中不含有违禁药物、不含有任何促生长药物；只在雏鸡阶段使用少量的抗球虫药物，其他饲养阶段的饲料中不使用抗菌药。

（五）加强高新技术运用，有效控制疫病发生

能用疫苗的尽量使用疫苗。鸡传染性鼻炎治疗以前使用磺胺类药物、替米考星、链霉素等抗菌药物，现全部使用疫苗免疫，鸡传染性鼻炎得到有效控制。鸡慢性呼吸道病启用鸡败血支原体和鸡滑液囊支原体（MG+MS）疫苗，使该病得到有效控制，不再使用泰乐菌素等抗菌药。

使用有机酸抑制有害菌生长，减少抗菌药物的使用。定期使用有机酸产品"爱酸宝"，通过酸化效应，降低鸡群胃肠道中的 pH 值，保持最佳的消化环境，不仅可激活胃蛋白酶原，同时还可直接刺激消化酶分泌，抑制有害菌生长，提高免疫力。

使用养殖场监控管理系统，上线监控系统和手机应用程序，在监控系统与手机端可以实时监控鸡舍状况，例如温度、湿度、氨气、体感体温等，并且具备报警和数据分析功能。

使用惠顺管理软件。对各类生产数据进行汇总分析，及时了解鸡群生产情况，可以对生产异常进行提示和预警。做好日常保健、疾病防控记录，在不同的生产阶段，有针对性地使用中药制剂，使用新型发酵饲料喂养，增加鸡群肠道吸收。

使用兽药疫苗可追溯系统。技术员每天录入所购进的药品、疫苗以及用途明细，该系统与自治区动物卫生监督局进行联网，便于上级主管部门及时掌握养殖场的药品使用情况，起到及时监督的作用。

使用视频监控系统。养殖场开启数字化管理，全场由外到内各功能区全部安装视频监控，数据传输给集团总部和主管部门，使其可直观地掌控整个生产流程和整体安全防控机制运行情况，及时了解生产状况，杜绝管理漏洞和死角，以及防范各种风险。

河北恩康牧业有限公司

动物种类及规模：肉鸡，年出栏量 1 600 万只。

所在省、市：河北省保定市。

获得荣誉：河北省肉鸡标准化示范场、国家级标准化示范场、河北省扶贫龙头企业、河北省科技型中小企业、河北省高新技术企业、保定市农业产业化重点龙头企业、河北省肉鸡标准化示范场、河北省现代农业产业技术体系蛋肉鸡地方创新团队示范基地，2020 年被农业农村部评为全国兽用抗菌药使用减量化行动试点达标养殖场。

养殖场概况

公司始建于 2014 年 12 月，是一家集肉鸡养殖、兽药研发、生产及销售为一体的综合性公司。四年来，公司累计投资 1.06 亿元，创建了河北恩康牧业有限公司十二大肉鸡养殖基地。2018 年肉鸡出栏总量达 1 600 万只，总产值 3.96 亿元。为贫困农户提供就业岗位 200 余个，人均年收入 4 万元以上，为当地果农提供有机肥 20 000m³，受益面积 5 000 亩。

养殖场鸟瞰图

鸡粪存储发酵池

减抗目标实现状况

2018 年，每生产 1t 肉鸡产品（毛重）抗菌药使用量为 117.15g；2019 年，每生产 1t

肉鸡产品（毛重）抗菌药使用量为 83.79g，同比下降 28.48%。

主要经验和具体做法

一、加强管理，提高意识，不染病

重点从"人、禽、料、养、环"五个环节进行控制，以有效降低兽用抗菌药的使用量。

（一）"人"，人员的控制

从思想上要高度重视，把减少使用抗菌药、降低畜禽产品兽药残留当成关系"菜篮子"安全、关系人类子孙后代健康的任务来抓，为此成立相应的组织，制定相应的管理制度并监督实施，从制度上落实"减抗"。饲养人员严格按制度和饲养程序、免疫程序进行饲养、防疫和治疗。严格控制外来人员进出，避免不必要的交叉感染和疫病传入，避免发病。

（二）"禽"，雏禽的选择

选择品种好、有抵抗力的雏鸡品种，并尽量选择壮雏。

（三）"料"，物料的控制

主要包括饲料、添加剂、兽药、疫苗等，均应严格按照国家规定采购正规生产企业的合格产品，并做好相应的采购和使用记录。还应注意物料的储存保管，防霉变、防潮湿、防高温。

（四）"养"，饲养管理

饲养管理是肉鸡养殖的关键，周密细致的饲养管理能起到事半功倍的作用。从进鸡前的准备，包括所用物料，到养殖过程，环境温湿度控制、通风管理、水管理、光照控制、分笼方法、环境消毒、进出场消毒、饮水消毒、鸡群抽样称重等环节，严格按照操作程序，做到科学严谨。

（五）"环"，环境控制

养殖场与交通干线、居民区、屠宰场及其他养殖场有一定距离，场区内净道与污道无交叉。车辆、人员通道，生产区入口，畜禽舍入口等关键位置均设有消毒设施，有行之有效的粪污清理设施，能保证畜舍及场区整洁；有病死动物无害化处理设施或委托其他有处理资质的公司处理。

二、固本强元，增强体质，少得病

注重预防，增强鸡群体质，提前对幼雏通过推广使用酸化剂、酶制剂、微生态制剂等产品及中兽药、中药提取物等新型兽药，替代具有治疗、预防作用的兽用抗菌药，使用适宜的微生态制剂调节鸡只肠道菌群，使其营养吸收更全面，通过改善养殖环境和机体的内

净道   污道

环境，来达到提高机体免疫力、改善鸡群亚健康状态的目的。

制定适合本场的免疫程序，严格按照免疫程序进行免疫。

三、精准治疗，科学诊断，少用药

（一）建立科学的疫病监测机制，具备相应的诊断和治疗能力

一是设有兽医室、兽药房、疫苗储藏库（柜）、兽药二维码扫描设备和消毒灭菌设备。二是具备一定的投入品检测能力，能够开展抗体检测和药敏试验。三是配有执业兽医师和兽医技术人员及药房管理人员，建有兽医人员档案。

（二）规范用药制度

一是建立兽药、疫苗采购、验收、入库、储存、出库、使用及兽药二维码追溯管理制度，兽药出入库信息入网运行，并做好完整的记录。二是建立使用兽用处方药、消毒剂、杀虫剂管理制度，按规定开具处方笺，各种记录内容齐全，填写真实、规范、完整，并存档保管1年以上。三是建立投入品供应商评估档案和产品质量档案，每批投入品都配备生产厂家出具的加盖公章的产品检验报告单，必要时送有资质的相关检测部门进行产品质量检测。四是在明显位置张贴规模养殖场安全用药承诺书、安全用药告知书、安全用药宣

兽药房   二维码扫码器   实验设备

传画、禁用药物名录等。本着能用中药改善的不用抗菌药、能少用抗菌药的不多用、能小群体给药的不大群给药的用药原则，减少抗菌药使用。积极筛选中药制剂、免疫增强剂、益生菌、酸化剂和微生态制剂等产品替代抗菌药，严格遵守药物休药期，宰前提前停药。

（三）强化封闭管理

建立健全封闭管理和消毒制度，对外来人员、养殖场人员、管理人员、运输工具、饲料兽药等物品进场实施严格控制，消毒灭原，确保降低病原微生物存活量。对兽用抗菌药物实施分类管理，建立轮换用药程序，在不同阶段有针对性地使用药物和制订多个用药方案，定期轮换。建立用药前做药敏试验制度，选择敏感性药物，减少盲目用药，建立养殖场各类疫苗科学合理的免疫程序。根据"以检定免"的免疫原则和抗体水平实施免疫。

鸡舍入口消毒室　　　　　　　　　　　　自动感应消毒设施

（四）建立替抗方案

积极与大专院校、科研单位联合开展替抗方案研究，选取中草药类制剂，如双黄连口服液、麻杏石甘口服液、三味拳参口服液和黄芪多糖口服液等应用于临床，替代兽用抗菌药，提高鸡群健康水平。

（五）改善养殖环境

充分利用已建成的病死动物无害化处理厂，规范处置畜禽养殖废弃物，全面做好病死畜禽无害化处理，构筑多层次生物安全屏障。加强粪污无害化处理和资源利用，改善养殖场生态环境。严格按照要求，对医疗和疫苗废弃物、病死禽与医疗废弃物无害化厂对接，进行无害化处理。病死禽主要采取冰柜暂存，定期由无害化处理厂收走进行无害化处理。对粪污采用了资源利用方式处理，粪便经纵向粪带传到后端，然后由横向粪带传至斜向粪带，再由斜向粪带直接传输到专用车，拉到发酵场地发酵处理，最后运输到田间利用。

（六）提高用药水平

积极开展执业兽医、养殖技术人员健康养殖和安全用药知识培训，推动抗菌药减量化行动的落实。

江苏立华牧业股份有限公司常州市天牧家禽有限公司

动物种类及规模：肉鸡，2018 年出栏优质肉鸡约 2.61 亿只。

所在省、市：江苏省常州市。

获得荣誉：2016 年获得国家首批"动物疫病净化创建场"荣誉称号；2016 年"禽白血病检测技术的研究与应用"项目获得教育部科技进步奖二等奖；2017 年 3 月，公司"活鸡"获农业部农产品质量安全中心无公害农产品认证；2017 年 10 月，被评为江苏省农业产业化省级重点龙头企业；2018 年获得国家首批"禽白血病净化示范场"荣誉称号；2020年被农业农村部评为全国兽用抗菌药使用减量化行动试点达标养殖场。

养殖场概况

江苏立华牧业股份有限公司成立于 1997 年 6 月，是一家集科研、生产、贸易于一身、以优质草鸡养殖为主导产业的一体化农业企业，是国家级农业产业化重点龙头企业、国家级农业标准化示范区。公司自创建以来，始终坚持"诚信、合作、创新、规范"的经营理念，倡导"精诚合作，共同富裕"的企业精神。从 2000 年开始实行"公司 + 农户"的运行模式，2002 年组建合作社，在异地创办子公司，大力推行"公司 + 合作社 + 农户"的发展模式，带动广大农民致富。2018 年公司上市优质肉鸡约 2.61 亿只。

江苏立华牧业股份有限公司下属的常州市天牧家禽有限公司（下称"公司"），主营行业为农、林、牧、渔业，服务领域为家禽养殖及销售。公司拥有自主研发培育的当代草鸡优良品种"雪山鸡"和"江南白鹅"，分别于 2009 年和 2018 年成为国家级畜禽新品种（配套系）中一员。雪山鸡自诞生以来，公司就十分注重产品质量的建设，精心选择养殖基地，正确选用饲料和药物，不添加任何激素，严格执行休药期制度。采用舍饲和围网放牧结合的饲养方式，适度添加青绿饲料，大力推行标准化饲养管理，使雪山鸡以肉质纤细嫩滑、鲜香可口、汤味浓郁而深受广大消费者的青睐，成为老百姓的放心食品。

打造养殖一体化产业链是公司持久稳定发展和养殖业转型升级的客观要求。2016 年，公司全资子公司江苏立华食品有限公司通过 ISO 9001、ISO 22000 认证，建立了完备的产品追溯系统。对每一个产品实行从屠宰到销售的全过程监控，出厂产品批批进行兽药残留检测，从而确保生产的产品真正达到安全、健康、卫生的要求。公司坚持以"一流的优质、安全食品供应商"为愿景，致力于以最好的品质、最安全的食品管控、最合理的价格，满足消费者的需求。目前，公司已形成了从种鸡饲养、种蛋孵化、鸡苗供应到饲料加工配送、农户养殖、平台销售、食品加工的生产加工体系，加快了实现企业生产销售规模化、企业加工装备现代化、企业生产加工产品品牌化和企业产加销一体化的步伐。

减抗目标实现状况

每生产 1t 肉鸡抗菌药使用量（折合原料量）从试点前一年的 375.27g 降低到 135.38g，同比降低 63.92%。

主要经验和具体做法

为积极响应农业农村部的抗菌药使用减量化行动试点工作，同时推进食品安全工作，公司对此次抗菌药减量化行动的成功经验进行总结，充分发挥立华公司现代企业的规模化优势，为江苏省兽用抗菌药减量化行动创造更多可借鉴、可复制的样本。

一、严格执行生物安全管理

（一）养殖场与周边环境的隔离与屏障

养殖场与村庄、居民区、交通主干道之间建有有效的防护隔离墙，没有工业污染，也无其他易感动物养殖场，与外界保持有效隔离。

常州市天牧家禽有限公司

天牧家禽养殖基地

（二）严格消毒灭原，提高机体抵抗力

在各栋鸡舍设置消毒池或盆、人员气雾消毒机。出栏后的空舍及时进行清理、高压冲洗并验收合格后进行消毒。严格落实带鸡消毒、饮水系统清洗消毒、水质细菌含量检测等制度，降低鸡群受环境条件致病菌的感染概率，提高其自身免疫力，从而降低兽用抗菌药的使用。种禽场及祖代场严格禁止外来人员进出。同时也注意定期进行公共道路和大环境消毒。

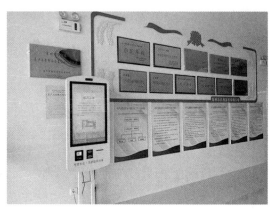

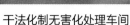

干法化制无害化处理车间　　　　　　　　　　　制度上墙

（三）注重场区生物安全保障，加大环境保护力度

试点养殖场配有专门的病死鸡无害化处理设施，且具有详尽的养殖场病死鸡无害化处理制度。同时每一批鸡出栏后，鸡粪全部灌包处理、统一销售给专门种植苗圃、果树等种植户施肥使用，不会对环境造成不利影响。

（四）做好出入人员、交通工具管理

养殖场进场人员、车辆严格执行逐级审批制度，允许进入人员要进行严格的洗澡消毒隔离后方可进入鸡舍，仅允许与场内生产相关车辆进场，并进行全面有效喷淋消毒。养殖场进一步优化了进场人员、车辆消毒配套设施。人员消毒配套高压微雾带障碍消毒通道，长度不低于 2.5m；配备进场人员洗澡消毒设施，车辆消毒设施要实现进场车辆全方位无死角喷淋。

（五）加强投入品质量检测，严把质量关

严格遵守国家饲料添加剂的使用规定，不允许使用的坚决不用；饲料原料及成品料进行霉菌毒素入库检测，加强储存管理；部分品种试行球虫免疫，减少或取消饲料中球虫药物的添加；尝试添加酶制剂、酸化剂、微生态制剂，以逐渐减少抗菌药的用量。

养殖场人员消毒通道

养殖场车辆消毒通道

（六）高标准、严要求，保证种源质量

所进鸡苗质量达到"三高苗"标准，即高抗体、高抗病力、高均匀度，供种单位通过种蛋严格挑选、分级入孵等规范操作实现"三高苗"标准。接苗单位开展1日龄鸡苗评估工作，并将评估结果反馈给供种单位。强化种禽"两白"净化工作，禽白血病阳性率与鸡白痢阳性率下降，从根本上提高了鸡苗质量及抗病力。

二、提高养殖场综合管理水平

（一）管理制度化，制度严格化

在现有养殖管理制度的基础上，健全和完善各类制度。包括生物安全管理制度、兽药供应商评估制度、兽药出入库管理制度、原料供应商管理规定、兽医诊断与用药制度、养殖场病死鸡无害化处理制度、养殖场检疫申报制度、养殖场免疫制度、养殖场疫情报告制度、养殖场卫生制度、记录管理制度等。制度科学合理并上墙，符合生产实际。

（二）强化人才梯队和技术支撑，提高科技创新能力

人才梯队及兽医配备情况：现拥有博士10名、硕士80多名、本科生445名，大专生598名。每个种禽场及肉鸡饲养服务部配备兽医技术人员。与扬州大学、南京农业大学、中国农业大学以及江苏省农业科学院等科研机构共同合作攻克生产难题。生物技术室同志全部具有执业兽医师资质等。

（三）育雏育成管理

健全饲养管理体系。养殖场使用的饲料由企业所属饲料厂统一提供，饲料的营养品质和卫生安全有保障。

建立兽医卫生防疫体系。制定免疫程序，按国家要求实施疫苗接种；养殖实行以栋为单位的"全进全出"制度；在禽只进入舍前和出栏后，对生产设施设备清洗消毒。

建有疫病监测与报告体系。制订疫病监测计划，包括监测的范围、频率、抽样数量、

疫病种类和诊断方法等，定期对重点控制疫病进行血清学检测，对某些重大动物疫病，如高致病性禽流感、新城疫，实行批批检测抗体。

采用相对封闭的生产模式。育种场实行全封闭管理，以抓三个"流"为主，即人流、车流、物流；以控制鼠类、鸟类、蚊蝇及各种昆虫为辅。在引进外来品种时进行禽白血病、鸡白痢等疾病抗原或抗体监测后方能入场。工作人员进入生产区时淋浴消毒，并更换专用工作服。对雏鸡、饲料和禽只采用专车运输，并在运输前后对运载车辆进行清洗、消毒处理。

（四）提升设备自动化，加强现场监管

养殖场严格执行"6S"管理，提升设备自动化水平，安装水暖系统和简易环控器、自动化料线、自动供水系统、自动断电报警系统、自动喷雾消毒等设备。

三、疫病监控及安全、合理、规范用药

（一）加强对驻场兽医的管理

驻场兽医必须具有执业兽医师资质，按照《动物诊疗机构管理办法》从事动物诊疗活动。推行兽用抗菌药使用减量化和质量检验专业人员从业资格制度，加强对在岗兽医技术人员、化验员进行职业技能培训、考核和鉴定。

（二）科研配套设施齐全，确保检测项目顺利实施

生物技术室建有动物房约200m²，包括SPF动物房4间，共8个SPF鸡隔离包、普通动物房4间，有两组"A"字形层叠笼、2组育雏笼、1套实验用鼠饲养设备。仪器设备资产超过350万元，其中大部分为进口仪器设备，包括二氧化碳培养箱、超低温冰箱、酶标仪、洗板机、荧光显微镜、倒置显微镜、荧光定量PCR仪、液氮罐、离心机和移液器等。另外还配有一批性能优良的国产仪器设备，包括蛋白纯化仪、组织切片机、小型发酵罐（5L）、生物安全柜、超净工作台、高速低温离心机等。目前，公司兽医室开展的工作包括细菌分离和药敏试验等。

（三）优化免疫程序，减少疾病发生

生物技术室对现有免疫程序进行优化，强化免疫质量，并及时追踪疫苗使用效果，防患于未然。2018年疾病发生率比2017年同期减少29%。定期对免疫操作人员进行相关业务培训，确保免疫各环节操作规范，以保障切实达到免疫效果。

（四）科学、合理、规范使用兽用抗菌药

生物技术室加大技术研发，用药前区分是病毒病还是细菌病。推广使用药敏试验，选择敏感药物。按照兽药管理规定，不得使用假劣兽药和农业农村部规定禁止使用的药品及其他化合物。每个肉鸡饲养服务部配有兽医技术人员，并定期组织技术员参加用药及临床诊疗技能培训，做到早发现、早治疗，减少投药周期及投药量；设有基础禽病检测实验

室，及时对细菌性疾病进行细菌分离与药敏试验，减少因不确定因素而随意用药或使用不敏感药物。药物精准使用才是减抗的关键环节。

（五）通过 EAS 信息化手段，实现信息有效传输与违规监管

利用 EAS 信息系统详细记录每批次产品有关信息，包括畜禽品种及来源、饲料消耗、免疫接种、兽药使用、日常消毒、死亡数量、淘汰数量、疫病情况、无害化处理情况等，实现食品安全可追溯，信息化系统控制，生产、检测、销售环节做到责任明确、各环节可追溯。

（六）选择替代药物，减少兽用抗菌药使用

球虫疫苗的使用，使球虫死淘的发病率由原来的 2.5% 下降至 0.5%，且治疗效果好。有个别球虫治疗案例以中药为主。尝试添加酶制剂、酸化剂、微生态制剂，部分品种试行球虫免疫，减少或取消饲料中抗球虫药物的添加。

正大食品（宿迁）有限公司

动物种类及规模：肉鸡，年产鸡苗 6 300 万羽、年产分割鸡 120 000t 和熟食调理品 40 000t。

所在省、市：江苏省宿迁市。

获得荣誉：2021 年被农业农村部评为全国兽用抗菌药使用减量化行动试点达标养殖场。

养殖场概况

正大食品（宿迁）有限公司成立于 2010 年 1 月 20 日，位于江苏省宿迁市，是正大集团新并购的中粮集团旗下肉鸡一条龙生产企业之一。正大食品（宿迁）有限公司是集肉鸡养殖、屠宰、调理制品加工、熟食制品加工及其产品销售于一体的全产业链农牧食品加工企业。公司总占地面积 2 022 亩，包括 9 个种鸡场、17 个肉鸡场、1 个孵化厂、1 个屠宰厂、1 个熟食厂和 1 个调理品厂。

正大食品（宿迁）有限公司皂河二场，2017 年投资建场，位于湖滨新皂河镇南村，员工 15 人，场区占地面积 82.1 亩，设有生活区、办公区、养殖区，目前建有鸡舍 10 栋，

正大食品（宿迁）有限公司皂河二场

养殖场"五统一"管理

面积达到 14 268m²。该场养殖白羽肉鸡，产能 30 万羽 / 批，一年共养殖 7 批次。为笼养模式，每天出粪，每批鸡出粪 1 000t，鸡粪由客户运至连云港或宿迁当地种植蔬菜，公司与客户签订鸡粪销售合同，鸡粪销售途径全程可追溯。冲洗鸡舍产生的污水，经由污水管道收集至污水收集池，一部分经水芹池净化后接入荷花池进行生态种养。

正大食品（宿迁）有限公司致力于从田间到餐桌的肉鸡全产业链食品可追溯体系的建立，以消费需求为导向，满足新时期消费者对餐饮和对快捷、营养、方便、环保的安全食品的需求，把综合开发作为战略发展方向。

公司在宿迁地区打造以养、加、产、供、销为一体的产业化链条，促进农业可持续发展。公司自建生产基地，提供食品加工原料；完善加工体系，生产特色安全食品；推动产业升级，带动农户脱贫增收；秉持绿色理念，走可持续发展道路。

正大食品（宿迁）有限公司为实现集团公司"做世界的厨房，人类能源的供应者"的伟大愿景，建立从农场到餐桌的全程可追溯质量管理体系，确保每一份正大食品的安全与健康，以满足消费者对美好生活的诉求，让健康更有保障、生活更有品位。

减抗目标实现状况

每生产 1t 鸡肉，抗菌药使用量（折合原料量）从试点前一年的 153g 降低到 120g，减幅 21.57%。

主要经验和具体做法

一、严格执行生物安全管理

养殖场与周边的隔离与屏障。距离乡镇主干道约 1.5km、居民区约 1km，周边无大型禽类养殖场。

场区区域布局合理。养殖场分为生产区、办公生活区和粪污无害化处理三大功能区，各功能区之间用砌砖围墙和绿化带进行物理和空间区隔为独立单元，净道和污道严格分开，避免交叉污染。

消毒常态化。在生产区内，入场门口等主干道建立消毒池、消毒通道并保持有效消毒浓度。鸡舍内、厂区道路、厂区周边环境每天消毒一次，定期更换消毒剂，以免产生耐药性。所有车辆按照洗消流程进行清洗、消毒，合格后方可进入。

病死鸡无害化处理。所有的病死鸡全部由有资质的无害化处理公司运走进行无害化处理。

养殖场各环节消毒使用说明　　　　　　　　　人员入场消毒流程

实施严格的隔离、封闭管理。生产区人员不得随意出场，实行封闭管理。非场区人员未经部门主管领导同意禁止入场，进入生产区人员需隔离、消毒、观察72h后方可进入（本公司技术人员除外）。

二、提高综合管理水平

（一）建立健全各项制度

在现有管理制度的基础上，进一步修改和完善，增加了兽药供应商评估制度。修改完善后的制度包括消毒管理制度，卫生清洁制度，免疫程序制定落实制度，饲养员管理要求，取样、剖检死淘鸡管理制度，死淘鸡无害化处理规定，兽药供应商评估制度，兽医诊断制度，兽医用药管理制度，休药期规定，免疫制度，肉鸡养殖场用药管理制度，养殖档案管理制度，人员进场管理制度，物资出入管理制度，商品肉鸡苗引进验收管理办法，处方药和非处方药管理办法，禁药管理—违禁成分检测管理办法，药品、疫苗出入库管理办法，清粪管理考核制度。

（二）加强人员及岗位管理

鸡场内养殖人员必须在所属工作的鸡舍内活动，不允许串舍；鸡场内养殖和管理人员按要求穿着工作服、消毒后才能进入鸡舍；鸡场内养殖和管理人员在进入鸡场时必须洗手、消毒。工作服按公司规定定期清洗消毒。严格禁止鸡场内养殖和管理人员同其他禽群（如观赏鸟）的接触。

（三）实时监控与快速反应

养殖场配备一定数量和资质能满足要求的专职兽医人员，能及时观察到鸡群异常并做出初步判断，可依据病鸡的症状、剖检等做出准确的诊断；能依据鸡群的发病状况制定用药方案；根据药物敏感性测试结果选择抗菌药并制定方案。

三、疫病监测及安全、合理、规范用药

（一）兽医人员及管理

为合理规范使用兽药，开展诊疗工作，保障鸡群健康，成立由组长、副组长和组员（种禽技术主管、肉鸡技术主管、食安主管、化验室主管）组成的兽医技术小组。其主要职责是：制定生物安全制度体系和实施细则，制定和审核肉、种鸡免疫程序，制定疫病控制方案，审核药品、疫苗、实验试剂的采购计划，评估药品、疫苗、实验试剂的质量，制定兽药残留控制措施，制定鸡苗质量标准，评估新建、外租饲养场生物安全状况，对饲养场规划防疫要求提出相应意见，收集疫病流行趋势及防控方案信息，负责家禽健康范围内的新技术、新产品的推广应用及定期召开生物安全小组工作会议。

（二）养殖场具有专门的诊疗设施条件

公司的检测中心通过了中国合格评定国家认可委员会 CNAS 认证。兽医人员有专门的办公及诊疗场所；具有开展诊疗、化验工作相适应的设施设备，如低温冷冻离心机、PCR 仪、超净工作台、恒温水浴锅、离心机、场内药品库等；具有开展临床检验、生化检验、血清学检验及病理学诊断的能力，并且能够运用细菌分离和抗菌药敏感性试验结果选择用药。有完整且与用药记录内容一致的诊疗记录（疫病症状、检查、诊断、用药及转归情况）。

CNAS 证书

超净工作台

（三）做好鸡群免疫及监测

严格遵守《中华人民共和国动物防疫法》，按市、县兽医主管部门的统一布置和要求，认真做好高致病性禽流感等疫病的强制免疫接种。同时严格按照公司制定的免疫程序做好其他疫病的免疫接种工作，严格按照免疫操作规程进行操作，确保免疫质量。定期对主要

病种进行免疫效价监测，及时改进免疫计划，完善免疫程序，使本公司的免疫工作更科学更实效。做好疫苗接种是养好鸡群的前提条件，必须做到"以防为主，防重于治"的预防工作，是公司养殖业的宗旨。

（四）合法、合理、规范使用抗菌药

肉鸡饲养场实行公司统一供雏、统一供料、统一用药、统一防疫、统一屠宰加工和"一体化"管理体系。

在驻场兽医的指导下合理、安全用药，应严格遵照药物使用的方法、剂量、疗程和休药期，并认真填写好肉鸡用药记录和饲养日志表。

针对本场实际，对以前保健用药和治疗用药进行了调整，即调减用量：如可单方的不复方，可用可不用的坚决不用；调低抗菌药物档次：可用最低档次的不用高一档次。兽用抗菌药使用量实现"零增长"，兽药残留和动物细菌性耐药问题得到了有效控制。

（五）严格执行休药期管理制度

规定的休药期满足国家法律法规要求。做出口产品时休药期需满足进口国要求。为避免药残风险，肉鸡饲养过程所有投喂药品按照兽医处方和非处方规定的休药期进行停药；兽医可根据鸡群健康状况延长停药时间；停药时间不满足休药期规定要求的严禁进行宰杀；养殖场用药须接受食品安全、动保部门监督监控。

（六）选择替代品投入使用

积极探索使用兽用抗菌药替代品，降低阶段性预防用药，使用中成药、益生菌等效果良好的替抗产品。逐步减少全体保健用药。一是"从肠计议"，选择保护胃肠道和促进消化吸收的产品，如普力健、倍优福等产品。二是提高免疫力，选用信必妥等转移因子，提高鸡群抗体水平。三是抗菌方面。鸡出现呼吸道问题，使用麻杏或双黄连治疗，减少抗菌药使用。

浙江绿园禽业有限公司

动物种类及规模：肉鸡，年出栏优质肉鸡 56 万只。

所在省、市：浙江省丽水市。

获得荣誉："处州绿园"牌香鸡 2003—2007 年连续 5 年获得浙江省农业博览会金奖；"绿园香"牌土鸡 2005 年被评为丽水市名牌产品，2011 年被评为浙江名牌产品；2008 年被国务院扶贫开发领导小组办公室评为国家扶贫龙头企业；2009 年被浙江省农业厅评为省级现代畜牧生态养殖示范区；2011 年被浙江省科技厅评为农业企业科技研发中心；2021 年被农业农村部评为全国兽用抗菌药使用减量化行动试点达标养殖场。

养殖场概况

浙江绿园禽业有限公司成立于 2001 年 12 月，注册资金 1 500 万元，2019 年又投资 1 200 万元新建了一个标准肉鸡养殖示范基地，将原来的单层简易鸡舍改为双层全封闭式自动化鸡舍，仍保持原来的地面平养方式，引入全自动的智能化养殖设备，保证鸡舍里每个地方都相对恒温、恒湿。基地占地面积 20 亩，建设规模为 12 000 m²，每年可出栏优质肉鸡 56 万只（原简易棚建筑面积为 6 000 m²，年出栏肉鸡 28 万只）。同一场地，在人员不增加的情况下改造提升后产能翻番。

生产链条情况，公司形成繁、育、养一条龙养殖模式。由企业为农户进行"统一供

减抗宣传牌

消毒通道

雏、统一供料、统一用药、统一免疫、统一销售"，免疫后公司进行鸡抗体检测，在上市前进行兽药残留检测，合格后才能上市，提高农户食品安全意识。按照肉鸡生长阶段分区域"全进全出"，科学安排空舍期，彻底消毒后方可重复使用。

减抗目标实现状况

2019年实施兽药减量化方案以来，抗菌药用量普通鸡舍为137g/t，全自动化鸡舍为98.86g/t，较2018年普通鸡舍抗菌药用量382g/t分别下降64%和74%。

主要经验和具体做法

一、生物安全管理

鸡场距离村庄1km，距离主干道500m，远离农贸市场、养殖场、孵化场和屠宰场。

在生产区内、入场门口、鸡舍门口等主干道建有消毒池、消毒通道，并保持有效含氯消毒剂。鸡舍内、场区道路、场区周边环境保证每周消毒一次。鸡场主要道路及鸡舍内地面硬化处理，便于清扫、消毒。

鸡场净道与污道分开。净道专门用于运输鸡苗、饲料、产品；污道专门用于运送鸡粪、病死鸡、淘汰鸡和其他杂物。鸡舍屋面和外墙壁涂以白色，可防热辐射。鸡舍内有排风扇，以便夏季高温时通风使用；积极有效防灭鼠害，购置专业灭鼠药品工具，定期进行灭鼠工作，保持鸡舍内环境卫生。

对场内所有病死鸡进行冷库集中保存，定期集中无害化处理。

鸡场工作人员进入鸡场大门口时，要经消毒通道全身消毒，尤其脚底在消毒垫进行鞋底消毒，严禁非本场工作人员进入生产区；兽医技术人员不得到外场出诊；饲养人员不得相互串栋等。

二、综合管理

（一）制度建设

制定系列切实可行的管理制度，并张贴上墙。主要有生物安全制度、兽药供应商评估制度等。

（二）加强统一管理，提高生产效益

公司实行"公司＋农户"的饲养模式，通过龙头企业示范作用，由企业为农户进行培训，通过案例分析、现场讲解的方式，带动农户提升饲养管理水平。

制度上墙

公司为农户"统一供雏、统一供料、统一用药、统一免疫、统一销售",免疫后由公司统一进行抗体检测,并在上市前进行兽药残留检测,合格后才能上市,提高农户食品安全意识。

按照肉鸡生长阶段分区域"全进全出",科学安排空舍期,彻底消毒后方可重复使用。

三、疫病防控及科学、合理、规范用药

(一)兽医人员及管理

场内配备具有执业兽医师资格的技术人员担任兽医工作,做到持证上岗,兽医人员必须熟悉兽药使用的相关法规,掌握肉鸡群体用药及常用药物配伍方案,保障肉鸡健康稳定和生产良性循环,同时做好处方用药记录等工作。

(二)诊疗设施、条件及管理

公司建有中心化验室,能够开展血清抗体检测、药敏试验和兽药残留检测。

(三)严格执行休药期制度

坚持科学用药,严格按照规定的用法、用量、休药期用药。养殖场使用处方兽药,必须凭兽医处方,处方一般不得超过 7 日用量。使用非处方兽药,必须凭兽医签字,兽药库房管理人员审核监督。

(四)抗菌药替代品、替代措施和替代方案

天然植物饲料千日红:用来保护肠道和促进消化吸收的产品,用以减少抗菌药、保健药品(如氟苯尼考、恩诺沙星)的使用。减少肉鸡的腹泻。

天然植物饲料三和鼻原康:专门针对鼻炎的产品,用以减少抗菌药保健药品(磺胺六甲氧、盐酸多西环素、泰乐菌素)的使用。

天然植物饲料三和清开灵：用以提高机体免疫力，减少兽用抗菌药使用。

天然植物饲料三和雏键：专门用于小鸡开口的产品，针对运输过程出现缺氧、受凉、温度过高等的情况，减少应激。

天然植物饲料驱虫高手：专门针对球虫的产品，用以减少抗球虫药（如磺胺类球虫药、地克珠利、马杜霉素）的使用。

第三部分

03

肉鸭养殖场减抗
典型案例

河南华英农业发展股份有限公司

动物种类及规模： 肉鸭，年出栏量 54.3 万只。

所在省、市： 河南省信阳市。

获得荣誉： 2016 年通过农业部农产品质量安全中心的无公害农产品产地认证；2019 年通过中国绿色食品发展中心的绿色食品认证；2019 年通过农业农村部的"无高致病性禽流感小区"评估；2021 年被农业农村部认定为全国兽用抗菌药使用减量化行动试点达标养殖场。

养殖场概况

公司位于河南省信阳市潢川县魏岗乡毛围孜村，占地面积 118.5 亩，有鸭舍 17 栋，主要养殖樱桃谷商品代肉鸭。于 2002 年 10 月建成投产，建设规模为 80 000 只/批，每年可出栏商品肉鸭 54.3 万只。

该场仅饲养商品代肉鸭，是公司全产业链中的一个环节。公司实行"五统一"的饲养管理模式，即"统一供应鸭苗、统一供应饲料、统一供应药品、统一技术服务、统一屠宰加工"。养殖模式采用全室内网上平养，根据季节和气候情况，饲养密度为 5~6 只/m²，饮水方式采用乳头式饮水线，喂料采用双边料槽。

公司养殖理念为："提供安全食品，满足客户需求"。

减抗目标实现状况

自 2019 年实施抗菌药使用减量化行动以来，抗菌药物使用量逐年减少，每产出 1t 畜产品（毛重）的抗菌药消耗量为 22g。和上一年度（35g/t）相比，减少了 37%。

肉鸭养殖棚舍   鸭舍内景

主要经验和具体做法

以免疫为基础，生物安全为保障，以药敏试验为指导，中药微生态制剂保健康。

一、生物安全控制

（一）重视选址布局与防疫基础设施规划建设

出口二场选址严格按照动物防疫条件的要求，重视选址布局与防疫基础设施规划建设，最大限度地避免了疾病传播风险。场区远离村庄和交通要道，周边使用砖砌围墙与外界隔离；场区内部设置生活区、生产区、粪污处理区，各区域使用围墙建立隔离屏障，场内净道、污道分开；鸭舍间距不少于13m，舍内通过隔栏将鸭群进行分栏饲养。

（二）重视入场生物安全管理

场区入口处设置车辆消毒池、车辆喷雾消毒设施和人员消毒通道；生产区入口处设置车辆消毒池、更衣淋浴消毒间。每栋鸭舍入口处设置消毒池、配置人员消毒设施。非生产

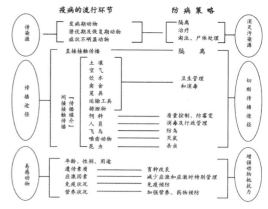

车辆入场消毒设施   河南华英防疫策略图

必需的人员、车辆禁止入内。人员进场后必须执行场内防疫规定，经淋浴、更衣、消毒，按照规定指引路线行进，不得串岗、不得进入工作无关区域；外来人员需隔离 72h 后方可按程序入场。进场车辆必须通过车辆消毒池以及喷雾设备消毒后方可进入。

（三）严格落实日常管理措施

场内配有消毒车，按照日常消毒计划定期对场区环境、鸭舍进行消毒。

成鸭出栏后，对粪污进行清理，使用高压清洗机对网床和鸭舍地面墙面进行彻底清洗，并进行通风干燥。在 14 天的空舍期内，对鸭舍进行两次消毒，对育雏舍使用甲醛进行熏蒸消毒。在进鸭前，由公司专业技术人员对鸭舍的清洗、消毒、准备等工作进行验收，并对舍内环境进行取样检测，验证消毒效果。

鼠虫鸟害是防控疾病的重要一环，为此公司制定了统一的防控鼠虫鸟害生物安全措施，设置防鸟网、驱鸟器以及挡鼠板、鼠药灭鼠等措施，防止通过生物媒介传播病原微生物。

（四）规范病死鸭及粪污的无害化处理

对饲养过程中产生的死淘鸭，每天收集后使用塑料袋进行密闭包装，统一放置无害化处理专用的冰柜中暂存，由公司安排专用的密闭厢式无害化运输车辆进行转运，委托潢川县无害化处理中心进行处理。无害化运输车在每次运输死鸭工作结束后进行彻底的清洗消毒。

养殖过程中产生的粪污进入积粪池，粪便通过专用的抽粪罐车运输至外部的消纳点进行处理，污水通过管道输送至调节池，并经过 A/O 工艺进行处理，处理后的废水进入黑膜池暂存，与周边农民签订消纳协议，作为周边农田灌溉用水。

（五）把好鸭苗质量关

养殖场的鸭苗全部来自公司下属种鸭养殖孵化厂，公司在种鸭养殖环节实施种源疫病净化，严格执行免疫计划，对种鸭进行疫病和免疫效果监测，防止疾病通过种蛋垂直传播。每月对孵化厂、种鸭场的沙门氏菌进行监测，对种蛋、蛋托、车间表面、孵化机、鸭苗筐等工器具和环境进行微生物检测，评估孵化卫生控制状况。通过加强种蛋、孵化车间的清洗消毒，保证孵化车间人流、物流、空气流单向流动，提高孵化卫生水平。制定种蛋、鸭苗质量标准，对种蛋、鸭苗进行分级，保证鸭苗质量。

（六）严控投入品质量

公司养殖过程中所需的饲料全部来自公司下属饲料厂。早在 20 年前，公司已对标欧盟标准，在饲料中不添加任何抗菌药。为保证饲料质量，由公司质检部门在原料采购、加工过程、成品出厂检验等环节集中统一检测，严格执行质量控制标准，限制高风险原料、非常规原料的使用，严控饲料及饲料原料中霉菌毒素、重金属、农药残留等有毒有害物质的含量，对影响肉鸭健康的主要霉菌毒素实行批批检测。同时通过在饲料中应用复合酶制剂、微生态制剂、三丁酸甘油酯等产品，提高饲料的吸收利用率，改善肉鸭肠道健康，降低鸭群疾病发生风险。

二、养殖管理体系及标准化建设

（一）生物安全管理体系

在生物安全管理方面，公司制订了《兽医卫生防疫手册》，建立了覆盖全产业链的生物安全管理体系。内容包括防疫组织机构、目标和策略，养殖场的防疫条件，日常生物安全管理、物流运输环节的防疫管理等，并建立了工作标准要求，为养殖场提供了系统性的生物安全保障。

基于动物疫病风险分析的原则，制订了《生物安全管理手册》，从风险等级、发生频率两个维度，对周边环境、选址布局、设备设施、防疫管理、人员管理、运输管理、投入品管理等因素进行分析，并对风险进行识别，根据风险评估的结果，采取控制措施，对主要风险设置关键控制点，最大限度地降低养殖场的生物安全风险。定期对生物安全管理体系进行内部审核，发现体系运行中存在的不足和问题，做到及时完善和持续改进。

（二）饲养管理标准化体系

在养殖环节推行标准化管理，制订了《种鸭、商品鸭饲养管理手册》，对肉鸭养殖过程中的设备设施条件、温湿度、饲养密度、饮水、饲喂、光照、环境控制与通风、卫生与消毒等关键环节，结合肉鸭生活习性和特点、养殖模式，并参照良好农业规范（GAP）标准，制定了饲养管理和操作指导手册，推行规范化、标准化养殖，有效地保障了养殖安全。

（三）食品安全管理体系

公司制订了《药残控制管理手册》，包括组织机构、职责与权限，投入品采购备案制度，兽药的采购、验收、保管与发放，处方管理，饲料的原料质量控制、加工过程卫生控制、残留监控检测计划、样品的生产和检测、标识和可追溯性等方面。在兽药使用方面，建立"允许用药目录"，对兽药进行分级管理，严格实施处方制，由兽医人员对兽药的使用进行指导和监督，规范养殖过程用药。

公司建立了食品安全可追溯体系，在各环节建立相关制度和记录，定期对从产品到源头进行可追溯体系核查，实现产品从农场到餐桌的全过程控制，保证了产品质量安全和可追溯性。

（四）三级兽医管理体系

公司建立了覆盖产业链各环节的三级兽医管理体系，包括公司兽医总监、各单位部门兽医和基层兽医（驻场兽医、片区兽医、坐诊兽医、检验员、防疫员和消毒员）。制订了《兽医体系管理手册》，在养殖、屠宰、加工、检验、药品管理等环节设置专门的兽医、防疫检疫员或消毒员；建立了兽医卫生防疫的组织框架，并制定了人员岗位职责、工作标准和考核办法；建立了兽医体系内部信息传递制度、兽医培训制度、疫情报告与通报制度、疫情应急处理与应急物资储备制度、兽医体系快速反应与预警机制。

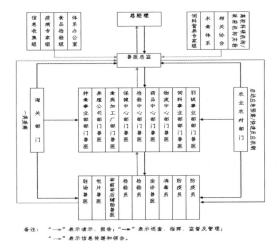

河南华英三级兽医管理体系运行图

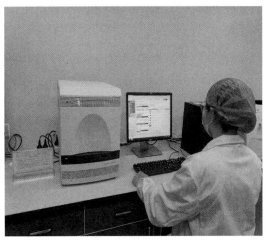

动物疫病检测实验室

三、动物健康管理与合理用药

（一）定期开展动物健康管理和疫情交流

日常生物安全管理情况、疾病发生与诊疗情况、用药情况等信息通过兽药管理体系进行上传下达，并定期开展培训。兽医总监每月召开一次兽医体系会议，召集各单位部门兽医、动物疫病检测实验室及相关人员参会，通报内外部疾病和疫情舆情信息，讨论评估当前生物安全管理状况、疾病发生与流行状况、免疫预防与实验室监测情况、用药情况等，对存在的问题进行改进，对下一阶段的工作重点和目标进行安排，并监督实施。

（二）建立有完备的疾病诊疗实验室

公司于1992年开始建立动物疫病诊疗实验室，2006年按 ISO/IEC 17025 及 ISO 9000 标准建立了质量管理体系，2007年首次通过中国合格评定国家认可委员会（CNAS）评审。动物疫病检测实验室占地 700m^2，设有剖检室、分子生物学检测室、血清室、细菌室等主要功能室，配有荧光 PCR 仪、酶标仪、生物安全柜、超净工作台、高速冷冻离心机、离心沉淀机、微量振荡器、微型漩涡混合仪、恒温培养箱、恒温干燥箱、高压蒸汽灭菌器等实验设备。日常开展鸭病临床剖检诊断、病原学、血清学检测、细菌分离鉴定与药敏试验、消毒效果评价等项目，能够满足肉鸭养殖动物疫病监测、诊断等工作的检测需要。

（三）坚持"预防为主"的疫病防控理念

公司制定了程序化的免疫计划方案，严格按照标准规程执行免疫计划，并对免疫效果进行监测评估，增强流行性传染疾病的防护能力，减少疫病发生频率。公司每年制定养殖环节的监测计划，定期主动开展肉鸭主要疾病病原体、免疫抗体监测，对病料样品进行被动监测和诊断，开展细菌分离鉴定与耐药性监测、对养殖环境和孵化卫生进行监测，开展消毒效果评估。实时掌握鸭群的免疫抗体状况、疫病感染情况，对于异常情况及时采取科学的预防、控制措施。

（四）科学、规范使用抗菌药，控制用药量

严格实行兽药处方制。兽药必须凭兽医处方领用；对所有兽医实行笔迹备案，兽医的处方权仅限定在其所负责的辖区，严禁跨区域作业。

严格落实兽医处方审核制。兽药由公司统一招标，药品由公司药品中心统一采购供应。基层兽医开具的处方，须由主管兽医对处方合理性审核、药品管理兽医进行是否"允许使用药物目录"审核，审核通过后方可到药品中心取药。

科学合理使用兽药。公司对临床病例进行实验室诊断，根据诊断的疾病种类决定是否使用抗菌药。如细菌性感染疾病，开展细菌分离鉴定和药敏试验，并根据药物敏感性测定结果指导兽医选择用药品种和用药方式，提高兽药使用的针对性和疗效性。杜绝盲目使用抗菌药、不合理预防用药和超剂量、超疗程用药。

严格执行休药期制度。成鸭出栏前养殖场（户）申报用药记录，经基层兽医、主管兽医、屠宰厂宰前兽医对用药记录进行审核通过后，方可调运屠宰。屠宰时对鸭肉取样进行兽药残留检测。残留检测项目根据残留检测计划并结合不同批次肉鸭临床用药风险分析结果确定。

（五）积极推行抗菌药替代品、替代措施和替代方案

在养殖过程中，积极推行疫苗、中兽药、植物提取物、酶制剂、益生菌等抗菌药替代产品的使用。

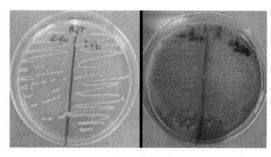
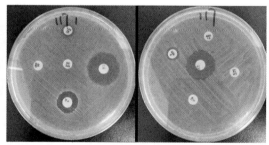

细菌分离鉴定　　　　　　　　　　　药物敏感性试验

加大疫苗品种的甄选力度，有针对性选择疫苗种类和疫苗生产厂家。通过与第三方检测公司和主要疫苗厂家合作，采集病料进行病原微生物分离和血清型鉴定，掌握公司及本区域引起肉鸭主要细菌性疾病的鸭疫里默氏杆菌、大肠杆菌的血清型，有针对性地选择疫

苗品种（菌株种类），并结合免疫效果监测和防控效果评价选择疫苗生产厂家。

加大细菌性疫苗（鸭传染性浆膜炎疫苗、大肠杆菌疫苗）的使用，提高鸭群的特异性免疫力。

积极开展能够改善肠道环境、提高肠道健康水平的饲料添加剂对比试验，筛选出一批效果明显、性价比高的饲料添加剂产品并在生产中推广应用。

如在饲料中添加酶制剂（蛋白酶、植酸酶），提高饲料中营养物质的消化利用率；添加微生态饲料添加剂（枯草芽孢杆菌）调节肠道菌群；添加三丁酸甘油酯、酸化剂等饲料添加剂，促进小肠绒毛生长和受损肠黏膜屏障的修复；添加具有抗菌抑菌作用的植物提取物（香芹酚、百里香酚），改善肠道健康，降低肠道疾病的发生率。

使用具有抗菌效果和提高免疫力的中兽药产品进行疾病预防和疾病早期控制。

在肉鸭生长后期使用四黄止痢颗粒等中兽药制剂预防疾病、调节亚健康，有效防范疾病发生后使用抗菌药物治疗带来的休药期问题，保证肉鸭按时出栏和食品安全。

北京金星鸭业有限公司中辛庄养殖基地

动物种类及规模： 北京鸭肉鸭，年出栏填鸭 70 万只。

所在省、市： 北京市通州区。

获得荣誉： 2020 年被农业农村部评为全国兽用抗菌药使用减量化行动试点达标养殖场。

养殖场概况

中辛庄养殖基地位于北京市通州区漷县镇中辛庄村西南，隶属北京首农集团下属北京金星鸭业有限公司，2005 年投资建场，占地面积 70 亩，建设面积 45 亩，16 栋鸭舍，主要养殖北京鸭填鸭，每年可生产北京鸭填鸭 70 万只。

北京鸭肉鸭养殖实行"公司＋农户"的生产模式，1~30 日龄的雏中鸭阶段在农户合作基地饲养，28 日龄停止使用抗菌药，30 日龄从合作基地或农户转入自有基地。从 31 日龄到出栏大约 12 日龄左右的时间称为填鸭期，填鸭期为人工填饲育肥，实行无抗养殖。该基地的填鸭全部采用生物质发酵床地面养殖方式，通过定期翻倒、补充菌种，有效解决了鸭场粪污处理的问题，做到可循环、无污染健康养殖。

减抗目标实现状况

2019 年中辛庄养殖基地全年出栏填鸭 70 万只，按出栏均重 2.54kg 计共 1 778t，全年使用兽用抗菌药（折合原料药）37.42kg，每生产 1t 毛鸭消耗抗菌药 21.05g；2020 年全年出栏填鸭 50 万只，按出栏均重 2.87kg 计共 1 435t，全年使用兽用抗菌药（折合原料药）21.31kg，每生产 1t 毛鸭消耗抗菌药 14.85g。与 2019 年相比，单位产出抗菌药的使用量减少了 29.45%。

主要经验和具体做法

北京鸭肉鸭养殖以"中鸭减抗,填鸭无抗"为兽用抗菌药减量化行动的指导方针,以"绿色、安全、生态和可持续发展"为养殖理念。

一、生物安全控制措施

(一)有完整的防疫硬件设施,能与外界有效隔离

本场与外界有完整的高2m的砖墙相隔,西面是农田,南面是鱼塘,东面和北面为绿化隔离带。

本场大门口建有人员消毒通道和车辆消毒池,生产区入口建有外来人员更衣间、本场员工更衣间、车辆消毒池,鸭舍入口建有脚踏消毒池,场区出口处建有立体式车辆消毒通道;无害化储存间和洗车房建在鸭场下风口。

立体车辆消毒通道

北京鸭肉鸭生产流程图

(二)严格落实生物安全管理规定,规范养殖场防疫工作

人员、车辆出入及小型工具器具管理执行《防疫制度》《工器具使用规范》的要求;对免疫人员和车辆出入特定区域的不同消毒方式给出明确要求,降低了免疫行走路线上的疾病传播风险。

消毒设备设施的使用和管理执行《养殖场防疫细则》《消毒制度》的要求。

养殖场日常卫生管理、圈舍清理消毒和鸭尸体无害化处理执行《环境消毒操作规程》《消毒管理细则》和《无害化处理管理制度》的要求。

饲料、发酵床垫料、兽药、疫苗等投入品实行公司统一采购,执行公司《大宗物资采购管理办法》《兽药管理办法》《疫苗管理办法》的要求;发酵床维护及处置执行《发酵床管理规范》,定期进行翻耕和补菌。

（三）公司统一供应鸭苗，防止疫病交叉传播

孵化用种蛋由公司自有种鸭场统一生产，鸭苗由公司自有孵化场统一供应，既减少疫病交叉传播机会，又能掌握雏鸭母源抗体水平和疫苗免疫情况。

对发酵床进行翻耕和补菌　　　　　　　　　成鸭鸭舍饮水区

二、做好高致病性禽流感疫苗免疫工作，保证重大疫病防控安全

选好疫苗。公司每年由疾控部负责开展不同厂家禽流感疫苗免疫效果监测试验，优选质量有保障的厂家的疫苗，为北京鸭禽流感防控提供可靠的疫苗。

规范免疫接种。公司外放部有免疫服务队，配有专用车辆，负责外放雏中鸭的疫苗免疫工作，免疫效果和免疫数量与服务人员的工资直接挂钩，保证了免疫质量。

监控免疫效果。雏中鸭免疫后，由外放服务主管采样送公司检测中心统一检测免疫效果，做到每批、每栋肉鸭检测到位，确保转填中鸭的禽流感疫苗免疫效果确实，为填鸭安全生产夯实基础。

三、加强养殖环境综合治理，减少发病风险

抓好雏鸭管理，保证雏鸭健康。雏鸭实行网上养殖，便于育雏温度控制，并防止粪口传播性疾病的发生和流行；单独建立雏鸭舍，保证了雏鸭舍的空舍时间，净化了小鸭肝炎。

严格控制养殖批次间隔和饲养密度，利于疾病控制。每个中鸭基地限定每年接雏 7 批，每平方米限定饲养北京鸭不超过 15 只，充分保证了养殖空舍期及充分消毒的时间，有效控制了养殖场微生物生长。

对中鸭舍实行批批检测，有效监控养殖环境。每批中鸭在 28 日龄时，由外放主管采环境粪拭子，统一送到公司检测病原。一旦发现结果异常，启动应急措施，隔离鸭群并加

强环境消毒，严禁问题栋舍的鸭群移动，严格控制病原扩散和传播。

成鸭采用发酵床养殖、降低疾病发生概率。成鸭采用生物有机质添加益生菌的发酵床地面养殖，饮水区设置滤水网，能够有效降低舍内的湿度和氨气浓度，减少了肠道疾病和呼吸道疾病发生概率。

四、树立"预防为主、防重于治"的理念

外放服务人员每天巡视片区鸭群健康状况，对出现的个别病残鸭采取早隔离、及时剖解诊断，根据预判并结合实验室检测结果，尽快实施干预；异常天气和特殊季节，按照养殖基地/户常发病的规律预防用药，降低鸭群发病风险，避免大量治疗用药投入，有效控制了药残风险。

五、养殖全程控制用药量，降低兽药残留

源头控制。公司引入养殖投入品（包括兽药及替抗产品）前，必须做成分检测，防止违禁成分和非标签成分药物进入养殖环节，从源头保证了使用药品的安全与合规。

过程监控。公司疾控部根据检测中心发布的敏感药目录定期更新公司用药谱，剔除无效药和低敏药；外放服务人员参照敏感药指导中鸭精准用药，提高了治疗效果且减少了药残风险。为了监督和防范中鸭合作基地私自采购投入品行为，外放服务人员实行养殖片区承包责任制，做到每日巡查中鸭基地/户，监督、检查和指导中鸭预防用药。一旦发现鸭群异常，外放服务人员及时采集病料送检，为中鸭安全、准确用药提供帮助。为落实填鸭无抗管理要求，2019年公司出台了《药残控制管控办法》，明确要求肉鸭28（含）日龄后禁止用药，严格休药期管理，明确了药残检测结果反馈流程和违规用药的处理办法，一旦肉样检出违禁成分，中鸭禁止转填、毛鸭禁止屠宰，全部损失由养殖者自行承担，并对相关责任人进行处罚。

结果追踪。填鸭出栏后，由疾控部在屠宰线上随机抽检白条鸭药残，送检测中心进行181种抗菌药的检测，监控填鸭场无抗养殖执行效果。

替抗品的筛选及使用。填鸭生产是打破肉鸭生理常规的一种饲养工艺，在实际生产中，特定时段有必要添加一些替抗品，冬季、夏季在填鸭料中添加预防腹泻的益生菌、抗菌肽、中药及抗应激性营养素，可缓解填鸭性疾病的发生，降低出栏残损率。

第四部分
04

生猪养殖场减抗典型案例

嘉兴嘉华牧业有限公司

动物种类及规模：生猪，年出栏 2.5 万头。

所在省、市：浙江省嘉兴市。

获得荣誉：2017 年被农业部评为全国畜禽标准化示范场；2020 年被农业农村部评为全国兽用抗菌药使用减量化行动试点达标养殖场。

养殖场概况

华腾集团始建于 2007 年，是一家集饲料加工、原料贸易、养殖机械供应、生猪养殖、生鲜配送、肉制品加工、品牌门店销售、文化旅游等于一体的综合性企业，现拥有嘉华牧场、石湾牧场、千岛湖牧场、安吉牧场、嘉善牧场、安吉生猪养殖牧场、恒华牧场 7 个生产运营的牧场，2021 年正在建设中的上海崇明牧场、江苏宿迁牧场、山东淄博牧场等也将投产，总产能布局能繁母猪 1 万头，年出栏生猪总量将达 25 万头。

华腾始终坚持"让孩子和孕妇吃得放心"的品质理念，严格把控供、产、销各个环节。为确保猪肉品质，公司自建牧场，引进欧洲标准化生态牧场，研发无抗饲料喂养（无抗菌药、激素、镇静剂、重金属等），从源头把控，让消费者吃到优质健康的猪肉。在发展过程中，随着战略转型，华腾也由单一的养殖企业向市场化转变，"桐香"品牌应运而生，在华腾人的耕耘之下，"桐香"牌猪肉成为 G20 峰会（杭州）国宴用肉，公司已连续 6 届成为乌镇世界互联网大会食材供应商。公司旗下现有 50 余家品牌门店，并开设终端线上平台。为了维护生猪养殖安全，为社会提供安全放心的猪肉产品，维护公众卫生安全和生态环境安全，桐香猪肉严守无抗菌药、无重金属、无促生长剂、无镇静剂的产品标准，结合华腾旗下所有生猪养殖场生产实际，从牧场规划、自繁自养、无抗饲料、疾病防治、饲养管理、生物安全、数字牧场、环保处理 8 个方面入手，全力推行兽用抗菌药减量化。

减抗目标实现状况

2019 年每生产 1t 生猪（毛重）抗菌药的使用量为 72.46g，而 2018 年每生产 1t 生猪（毛重）抗菌药的使用量为 131.21g，相比降低 44.77%。

2020 年每生产 1t 生猪（毛重）抗菌药的使用量为 65.14g，与 2019 年相比降低了 10.10%。

主要经验和具体做法

一、抓"减抗"责任落实

建立"兽用抗菌药使用减量化"工作小组，公司董事长亲任组长，核心成员有高级执行副总裁 Paulo Inácio、养殖中心副总裁邵强、饲料厂副总监郑士琳、质量部副总监钟晓炜以及各牧场场长，实行分工负责制，将任务与指标分解细化并落实；定期检查试点工作进度，保证工作按时完成。各牧场场长均有执业兽医资质，具有多年生猪养殖和诊疗经验，能够依据生猪行为表现、发病症状、病理剖检等做出疫病诊断，并能依据生猪发病的状况、用药指征和药物敏感性试验结果，合理制定用药方案并选择合适的抗菌药。

二、完善基础设施建设

（一）强化兽医诊疗条件

公司设置了兽医人员办公、诊疗、化验的场所，配备了冰箱、电热干燥箱、离心机、超净工作台、高压灭菌锅、显微镜、水浴锅、荧光定量 PCR 仪、酶标仪等设备设施。主要检测项目有：非洲猪瘟病毒抗原、非洲猪瘟病毒抗体、猪瘟病毒抗体、伪狂犬病病毒（gE/gB）抗体、口蹄疫病毒抗体、猪繁殖与呼吸障碍综合征病毒抗体、多种细菌培养等。

（二）改善兽药储存条件

每个牧场建有独立的药物储存室，配备了 -20℃低温冰柜、冷藏冰箱、货架台等设施，能够满足兽药、疫苗等物品的储存要求。

（三）平台支撑和外部技术支持

公司总部目前拥有省级重点农业研究院、院士专家工作站等平台，引进了中国工程院院士沈建忠、中国科学院城市环境研究所朱永官等一批专家入职研究院，培养了一大批研发人才。组建了两个专家研发团队：比利时饲料协会主席马克·胡恩带领的无抗饲料研

近红外光谱分析仪、荧光定量 PCR 仪等

发和污水处理团队，以及中国农业大学沈建忠院士带领的食品安全保障和生态循环科技团队。目前研究院下设院办公室、畜牧研究所、资源化中心等机构；拥有研发人员 43 人，其中专职研发人员 33 人，外聘专家 10 人；拥有实验室面积 800m²，科研设备总额达 900 多万元，可为牧场建设提供强有力的技术支持。

三、完善生物安全管理制度并严格执行

针对当前非洲猪瘟防控的严峻形势，制定华腾安全管理制度手册，并严格执行，在防控非洲猪瘟的同时，促进了"减抗"工作的实施。

华腾安全管理制度目录

序号	技术规程 / 管理制度名称	序号	技术规程 / 管理制度名称
1	生物安全管理制度	1.8	粪污处理制度
1.1	车辆、人员、物料进出管理制度	2	兽药供应商评估制度
1.2	种猪引进制度	3	兽药出入库管理制度
1.3	消毒管理制度	4	兽医诊断与用药制度
1.4	环境卫生管理制度	5	档案记录制度
1.5	饲养员管理制度	6	免疫接种制度
1.6	牧场免疫管理制度	7	兽药休药制度
1.7	病死猪的剖检和无害化处理制度		

四、完善生产记录体系并严格执行

（一）执行兽药供应商评估制度

对供货单位的评估：对供货单位的资质、质量保证能力、质量信誉和产品批准证明

文件进行审核、确认，包括《营业执照》《兽药生产许可证》或《兽药经营许可证》。对供货单位销售人员进行合法资格确认，与供货单位签订有明确产品质量保证条款的采购合同。

对采购兽药的评估：① 在《兽药经营许可证》批准的经营范围内。② 对首次经营的兽药品种，了解其质量标准、功能、储存条件以及质量信誉等内容，并索取检验报告。③ 兽药产品批准文号。④ 进口兽药应当具有合法进口手续，包括《进口兽药注册证书》《兽用生物制品进口许可证》《进口兽药通关单》等。⑤ 兽药标签及说明书应当符合国家有关规定。

（二）兽用抗菌药出入库记录

公司对所有兽用抗菌药的购入、领用及库存均有完整的记录，设计了《兽药疫苗入库记录表》，记录内容包括兽药通用名称、含量规格、数量、批准文号、生产批号、生产企业名称等。

（三）兽医诊疗记录

公司设计并使用了《执业兽医处方笺》，用药有完整的兽医诊疗记录，内容主要包括动物疾病症状、检查、诊断、用药及转归情况，抗菌药的使用有兽医处方记录，包括用药对象及其数量、诊断结果、兽药名称、剂量、疗程和必要的休药期提示。针对病死动物或典型病例，设计并使用了《病理剖检记录表》，内容包括大体剖检和必要的病理解剖学检查。

（四）用药记录及其他记录

公司设计使用《兽药用药记录表》，用药记录应翔实，内容包括药物品种、规格、使用量和用药次数，且与兽医处方、药房用药记录一致。此外，公司还设计使用《消毒记录表》《外来人员、车辆登记表》《疫苗免疫记录表》等，建立了养殖关键环节的档案。

五、减抗的具体措施和经验

（一）科学的牧场规划设计

猪场的栏舍建设是生猪养殖的关键要素，科学的猪场栏舍建设能够降低料重比，提高成活率，减少人工成本投入。一是地形地势。地形要整齐、开阔，以便充分利用场地合理布置建筑物，减少施工前清理场地的工作量。地势高、背风向阳、平坦或有缓坡。如是缓坡，坡度不得大于 25°，以减少基建投入。二是场址选择。规模猪场应建在离城区、居民点、交通干线较远的地方，一般要求离交通要道和居民点 1km 以上。三是科学布局和生产工艺设计。公司设计的猪场分为生产区、生活区、生产辅助区、粪污处理区，并在猪场外围 500~1 000m 外设置牧场一级人员和车辆洗消点以及卖猪中转点。猪舍类型采用两点式，母猪—保育在一个母猪舍单元，每栋单体母猪舍设计规模 500 头。生长育肥舍单栋独立，设计存栏规模 2 400 头 / 栋，内部结构采用大栋小单元设计思路。同时针对不同养殖品种、上市周期、生产批次计划等进行配套栏舍面积设置。

（二）"自繁自养"，减少引种风险

在当前非洲猪瘟常态化流行的大背景下，引入种猪的风险巨大，因此牧场采用种猪"闭群管理"，坚持"自繁自养"。公司建有一级种猪场，用于更新各牧场后备猪；同时建造 1 座供精站，供应公司各牧场配种需求。条件不具备的中小型养殖场，可考虑引进纯种猪，种猪更替采用"引精不引猪"的模式。

（三）开发无抗环保饲料，实现精准营养

饲料全面禁抗。公司自 2013 年开始投入无抗饲料生产，经过多年实践，采用中草药保健替代抗菌药使用，有效提升猪群体质，降低发病率，具体做法有：① 母猪群常年添加人参、麦冬等中药，补气血、提高免疫功能。② 添加清热灵（连翘、黄芩、甘草）等，用于清热解毒、预防流感，提高母猪群的体质。增加奶水，提高断奶仔猪体重。③ 针对保育猪断奶后各种生理机能和免疫功能的不完善以及多种应激的影响，添加人参、黄芪、山药等，系统提升仔猪体质。④ 育肥猪饲料中添加党参、白芍、人参、黄芪、陈皮、山药、茯苓等，起到益气健脾，调理脏腑，提升免疫，强化脾脏功能，促进营养物质的转化等作用。

饲喂青绿饲料。可改善肠道健康水平，增强猪群体质，具体做法有：①母猪饲喂本场种植的新鲜苜蓿草，补充多维，改善便秘；②育肥猪后期饲喂新鲜荞麦，增加营养，提高肉质。

精准营养，科学饲喂。采用欧洲配方技术体系，根据生猪日龄和成长发育特点，分阶段饲养管理。产房仔猪到保育前，饲喂绿赛"宝贝金"教槽料。保育阶段（25kg 以下）饲喂华腾保育料 900；小猪（25~50kg）饲喂华腾料 500；中猪（50~75kg）饲喂华腾料 551；大猪（75kg 以上）饲喂华腾料 552。后备种猪饲喂华腾种猪专用后备料。妊娠母猪饲喂华腾妊娠母猪料 105；产房哺乳母猪饲喂华腾哺乳母猪料 106，利用大麦、小麦、红枣等原料，替代部分玉米、豆粕等传统原料。

采用植酸酶技术，提高饲料中营养物质的利用率，减少磷饲料的用量和磷对环境的污染。

（四）优化免疫程序，精准减抗替抗

科学制定免疫程序。有计划、有针对性地制定免疫程序是预防猪群疾病的重要措施之一，也是猪场赖以生存的保障。免疫种类、免疫时间、免疫间隔、免疫效果评估需根据不同地区、不同环境、不同疫病压力进行科学制定。

合理替抗。诊疗疾病时严格控制抗菌药用量，多用中药制剂治疗疾病，常用替代药物和保健型添加剂，如黄芪多糖（增强免疫）、复合微生物菌剂（调节肠道菌群，提高饲

料利用率，减少臭气产生）、麻杏石甘散（主治感冒、上呼吸道感染、急性支气管炎、肺炎）、鱼腥草注射液（清热解毒，消肿排脓，利尿通淋）、穿心莲注射液（清热解毒、抗菌消炎功能，用于呼吸道感染、细菌性痢疾、尿路感染等疾病）、甘草颗粒（防治猪气喘病、传染性胸膜肺炎、传染性萎缩性鼻炎、链球菌病、副嗜血杆菌病等急慢性呼吸道病；防治猪流行性感冒、繁殖与呼吸障碍综合征、伪狂犬病等病毒性疾病）等。

（五）加强饲养管理，提高生猪福利

一是全场执行批次化生产程序，"全进全出，小群饲养"，减少疾病传播，降低猪群的发病率。二是采用农业物联网环境自动控制。每栋猪舍安装环境自动控制系统，系统会根据猪只的日龄自动调节猪舍的温度、湿度、通风等。猪舍内部安装地暖自动加温系统，夏天配备水帘自动降温系统，还配备有自动消毒和除臭系统，能给不同生长阶段的猪只提供适宜的生长环境。三是注意饮水质量。生猪饮水采用三重净化（石英砂、活性炭、渗透膜）工艺，深度净化，有效去除水中杂质、重金属、病菌。四是合理使用益生菌、酸化水。使用含有大量益生菌的猪饮料，可改善调节肠道菌群，增强猪群体质，提高肉质。对特定猪群（保育猪、转群猪、断奶前3天至断奶后14天母猪）添加酸化水（荷兰进口），调节胃酸 pH 值，提高疾病抵抗力。五是尽量减少应激。每个猪栏和栏位均安装了猪玩

猪舍内安装玩具

具，减少猪只的打斗应激。

（六）构建生物安全防线，抓好精准消毒

一是科学布局。正常运行的猪场，主要通过隔离、消毒、防疫、检测四大技术措施保障猪场的生物安全。首先，需要建立净区与污区的概念。净区和污区是相对的，不同区域所代表含义不同，从整个猪场的角度，猪场外是污区，猪场内是净区；猪场内部区域，生活区是污区，生产区是净区；相对于生产区，猪群活动的区域是净区（猪栏内和赶猪通道），其他区域是污区。污区到净区，必须经过一定的消毒和隔离措施。基于以上思路，构建了四道生物安全防线阻断疫病传播，以降低疫病感染风险。

二是制定科学的消毒程序，如下表所示。

消毒程序表

区域	消毒剂品种和浓度	消毒频率
外围—庄园大门的车辆消毒	清洗，65℃烘干 1h；然后 1∶200 戊二醛（安灭杀）消毒	车辆进场前
外围—庄园外围主干道路消毒	2% NaOH 水溶液（碱片，纯度 98% 以上，50kg 水放 1kg NaOH）	2 日 1 次，死猪车装好死猪后，沿死猪车经过的路段马上消毒一遍
外围—庄园死猪房前后道路及死猪房	4% NaOH 水溶液	道路消毒每日 1 次，死猪清空以后，对死猪房进行清洗和消毒
外围—猪场 1 号门至庄园伸缩门	2% NaOH 水溶液 +20% lime 生石灰	道路消毒每日 1 次
外围—小别墅至 4 号门（如果 4 号门封闭则本环节取消）	2% NaOH 水溶液 +20% lime 生石灰	3 日 1 次
外围—出猪台、升降平台及赶猪通道	4% NaOH 水溶液/1∶200 戊二醛（安灭杀）	出猪后
缓冲区—猪场生活区主干道路	2% NaOH 水溶液	每日 1 次
缓冲区—车辆消毒池	4% NaOH 水溶液	pH 试纸检测补充/更换
缓冲区—车辆立杆喷雾消毒	1∶200 安灭杀（复方戊二醛）	每日补充/更换
缓冲区—人员消毒通道（内外）	84 消毒液 1∶200	每日打扫 1 次
缓冲区—物资消毒通道	84 消毒液 1∶200	每日打扫 1 次
缓冲区—办公室消毒、食堂	84 消毒液 1∶200	每日 1 次拖地
缓冲区—猪场生产区内部道路	2% NaOH 水溶液	3 日 1 次
缓冲区—脚踏消毒池	4% NaOH 水溶液	3 日 1 次更换；或者水变浑浊更换
缓冲区—洗手消毒	酒精凝胶	进出猪舍
净区—猪舍内部中走到及每个单元主干道	2% NaOH 水溶液	3 日 1 次

三是空气净化——除臭和杀菌。在猪舍出风口安装高压微雾系统＋使用植物提取剂进行消毒除臭、杀菌；采用组合填料，材质为共聚 PP，具有良好的保湿性和透气性，并有比表面积大、过风均匀、通风阻力小、抗酸耐腐蚀、无压密的特点，使用寿命长，正常运行期间无须更换。NH_3（氨气）去除率＞60%，H_2S（硫化氢）去除率＞60%，粉尘（PM10，PM2.5）去除率大于 70%。

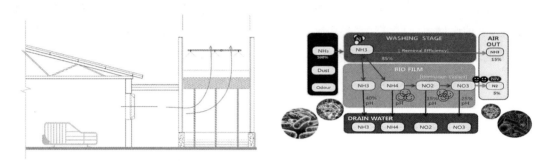

空气净化系统示意图

（七）打造数字牧场，实现精准管理

一是物联网监控全覆盖。监控安装在定位栏、产房、保育、肥猪区、公猪区、兽药房、办公室、主干通道等关键位点，能够及时监管和回放生产各环节，利于发现问题和追溯问题。

二是环境自动监控系统。可实现环境温度、湿度、有毒有害气体等要素的自动调节，同时可在手机上实时观察到猪舍的环境状况，并且能通过手机远程调节环境状况。

视频监控系统

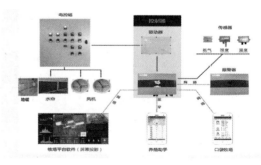

环境监控流程图

三是智能管理系统。可对牧场的猪群健康状况、生长、繁殖、免疫、治疗、转群、存栏、批次、物料、生产、防疫、疾病、死亡、销售、成本核算等进行全方位统计管理分析，所有信息可视化，并且通过数据预警。

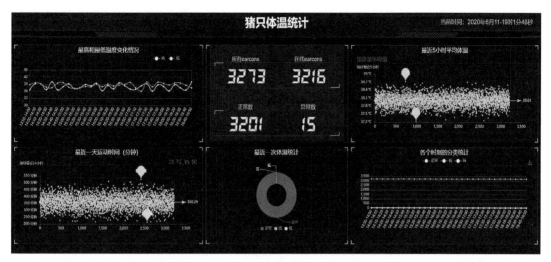

电子耳标

四是电子耳标研发。耳标有个体ID、体温、运动量、定位识别等功能信息，可实现疫病的预警、诊断、预防控制，跟踪监控动物从出生、屠宰、销售、消费者、最终消费端的整个过程。

（八）粪污环保处理，实现循环利用

采用自动清粪工艺，粪污处理遵循减量化、无害化、资源化的原则。牧场设专用粪便处理场所，固体经过加工碳化处理变成生物碳有机肥，液体经过浓缩膜处理技术，变成浓缩液态肥料还田，真正实现资源化利用。

干湿分离机（左）、有机肥发酵塔（右）

猪粪生物炭加工设备（左）、猪粪水浓缩设备（右）

废弃物循环利用

药敏片	巴氏杆菌	
	抑菌圈直径（mm）	耐药性
青霉素	32	敏感
氟苯尼考	32	敏感
头孢噻呋	32	敏感
头孢噻肟	30	敏感
氨苄西林	30	敏感
阿莫西林	29	敏感
环丙沙星	28	敏感
头孢噻吩	26	敏感
复方新诺明	26	中敏
恩诺沙星	25	中敏
洒环素	24	敏感
阿米卡星	24	敏感
强力霉素	23	敏感
红霉素	22	中敏
抗菌霉素	22	中敏
替考拉宁	20	中敏
卡那霉素	19	敏感
链霉素	17	敏感
庆大霉素	15	敏感
安普霉素	13	耐药
杆可霉素	10	耐药

病原菌对药物敏感性状况

六、取得成果

（一）病菌对多种治疗用抗菌药敏感

2020 年公司在嘉兴嘉华牧场开展兽用抗菌药减量化试点工作，并被评为全国首批兽用抗菌药减量化行动试点达标养殖场。采集病料送杭州中科基因进行细菌分离培养和耐药性检测，分离到巴氏杆菌和胸膜肺炎放线杆菌，从检测结果看，这两种细菌对大部分抗菌药敏感。

（二）抗菌药排放减少

2021 年上半年，对"两化"示范场嘉华牧场的纳管排放水采样检测，从检测结果看，抗菌药检出种类及含量极少。

2021 年上半年浙江华腾集团"两化"示范场纳管水检测数据　　（单位：ng/L）

土霉素	四环素	金霉素	多西环素	磺胺嘧啶	磺胺甲噁唑	磺胺二甲嘧啶
/	/	/	/	/	/	13.35
磺胺对甲氧嘧啶	磺胺间甲氧嘧啶	磺胺氧哒嗪	恩诺沙星	环丙沙星	氧氟沙星	氟甲喹
	25.11		11.96	/	/	/
二氟沙星	沙拉沙星	泰乐菌素	替米考星	甲砜霉素	氟苯尼考	氟苯尼考胺
/	/	/	/	/	81.35	19.97

江苏洋宇生态农业有限公司

动物种类及规模：生猪，年出栏 10 万头。

所在省、市：江苏省泰州市。

获得荣誉：2013 年被泰兴市人民政府评为环境保护工作先进集体；2013 年被江苏省广播电视总台评为江苏省优秀诚信服务单位；2014 年被泰兴市人民政府评为环境保护工作先进集体；2015 年被泰兴市质量诚信单位审定委员会评为泰兴市质量诚信单位；2015 年被江苏省农业委员会评为江苏省农业产业化重点龙头企业；2015 年被江苏省质量技术监督局评为江苏省生猪循环农业标准化试点；2017 年被农业部评为畜禽标准化示范场；2017 年被江苏省农业委员会评为江苏省畜牧生态健康养殖示范场；2018 年被农民日报社、全国畜牧总站、中国畜牧兽医学会评为 2018 年全国美丽猪场；2018 年被泰州市质量技术监督局评为 AAA 级标准化良好行为企业；2018 年获泰州市人民政府颁发的泰州市标准创新奖；2018 年被江苏省广播电视总台（集团）评为江苏省无公害种植示范基地；2018 年被江苏省农业科学院评为生态循环农业综合示范基地；2020 年被农业农村部评为全国兽用抗菌药使用减量化行动试点达标养殖场。

养殖场概况

江苏洋宇生态农业有限公司成立于 2012 年，位于泰兴市省级现代农业产业园区内，是集生猪养殖、果树种植、特禽养殖、光伏、沼气发电、休闲观光、生态旅游于一体的生态循环型农业企业，也是现阶段泰州地区规模最大、设施最先进的现代农业企业，注册商标"金洋宇""苏翠梨"。公司生态、经济、社会效益持续提升，中央政治局委员、国务院副总理胡春华、农业农村部原部长韩长赋、江苏省委书记吴政隆、江苏省委省政府主管负责人、地方各级领导以及省外 400 多批次各界人士曾先后到公司观摩指导。

公司累计投资 4.6 亿元，占地面积 6 920 余亩（其中，农业生产设施用地面积 800 亩，建设用地 120 亩，流转土地 6 000 亩）。现已建成标准化生猪养殖产区两个，共 138 幢猪舍，饲料加工间 2 幢，建筑面积超过 100 000m²，设计存栏能繁母猪 5 000 头，年上市商品猪 10 万头以上；林间散养北京油鸡 5 万羽，年上市优质鸡蛋 600 万枚以上；1 350

企业鸟瞰图

场区全貌

亩优质梨园、桃园；500 亩苗木基地、5 000 亩良种稻麦；年产 50 000t 的有机肥厂。

公司建有 1 200m³ 的集粪池，4 000m³ 的厌氧发酵罐，76 000m³ 的厌氧发酵池，5 000m³ 的沼液储存池，1 000m² 的沼渣干化场。同时建有 1GW 的沼气发电系统，10GW 的农光互补光伏发电系统，年发电 1 200 万 kW·h 左右。250 户供气管道系统；12km 沼液输送管道系统及沼液浓缩处理系统等。

沼气发酵罐

集粪池

公司践行资源循环利用的高效环保养殖模式。通过对畜禽粪便的沼气发酵，突出源头减量、无害处理、资源利用三个重点环节，将发酵产物沼渣、畜禽干粪、秸秆、蔬菜尾菜及中药渣用于生产有机肥；沼液进入氧化塘后，经过水处理系统生物降解后，20% 直接用于果园、蔬菜和农田的施肥灌溉，10% 的沼液浓缩，根据作物需肥特性制成沼液营养液肥，70% 的沼液深度处理后回收利用和灌溉；沼气用于发电，年发电量可达 560 万 kW·h，除自用外，余量上网。这种"猪—沼—果（蔬、粮）"循环高效的粪污资源化利用模式，被《农民日报》专题报道，并称之为"洋宇模式"。

沼气发电机组

"猪—沼—果"种养循环农业种植基地

公司秉承科学养殖理念。近年来，公司建立科技与生产良性互动、产学研紧密衔接的农业科技创新与示范推广运行机制，构建成果对接、转化推广的快捷通道。公司的每一个项目和产品，都有一个专家团队作为支撑，并且实现了科技项目共建、科技成果共享。公司以人才发展为根本，以农牧结合、林牧结合、资源高效、循环利用为目的，通过科学管理和技术创新，推动生态循环农业健康发展。

减抗目标实现状况

减抗前，每生产 1t 畜产品（毛重）所消耗的抗菌药折合原料药量为 125.37g，减抗后单位畜产品抗菌药消耗量下降至 102.09g。

减抗前后相比，兽用抗菌药使用总量下降了 35.48%。

主要经验和具体做法

一、提高思想认识和组织协调

公司高度重视试点工作，在实施减抗之初，成立了兽医技术工作小组，以农业技术推广研究员常剑鑫为组长，以执业兽医师张琳等 3 人为组成人员。以"预防为主、防重于治"为原则，公司制定了三年减抗计划和兽用抗菌药物使用减量化技术方案，明确了各区域技术员的职责。在兽医工作小组的带领下，开展诊疗工作，保障猪群健康。

二、提高饲养管理水平

一是建立健全各项制度。公司制定了人员管理制度、饲养员管理制度、车辆物料出入制度、生物安全管理制度、环境卫生防疫消毒制度及操作规程、兽药库存管理制度、兽医诊断用药制度、生产记录制度、引种及检疫申报制度、猪群免疫及免疫计划落实制度、饲料车间原料采购及生产制度、诊疗制度、病死动物解剖制度、无害化处理制度、养殖档案管理制度、免疫档案管理制度等覆盖全生产流程的制度体系，为公司高效运行提供制度保障。在现有猪场管理制度的基础上，做了进一步修改和完善，增加了兽药供应商评估制度，选好兽药供应商，理顺供应渠道，筛选兽药品种，杜绝"三无"产品和违禁药物进入猪场。二是科学制定饲料配方。饲料原料、添加剂、产品等的采购在符合国家规定的前提下，严把质量关，从源头控制饲料品质。饲料贮存过程中的防潮防霉，公司采取了以下方法：首先，场区内建有 2 000 m² 左右的饲料加工及储存车间，南北通透，通风好，平日饲料放在通风口处。在雨水充足的夏季，玉米、豆粕直接放入封闭储存仓，可有效地防止饲料发霉变潮。其次，所有饲料进入饲料储存车间后，均放置在托盘上，距离地面 15 cm高，起到通风防霉的作用。最后，缩短采购周期。根据生产需求，一般情况每 10 天左右购进一次，以确保饲料新鲜。加工饲料每日按量生产，所有加工饲料存放不超过 2 天。根据猪群的不同生产阶段，饲喂不同的饲料，以保证饲料营养能够满足猪群生长阶段的需要，做到营养均衡，保障猪只健康。三是"全进全出"管理。按照猪群生长阶段分区域"全进全出"，科学安排空舍期，彻底消毒后方可重复使用，减少疾病在场内循环传播。

三、强化生物安全管理

一是实施严格的隔离、封闭管理。无关人员不得进场，生产区人员不得随意出场。凡入场的人员，无论是进入生活区还是生产区，一律从指定通道严格消毒后才能进入。非生产区人员一律禁止入内，进入生产区人员需隔离、消毒、观察 48 h 后方可进入。进出人员的工作服必须当日清洗消毒。场内兽医技术人员不准对外从事诊疗活动，配种人员不准对外开展配种工作。

二是消毒灭原常态化。在生产区内，入场门口等主干道建立消毒池、消毒通道，配置有效消毒液并保持有效工作浓度。场区周边环境、场区道路、猪舍内每天消毒一次，定期更换消毒药，以免产生耐药性。所有车辆不得入内，对于售猪车，按照洗消流程进行清洗、消毒合格后方可进入。饲养员每天负责清扫畜舍，清除排泄物。料槽等物品保持清洁，做到勤洗、勤换、勤消毒。每批猪只转出后，彻底打扫空舍顶棚、墙壁、地面，用高压水枪冲洗，然后进行喷雾消毒。

三是确保环境卫生。保持猪舍内环境整洁。注意防鼠防鸟。聘请专业灭鼠公司人员场外指导灭鼠。公司与武汉优沃丰专业有害生物防治有限公司签订灭鼠协议，每年 2 次科学灭鼠。饲料车间的大门平时半开，人员离开时及时关闭，能有效地阻止鸟类进入。注意猪舍内防蚊防蝇，放置防蚊、防蝇设备，用蚊香灭蚊，饲料中添加 10% 环丙氨嗪预混剂防蝇。

生产区入口人员消毒通道　　　　　　　　中央厨房

生产区入口消毒池

车辆洗消中心

猪舍环境干净整洁

四是病死猪无害化处理。制定无害化处理制度，对所有的病死猪进行深埋、化制、焚烧等无害化处理。当养殖场的猪只发生疫病死亡时，公司坚持"四不一处理"原则，即"不宰杀、不贩卖、不乱弃、不食用，并进行彻底的无害化处理"。无害化处理过程必须在驻场兽医和场区负责人的监督下进行，并认真做好记录，死亡现场、无害化处理现场拍照留存。

无害化处理设备

兽药使用记录

四、合理规范使用兽药

严格遵守国家相关部门的各项规定，树立合理科学用药观念。场内预防性或治疗性用药，必须由兽医决定，其他人员不得擅自使用。场内兽医必须具有执业兽医师资格，做到持证上岗，同时要了解兽药使用的相关法规，能够根据《中华人民共和国兽药典》和产品说明书规定，掌握猪群群体用药及常用药物配伍方案，保障猪群健康稳定和生产良性循环，同时做好处方用药记录，以备查用。公司设有独立库房一间，兽用处方药和非处方药分开摆放。药房内设有紫外消毒灯,有温控及遮光设施,有冷藏柜和冷冻柜,能够满足不同兽药的储存要求。

五、选择抗菌药替代品投入试用

首先是"从肠计议",选择保护胃肠道和促进消化吸收的产品,如本公司使用的生物发酵饲料(酵美康),在所有猪群均添加,保育40天开始添加50kg/t,80天育肥猪添加100kg/t,160天育肥猪添加50kg/t;母猪、公猪添加50kg/t。小猪使用发酵饲料后,腹泻发生率下降了10%左右,母猪腹胀的情况有明显改善。

其次是提高免疫力方面,选用黄芪多糖、参芪粉、板青颗粒等中药制剂。免疫前后添加黄芪多糖增强免疫效果,减少应激。如母猪打疫苗前2天,饲料添加200g/t黄芪多糖粉,连用5天,能减少母猪免疫应激。母猪断奶前1周至断奶后1周,饲料中添加黄芪多糖粉200g/t,连用14天,能帮助断奶母猪平稳度过断奶期。

最后是抗菌方面,母猪产后消炎选用鱼腥草注射液,日常用柴胡注射液等来减少抗菌药的使用。

江西万年鑫星农牧股份有限公司

动物种类及规模：生猪，年出栏 30 万头。

所在省、市：江西省上饶市。

获得荣誉：2013 年被农业部评为全国畜禽标准化示范场；2019 年被农业农村部、国家发展改革委、财政部等部门联合审定为农业产业化国家重点龙头企业；2020 年被农业农村部评为全国兽用抗菌药使用减量化行动试点达标养殖场。

养殖场概况

江西万年鑫星农牧股份有限公司成立于 2005 年，是一家集种猪繁育、饲料加工、商品猪养殖、生猪屠宰、冷链物流于一体的大型农牧企业。公司位于江西省上饶市万年县丰收工业园建业路，总占地面积 15 000 亩，年生猪产能 30 万头（其中齐埠猪场年出栏 10 万头）。公司拥有毛公山等 7 家生猪养殖场、大型饲料厂和肉类加工冷链物流项目（在建）。

公司大门

办公楼

公司现存栏基础母猪 18 000 头，有配套年产 180 000t 饲料加工厂、沼气发电厂、污水处理厂、集中供暖设备等。产业规模处于全国同行前列，产品主要供应沪、浙、闽、粤和香港等沿海经济发达省、市和地区。2017 年出栏生猪 22.69 万头，销售收入 3.87 亿元，每年可提供商品猪苗 10 万头。

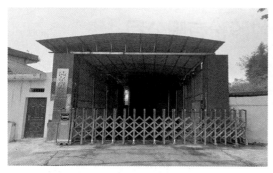

猪场大门

生猪供港

公司为农业产业化国家重点龙头企业；公司生猪养殖通过良好农业规范（GAP）认证；生产基地通过无公害农产品产地认定；产品获无公害农产品证书；公司是供港、供澳生猪出口注册企业，国家储备肉活畜储备基地，农业部畜禽标准化示范基地（2013 年）。

沼气发电

仿生态氧化塘

公司近年来一直重视人才的引进及培训工作。公司现有员工 495 人，其中专业技术人员 43 人，已形成了畜牧、兽医、动物营养、经营和财务管理等门类齐全的专业技术队伍。公司依托中国农业大学和江西农业大学等多所科研院校专家的技术支持，推广实用技术、开展前瞻性探索。2014 年 12 月 24 日，经江西省委组织部、江西省科学技术协会批准，公司与中国工程院院士印遇龙合作共建的"江西万年鑫星农牧院士工作站"正式挂牌成立，院士工作站的建成，为公司人才培养、队伍建设、科研创新等奠定了坚实的基础。

公司奉行"向管理要效益"的养殖理念。公司要求不仅要生产具有市场竞争力的产品，更要有先进的管理模式。养殖场的管理将与先进的企业管理模式接轨，同时更突出以人为本的指导思想，创造一个尊重知识、尊重人才、尊重员工的良好环境。

减抗目标实现状况

2017年6月1日至2018年5月31日出栏生猪226 883头（毛重24 404.4t），抗菌药使用量为10 957kg，单位产出抗菌药使用量为448.98g/t。

2018年6月1日至2019年5月31日出栏生猪207 978头（毛重17 927.85t），使用抗菌药总量为3 225.453kg，单位产出抗菌药使用量为179.91g/t。

减抗试点前后，单位产出抗菌药使用量减少了59.93%。

主要经验和具体做法

公司组织制定了相关用药方案，通过各种综合措施不断减少各阶段生猪兽用抗菌药的使用。通过一年多减抗行动，减抗效果明显，具体措施如下。

一、科学选址及布局

公司养殖场离其他畜牧养殖、屠宰等场所超过1km，周围500m范围无村落，与主要交通干道相隔1km以上，地势平坦，通风良好。场区布局合理，设施完备。场内净区与脏区分离、净道与污道无交叉。栏舍环境清洁、温度可控。建立了车辆及人员消毒通道，设置了生产区及栏舍入口消毒设施。

各场均配备了自动喷雾消毒机、紫外线消毒间、病死猪无害化处理设施、粪污治理设施等。

污水处理

管理制度

二、管理制度健全

养殖场制定了完善的管理制度。如免疫制度，消毒制度，检疫申报制度，疫情报告制度，动物疫病净化制度，无害化处理制度，畜禽标识制度，兽药采购、兽药出入库及兽医诊断及用药制度，兽药供应商评估制度，档案记录制度等，各项制度科学合理、内容完整。

三、加强专业培训

加强基层从业人员尤其是基层养猪技术人员饲养管理水平的培训，提高公司制度及政策执行力。传统猪场、现代管理、健康管理，用管理手段让传统行业焕发生机。受现代养猪发展的需要及生猪供港的严格标准要求，从公司董事长到基层员工，均提高了对兽药管理的认识。全体员工自上岗开始，就按照供港猪要求做好抗菌药及其他药品使用，以及病猪隔离注射、休药期等技术知识的培训工作，考核合格才能上岗。

四、加强饲养管理

（一）严把饲料饮水质量关

首先，严格控制霉菌毒素含量，每批饲料原料首先测试霉菌毒素是否超标。为了防止麦麸霉菌毒素超标，探索选择其他原料作为替代。在饲料中添加脱霉剂，防止饲料贮存及饲喂过程中发霉变质。其次，变粉料为颗粒料，公司新饲料厂投产以来，饲料质量得到了极大的提升，尤其颗粒料的应用更是为养猪健康生产提供了保证，有效防止了病原微生物经过饲料传播的可能性。公司最大猪场引入自来水管线，每天能提供 2 000t 优质饮水，其他猪场采用深井水，各项指标符合养殖要求。

（二）科学免疫及驱虫

科学的免疫设计、免疫操作及免疫效果的跟踪管理等为猪群提供最有效的健康保障。猪是群体饲养动物，防疫是生命线。从疫苗选择、免疫程序设计到免疫效果评估跟踪方面均严格落实到位。在疫苗选择方面，选用市场上品牌影响力大的主流疫苗，目前选用的疫苗厂家主要有金宇、永顺、中牧、科前、大华农等。在免疫程序设计方面，对抗体动态变化进行跟踪监测，按照抗体消长规律制定或调整免疫程序。在免疫效果监测方面，层层传导免疫责任，根据发病率、抗体合格率等检测指标来评估免疫效果。母猪一年驱虫 4 次，分别使用伊维菌素和芬苯达唑各驱虫 2 次，仔猪采用伊维菌素驱虫 1 次。

（三）抗菌药替代品使用

减少小猪阶段的抗菌药使用量，探索用其他物质如植物提取物、精油、以枯草芽孢杆菌为主的微生态制剂等添加至小猪饲料中来减少或者代替抗菌药的使用。减少断奶后到70 天左右保育猪抗菌药使用。具体方案为添加微生态制剂、酸化剂、植物提取物等，帮助仔猪保持肠道健康，促进免疫效果及营养吸收，顺利度过仔猪的肠道问题难关。种猪料及中大猪料严格禁止添加抗菌药及促生长类抗菌药。在此基础上，探索植物提取物，如丝兰属提取物添加至饲料中，降低猪舍臭味，提高饲料消化率。根据猪群健康状况，适时添加中草药保健，如板蓝根、板青颗粒等，用于清热解毒。

（四）改善饲养条件

加强猪场硬件的改造，如改良饮水设施等，保育及育肥猪由鸭嘴式改为碗式饮水器。夏季利用风机水帘及冷风机等改善猪舍防暑降温效果，冬季利用地暖或者热风炉等提高温度，为猪群提供舒适的生长环境，提高猪的福利，减少应激，从而减少猪群抗菌药的使用。

五、加强生物安全措施

公司建立了门卫制度，加强门卫管理，车辆、人员、物料进出都必须遵守相应的管理制度。严格执行各项消毒措施，定期进行消毒灭原工作。如对场区环境和圈舍消毒、运猪车辆消毒、饲料车辆消毒、空栏泡沫消毒、水线消毒等。公司规定，人员进场前必须确保5日内未到过其他猪场、屠宰场等高风险场所，并经24h隔离后，方可入场，随身衣物及其他物品必须经臭氧消毒至少2h。如需进入生产区内，必须在生活区内至少再隔离24h。非洲猪瘟防控期间，原则上禁止任何外来车辆进入场区。确需进入的，应做到专车专用，并进行严格的消毒。公司定期或不定期抽查车辆消毒情况，发现不合格的，要求及时改正，并按照公司制度进行相应处罚。所有进场物品都需要通过防疫消毒工作程序后才能进入。如食堂采购的蔬菜必须经过臭氧消毒2h后才能进入，各类药品疫苗等必须除去大包装，拆分成小包装后进行臭氧消毒，以保证消毒效果。

六、科学合理使用抗菌药

（一）提高诊疗用药水平

公司建立了大型的实验室并配备了相关仪器设备，能满足兽医技术人员办公及诊疗化验工作的需要。兽医人员能够开展常规的临床检验、生化检验及必要的血清学检验工作。在本场兽医技术人员病理学诊断、抗菌药敏感性试验的基础上，必要时借助第三方社会化技术服务机构力量。在准确诊断的基础上，根据相关试验结果有针对性地选择用药。定期进行药敏试验，每年不少于2次，根据药敏结果进行轮换用药，及时调整用药策略，防止细菌产生耐药性。用药时科学配伍，发挥一些抗菌药的协同效应，做到药量减半、防病治病效果更好。提高诊治水平，达到标本兼治。以保育猪群临床腹泻为例，一改以往一腹泻就添加药物的做法，改用酸化剂、丁酸甘油三酯、奶粉及免疫多糖配合的治疗方法，可以迅速修复小猪受损肠道，让猪群恢复正常。

（二）兽药采购及管理

兽药采购及仓库管理。采购原则是兽药生产厂家必须有生产批准文号、GMP证书、营业执照等证件。建立了符合规定的兽药及疫苗存储仓库，仓库内单独建设了温度可控的

开展实验室检测　　　　　　　　　　　　　　兽药疫苗仓库

冷藏、冷冻库，以保证药品的质量。公司集中采购兽药，分场所用药物全部由总部按照要求分发，总部仓库配有进销存电脑管理系统，以控制分场的抗菌药使用量。各分场均配置保管抗菌药专用仓库，按照处方指导饲养单位用药，并记录在案。下级分场主要负责单个单元饮水加药及注射用药，其他所有的由总部制定方案，统一控制。用药周期不超过5天。

（三）规范兽药使用

养殖场严格执行兽药安全使用规定，坚决杜绝使用违禁兽药、过期失效兽药、假冒伪劣兽药。公司有兽药购入、领用、库存等方面的记录，记录内容涵盖兽药通用名称、含量规格、数量、生产企业名称等。记录内容准确一致、可追溯，账物平衡，各项记录相互对应。养殖场有兽医诊疗记录、用药记录、饲料加药记录。每次抗菌药使用均有兽医处方记录，包括用药对象及其数量、诊断结果、兽药名称、剂量、疗程和必要的休药期提示，诊疗、处方、用药记录一致。

（四）处方药管理及休药期执行情况

公司生猪有1/3销往我国香港市场，因此对兽药使用及休药期有着严格的规定，具体措施：① 饲养单元注射用药遵循处方制度，严格隔离饲养治疗。② 在育肥猪上市前，兽医必须检查供港猪的饲养、用药记录及监测检测情况，确保供港猪符合要求。

公司在饲养中严格执行供港猪制度，专用混合机械、专用饲料罐装车、专用包装袋包装大猪料，确保大猪在75kg以上不使用任何抗菌药。

为了安全起见及抗菌药使用减量化考虑，从2016年初开始，40kg以上猪的饲料中就不添加任何抗菌药，包括促生长药物。

上海恒健农牧科技有限公司

动物种类及规模：生猪，年出栏 7 万头。

所在省、市：上海市崇明区。

获得荣誉：2016 年被崇明区农委评为首批"博士农场"；2017 年被世界农场动物福利协会授予"福利养殖金猪奖"；2018 年被农业农村部列为农业科技示范基地；2018 年荣获全国农村创业创新项目创意大赛总决赛二等奖；2019 年被上海市农业农村委员会评为农业产业化上海市重点龙头企业；2020 年荣获上海市首批"生态循环农业示范基地"称号；2020 年获评农业农村部畜禽养殖机械化典型案例；2021 年被农业农村部评为全国兽用抗菌药使用减量化行动试点达标养殖场。

养殖场概况

上海恒健农牧科技有限公司

上海恒健农牧科技有限公司崇明生态猪场是上海市现代化大规模的生态猪场，坐落于世界级生态岛——上海市崇明岛的中部，上海北湖有机农业示范基地的万亩水稻田内。猪场占地面积为 300 亩，总投资 1.2 亿元，建筑面积约 70 000 m²，建设有新型生态饲料车间、各类猪舍和有机肥加工车间等 25 个建筑单元，以"自繁自养"、种养结合为主要生产方式，共饲养 3 000 头生产母猪，年供优质种猪万头，年上市优质肉猪 6 万头，年产新型微生物发酵饲料 20 000 t，年产生物有机肥 10 000 t。

办公区与饲料加工车间

有机肥加工车间

尿污水厌氧发酵池

沼液贮存池

恒健公司积极与大学和科研院所开展合作，2015 年与扬州大学生物科学与技术学院签订技术合作协议，并被列为该学院的产学研合作基地；2016 年恒健公司被授予上海市农业科学院畜牧兽医研究所科研基地。恒健公司拥有由院士、博士等组成的研发团队，具有资深专业经验和创新能力。在生态养殖、动物疫病防控、动物福利养殖、畜牧业废弃物资源化利用等方面拥有多项原创核心专利技术，其中粪尿即时分离技术，能降低污水 COD 90% 以上，有效破解养猪污水环保难题，是发展环境友好型畜牧场的关键技术；精细化饮水控制技术，不仅节水，还能避免动物疫病的经水传播；全覆盖式喷雾消毒防疫技术将消毒防疫效率提高了近百倍，对环境中有害菌的杀灭率达 95% 以上；有机肥的静态好氧发酵技术，让农作物的秸秆返回到牧场，与猪场粪便等废弃物混合发酵，制造有机肥，按规定的程序和数量还于农田中，让农作物种植基地与牧场共同实现废弃物的资源化循环利用，双双实现污染零排放，为打造大农业生态作业模式打下坚实的基础。

恒健公司以全新的防疫理念和创新技术的集成，实现科学养殖、健康养殖、低碳养殖，探索一种满足环境友好、动物福利的新型生猪养殖与繁育模式，高效生产绿色无公害的高品质猪肉。目前已经实现的自动化包括喂料自动化、饮水自动化、刮粪自动化、尿液输送自动化、喷雾消毒自动化和环境温度控制自动化。

喂料自动化通过自主设计的料线系统，确保料线中饲料品质，能定时定量供给每头猪，实现了个性化饲喂，极大降低了劳动强度，节省了人力，提高了生产效率。饮水自动化，通过自动调温系统，实现猪在冬天喝温水，夏天喝凉水，达到舒适养殖和节能减排。

刮粪自动化在恒健原创设计的粪道内，粪尿实现了猪舍内分离，粪便自动刮出猪舍，经过提升设备，输送至有机肥加工中心，进行有机肥生产。尿液输送自动化，尿液经过专用管道，实现无人操作，自动输送到污水处理区。喷雾消毒自动化，每栋猪舍均安装全覆盖式的喷雾消毒系统，自动启动消毒，半小时内完成整个场 50 000m² 的消毒，防疫效率高。环境温度控制自动化，猪舍安装了地暖和冷辐射系统，自动控制猪舍温度，确保猪舍达到最适温度。

恒健公司认为，养猪场不是简单地把猪养大、上市的场所，而是一个将多学科的新理念、新技术交叉集成于一体的高技术集成体，这些学科包括畜牧工程、微生物工程、动物育种与基因工程、疫病防控工程、生态工程、自动化信息化工程、能源转化工程、生态循环工程和人工智能等。

恒健公司与北湖现代农业发展有限公司共同打造万亩规模的种养结合"两无化"基地，年产超过 2 000t "两无化"优质大米，让市民获得优质大米的同时，增加了农民的收入。通过有机肥还田，减少农药和化肥使用量，减少农业面源污染。

恒健公司的目标是创建国内领先、国际一流的高效生态猪场，成为最受尊敬的生态、绿色猪肉创新型企业集团；以创新的环保技术突破养猪业环保瓶颈；以种养结合打造循环农业大品牌；以创新疫病防控技术，实现健康养殖，向社会奉献高品质安全猪肉；创新畜牧场企业文化，将始终如一的创新与坚持精神融入畜牧事业，为行业、为社会做出卓越贡献；为崇明世界级生态建设和"两无化"基地的建设做贡献，把恒健农牧生态循环园建设成生态岛上的生态明珠。

减抗目标实现状况

减抗前一年，出栏生猪 34 303 头，抗菌药使用量共计 458.54kg。

实施减抗后，出栏生猪 38 658 头共计 4 252.38t，抗菌药使用量共计 264.68kg，即每生产 1t 生猪产品（毛重）抗菌药使用量为 62.24g。

减抗前后相比，单位产出抗菌药使用量下降了 46.45%。

主要经验和具体做法

一、完善制度

通过学习减抗相关文件，公司完善了以下有关的管理制度：《引种管理规程》《消毒管理制度》《环境卫生管理规程》《饲养员管理规程》《免疫及免疫计划落实规程》《病死

猪剖检规程》《粪污无害化处理规程》《病死猪无害化处理规程》《兽药供应商评估规程》
《出入库管理规程》《兽医诊断与用药规程》《记录制度》《免疫接种制度》《饲料采购及
使用管理规程》《检疫申报管理规程》《免疫与抗体监测管理制度》《重大疫情上报管理制
度》等。

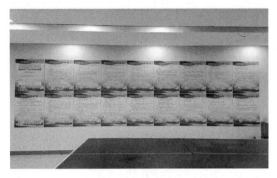

减抗相关制度上墙

净道与污道平面图

二、人员培训

设置了减抗办公室，加强一线生产人员对抗菌药使用的了解，提升日常诊疗能力。做
到规范使用兽用抗菌药，做到按疗程、按剂量、按生产阶段使用，严格执行兽用处方药
制度和休药期制度。举办了两次抗菌药作用原理与减抗原理培训，以统一行动步骤。2020
年2月29日举办了减抗总结会议。

三、提升饲养管理水平

以场内自动化料线为基础，科学制定各阶段猪只饲料品种、饲喂量、饲喂时间，满足
不同阶段猪群的生长需求并做到营养平衡。

不同生长阶段的生猪，对营养需求是不同的，为满足各阶段生猪对营养的需求，从营
养角度确保生猪的健康水平，达到少生病、不生病、减量使用抗菌药的目的。恒健公司使
用10种饲料，分别是后备母猪料、怀孕母猪料、哺乳母猪料、公猪料、教槽料、保育前
期料、保育后期料、育肥前期料、育肥中期料和育肥后料。饲喂生猪的投料量（即饲养
量）也是一个关系生猪健康水平的重要指标，举例来说，对于断奶保育仔猪的饲喂，由于
保育前期饲料中含有大量的奶粉及糖分等，极易滋生有害菌，为了防止饲料变质，影响健
康，选用袋装饲料，一次分发饲料的量必须确保能半天内吃完，防止料槽中有多余的剩余
饲料发生霉变，影响生猪健康；对于使用自动料线的情况，也应根据每一栏的生猪头数和
生长日龄，调整供料时间和供料量，确保料槽每3天能清空一次，防止饲料的霉变，确保
生猪健康。

转群前后给相应猪群补充多维和矿物质，减少因转群调栏造成的应激等。具体的操作办法就是：① 做好生猪转群计划，明确转群日期；② 饲料车间生产转群用饲料，即在原配方料的基础上，在转群前 2 天和转群后 2 天的饲料中增加多种维生素用量约 15%；③ 在转群前 2 天供给转群料。

优化生产计划，保证各阶段猪群做到"全进全出"，方便清洗消毒空栏，从而给猪群提供一个良好的生长环境。

四、强化生物安全措施

根据场内实际情况，进一步修改完善生物安全措施，从人员、车辆、物料进场、场内净道污道分离、场区消毒、生猪销售等方面将生物安全措施落实到位。

（一）人员入场

人员入场或返场时，先在宾馆自我隔离 1 天，在此期间用消毒药将所有衣物及随身物品进行消毒。再由场外工作人员接至场外隔离宿舍隔离 2 天，在此期间用消毒药将所有衣物及随身物品进行消毒。返场人员每天洗澡两次，更换 2 次本场提供的已消毒衣物。进场前在场区入口处隔离宿舍再隔离最后 2 天，并消毒清洗所有物品，在此期间返场人员每天洗澡 2 次更换 2 次场内准备的已消毒的衣物。隔离结束经场部批准后方可进场。

（二）车辆入场

车辆、物料进场前须在场外洗消中心第一次消毒，在场区入口警卫室第二次消毒，然后在车辆消毒通道第三次消毒，驾驶员进行洗澡更衣，经批准后方可进场。

（三）净污分区

场内净道、污道分离，各生产区生产人员互不交叉。恒健生态猪场有 1 个入口和 1 个出口，直线距离 550m，物流的方向是单向的，净道和污道在物流上不存在交叉污染。入口用于饲料等投入品的入场；出口，所有生猪出栏和有机肥外运都通过此出口。在净道区域工作的和污道区域工作的人员也是分开的，工作区域不交叉，食宿分开，用具分开，确保净道区域与污道区域的工作人员不存在交叉。

（四）消毒

在舍内空栏消毒、生猪销售等方面将消毒措施落实到位，保证消毒无死角，杜绝疾病传播。恒健猪场的入场消毒从空间上分为 5 个层次：第一层次消毒是场外 2km 消毒，所有待入场的人员、物料均在此进行消毒；第二层次消毒是在场出入口处消毒，所有人员经过此消毒后，入住隔离宿舍；第三层次消毒是一更消毒，所有人员经过此消毒、更衣后进入员工宿舍区；第四层次消毒是二更消毒，从宿舍经过二更消毒后方可进行生产区；第五层次消毒是猪舍内消毒，包括猪舍门口消毒池和带猪喷雾消毒。猪舍的消毒主要采用喷雾消毒，配合"全进全出"的饲养模式，待猪舍内的生猪全部转出后，立即切断电源，用益欧迪消毒剂对猪舍内的设备、围栏、用具、顶棚、墙壁、地面全面消毒 3 遍，在猪舍表面取样，检测重要病原体均为阴性，方可进猪。生猪销售的消毒关键是运输车辆和驾驶员的消毒，从空间上分为 3 个层次消毒，第一层次消毒是场外 2km 消毒，第二层次消毒是生猪中转站的消毒，第三层次消毒是猪场出口的喷雾消毒。

卡车消毒棚

人员入场消毒通道

猪舍门口消毒池

兽医室一角

五、使用抗菌药替代品

尝试在饲料中添加多种维生素、益生菌等替代品，提高猪群免疫力，从而减少疾病的发生。

选用一些中成药制剂替代抗菌药的使用，降低抗菌药的使用量。为了减抗，恒健猪场在加强饲养管理、提高生猪健康水平的同时，使用中药抗菌兽药与西药抗菌兽药轮换用药方案，从而较大幅度降低抗菌药物的用量。母猪产后消炎选用鱼腥草注射液，并补充黄芪多糖，促进母猪产后恢复，减少产道疾病发生。

六、加强实验室诊断

恒健公司建有 200m² 的兽医室，配备了比较齐全的仪器设备，用于日常的解剖、化验，根据检测结果指导用药，上述设备及实验室诊断措施是落实科学减抗的基础。

七、减抗效果

（一）生产情况

经过一年的实践，通过提高饲养管理水平、优化生物安全方案、加强常规免疫及抗体监测、执行抗菌药使用方案、选用兽用抗菌药替代品等技术，提高了猪群整体健康程度。减抗前一年，全场猪只死淘数为 3 450 头，死淘率为 9.2%。减抗后一年，全场猪只死淘数为 2 825 头，死淘率为 7.1%，死淘率下降了 2.1 个百分点。

（二）经济效益分析

实施减抗的一年，为了提高母猪消化道健康，哺乳母猪料添加 1.5kg/t 复合型微生态制剂，每年哺乳母猪料用量为 520t，共添加 780kg。复合型微生态制剂单价 10.5 元 /kg，本项共增加成本 1.89 万元。保育料使用发酵豆粕，添加量为 8%，发酵豆粕的价格为 4.4 元 /kg，高蛋白豆粕价格为 2.87 元 /kg，使用发酵豆粕替代高蛋白豆粕，成本增加约 120 元 /t，一年使用保育料 1 050t，本项共增加成本 12.6 万元。兽用抗菌药物使用量减少 193.85kg，节省用药成本 23.26 万元，前述增加的成本总计为 14.49 万元，因此，本年度减抗后实际节省成本 8.77 万元。

阳江市阳东区宝骏畜禽养殖有限公司

动物种类及规模：生猪，年出栏 8 万头。

所在省、市：广东省阳江市。

获得荣誉：2013 年被广东省农业厅评为广东省重点生猪养殖场；2013 年被国家生猪产业技术创新战略联盟评为示范猪场；2015 年被农业部评为畜禽标准化示范场；2015 年被广东省农业厅评为伪狂犬病、布鲁氏菌病净化场；2021 年被农业农村部评为全国兽用抗菌药使用减量化行动试点达标养殖场。

养殖场概况

阳江市阳东区宝骏畜禽养殖有限公司是中山市白石猪场有限公司全资创建的分公司，位于阳江市阳东区北惯镇，投产于 2012 年 5 月。母公司成立于 1991 年，前身为广东省中山食品进出口有限公司白石猪场。经过多年的努力，现已发展成为集生猪良种繁育、饲料加工、品牌肉连锁经营于一体的大型现代化农牧企业。公司总占地面积 3 000 多亩，共有存栏母猪 4 000 头，总存栏 4 万头，每年可提供优质种猪 2 万头、优质商品猪苗和肉猪 6 万头。阳江市阳东区宝骏畜禽养殖有限公司是一家集约化、规模化、一体化"自繁自养"的大型养猪企业，是阳江市供港生猪基地之一，公司于 2012 年申请成为阳江市供港澳企业，每年为香港提供优质肉猪 1.6 万头，产品在香港地区售价一直保持前列。

公司自成立以来，得益于高效的团队以及先进的养殖理念，于 2013 年获评广东省重点生猪养殖场；2013 年成为国家生猪产业技术创新战略联盟示范猪场；2015 年成为农业部畜禽标准化示范场；2015 年通过广东省伪狂犬病、布鲁氏菌病净化场验收，并获得挂牌；多次获得健康养猪比赛一等奖、二等奖、三等奖等。

公司自成立以来未发生过重大疫情，生产成绩稳定，并一直以"脚踏实地、追求完美"为宗旨。公司建立了高效健康养殖模式。基地配套建有高效空气过滤系统、种公猪站、饲料加工厂、污水处理厂、有机肥厂及生活管理设施、鱼塘、果林等。公司采用全密闭机械通风降温保温、"全进全出"、两点式等现代饲养工艺和设备，实现高效绿色健康养殖。

公司树立了环保绿色养殖理念。环保项目采用雨污分流、干清粪和机械化自动化刮粪相结合、粪尿固液分离、有机肥生产、沼气生产利用、污水处理厂深度处理等工艺和设备，处理达标的废水经过多级生物氧化塘净化后用于果林蔬菜灌溉和猪舍冲栏回用，做到污水生态循环利用，最终实现"零排放"。

养殖场鸟瞰图

养殖场大门

干净整洁的场区环境

粪污处理设施

减抗目标实现状况

2017—2019 年，年出栏总重量分别为 7 993t、7 086t 和 6 930t，兽用抗菌药年消耗量分别为 3 069.13kg、2 489.03kg 和 2 635.3kg，单位产出兽用抗菌药消耗分别为 383.98g、351.26g 和 380.27g，总体呈现下降的趋势。

主要经验和具体做法

一、提高认识，加强组织，制定切实可行的减抗方案

经过减抗工作组全体成员开会讨论，公司的减抗工作主要从改进生产管理、加强生物安全防控、使用抗菌药替代品、规范使用抗菌药等几方面来综合改善。

二、改进生产管理

猪场将原来的"连续生产模式"改进为"批次生产模式"。将整个猪场的所有生产环节分为几个区域，从配种开始以周为单位进行均数定数配种，从而可以达到定数分娩。之后将相近日龄的断奶仔猪全部转入保育舍同一片相邻猪舍的区域，并固定人员饲养，不得串岗。保育阶段结束，再转入同区域相邻的育肥猪舍，并固定人员饲养直至出栏，且不得串岗。

批次生产对于猪群健康的意义在于，同区域相邻猪舍的猪群携带的病毒性和细菌性病原微生物相似，减少互相传染的概率。此外，相近日龄的猪群抗体水平均较为一致，更有利于选择首免日龄。并可减少因人员操作而导致病原微生物从大日龄猪群到小日龄猪群之间的交叉传播，故在同区域饲养可以极大地减少疾病感染风险。而同区域几栋舍可以同时清空同步消毒，又可以使细菌病毒清理得更加彻底，从而使猪群能够保持较高的健康度。

批次化生产的改进措施于 2018 年 6 月如期完成所有区域的分隔以及批次化运转，自批次化运转开始 2 个月后，猪群健康度即开始有较大提升。一些常规疾病的群体发病率显著下降，按栋计算由原来的 80% 下降至 30% 左右，治疗性抗菌药的使用情况有所减少，猪群的生长速度也有明显提升。

分娩舍

主干道清洗消毒

三、加强生物安全防控

增加门卫力量，对所有进入猪场的人员和车辆均严格执行猪场生物安全措施，降低外来病原传入风险。猪场所有更衣室全部改进为单向流动的"丹麦式"进入，所有更衣室全部增加公用拖鞋配置，并要求每天进行清洗消毒，极大降低了人员带病原体进场的风险。猪场公用主干道每天进行氢氧化钠溶液喷淋消毒，每周进行大扫除。场区内部执行定岗规定，按照批次生产分区进行人员和物资配置，人员和物资不得在区域间交叉。生产线内部实行产房"一次性操作"手法，减少人猪之间的接触，并实行"一窝一双一次性手套"；

"一猪一针头"方式注射，减少针头交叉污染的风险；坚持"不洗手不摸猪，不洗脚不进栏"的防疫原则。实行"三段式"卖猪法，内部出猪台、转运车辆和外部出猪台三段分开，人员和工具等全部独立，极大降低了外来车辆带毒风险。加强员工卫生防疫措施的培训，定期和不定期对各种卫生防疫措施进行检查，及时纠正不合格行为。

针对国内非洲猪瘟疫情严峻形势，公司兽医联合修订了严防非洲猪瘟的措施，包括减少人员和猪只的接触，部分健康度略差的猪直接处死等。虽然人为处死健康度差的猪造成了2019年下半年开始猪场的死亡猪只头数的上升，但是整个猪群的健康度良好，且一直保持健康。

驻场兽医巡栏　　　　　　　　　　　　　　　血清学检测实验室

四、抗菌药替代品的使用

抗菌药替代品是指可以用于治疗或预防猪群病原体的中药、微生态制剂、益生菌等非抗菌药产品。公司积极寻找和试验相关种类产品，对优质产品进行采购，来代替部分抗菌药的使用。

抗菌药替代品的寻找和试验由总兽医师负责，组长安排试验以及评价效果，每年评价不少于3种替代品。经过公司多年的试验筛选，目前已投入使用的有十几种相关产品，包括一些中药制剂、酸制剂、微生态制剂等。

2018年抗菌药减量化工作中，公司采购了枯草杆菌制剂饲料添加剂用于替代抗菌药的使用，主要用来控制小猪和中猪的肠道健康问题，改善猪群体的肠道菌群，提高饲料营养吸收率，降低了回肠炎的发病率。该枯草杆菌制剂每吨饲料中添加0.2%左右，使用期大概2周。能够提高小猪、中猪群体的健康度。公司也使用一种酸制剂用于改善猪群肠道问题，添加到饲料中，能够提高猪的胃酸水平，促进对饲料粉料的消化吸收作用，提高饲料吸收效率，降低料肉比，降低生产成本。同时在饲料中添加部分发酵饲料也能够促进猪对饲料营养的吸收。

在猪饲料中添加板蓝根、金银花和黄芪等中药制剂，用来控制夏季南方的炎热天气对于猪群的影响。该类制剂用于祛风排毒，调节猪体健康状态，对猪群在炎热天气中保持健康水平具有一定的积极作用。

保育期，猪转群后在饮水中添加维生素，能够明显改善猪群皮肤和毛色，降低各种应激带来的不利影响。猪群发生发热、咳嗽时，优先采用板蓝根、黄芪、金银花等中药制剂用以治疗细菌性感染，减少抗菌药使用。

育肥前期，在饲料中添加伊维菌素或肌注伊维菌素来进行驱虫，预防寄生虫的危害。另外个别猪只发病后，也要严格控制治疗期间抗菌药的使用量，对症下药，能不用则不用，能少用则少用，用最合理的药量来达到治疗目的，保证猪群健康。

五、抗菌药的规范使用

公司引进 PCR 等多套设备，兽医实验室有足够的能力对病猪进行血清学和病原学检测。对所有需要使用抗菌药的猪群进行现场诊断分析，必要的时候进行剖检，对于不确定的病例可进行实验室血清学或病原学检测，如 ELISA、PCR、细菌培养鉴定等，并跟踪药物使用效果，对于效果不明确的疾病要进行药敏试验，根据试验结果及时更换用药。所有抗菌药的使用必须按照国家法律规定的用法用量准确使用，不得随意更改。所有抗菌药的采购和使用必须经过总兽医师批准。每一次的抗菌药使用必须经过执业兽医师的诊断并开具处方，之后相关管理人员凭处方至药房领取药物，不得在未经诊断或开具处方的情况下随意使用。自从规范了抗菌药的使用之后，所有的药物使用均经过执业兽医师的诊断评估，公司的实验室血清学和病原学检测也极大地提高了用药的准确性。执业兽医师定期对全场病死猪进行诊断评估，诊断出本场内流行的疾病，并分析发病的时间，以进行准确的、有针对性的预防性给药，大部分药物均用于发病前期预防性用药，以达到用更少的药物防病治病。

贵州省遵义黔北壹号黑猪养殖有限公司

动物种类与规模：生猪，年出栏 5 万余头。

所在省市：贵州省遵义市。

获得荣誉：获省级、市级龙头企业称号，被贵州省扶贫基金会评为扶贫爱心单位；2017 年获无公害农产品产地认证；2018 年获批"原生态保护标志""农产品地理标志"原产地认证；2020 年被评为贵州省兽用抗菌药使用减量化行动试点达标养殖场；2021 年 7 月被评为"贵州省农产品品牌 50 强"企业。

部分荣誉

养殖场概况

贵州省遵义黔北壹号黑猪养殖有限公司 2009 年开始投资建场，核心场位于贵州省遵义市红花岗虾子镇，占地面积 121 亩，为 5 000 头商品猪出栏的"自繁自养"场，每年可出栏 5 000 头以上的商品猪，养殖能繁母猪及后备母猪 300 余头，同时配备相应公猪进行生产。在遵义绥阳、平正等县乡以"公司 + 农户（合作社）"形式进行商品猪养殖，年出栏 4.5 万头，带动合作社、农户（贫困户）千余户，公司已经形成了从母猪生产到猪肉产品直接进入专卖店销售的一条龙生产销售模式。

养殖模式：以核心场为龙头、以"自繁自养"模式及"公司 + 农户（合作社）"形式进行养殖，已经形成了从母猪生产到猪肉产品直接进入专卖店销售，以及委托加工腊制品再进行销售的全产业链生产销售模式。

养殖理念：遵义黔北壹号黑猪养殖有限公司从 2009 年开始筹建至今，一直从事黔北黑猪的规模化养殖、黔北黑猪育种改良、黔北黑猪疫病防控等生产、科研、市场销售及高端猪肉品牌的打造工作。公司从成立之日起秉承"做良心食品、创遵义品牌"的宗旨，精心打造遵义原生态的高端猪肉品牌，在为市场提供优质高端猪肉产品、打造地方品牌、促进遵义优质猪生产和发展地方经济方面起到了示范作用。

减抗目标实现状况

2019 年，全年使用兽用抗菌药 7 个品种，每吨毛猪使用抗菌药 143g。2020 年，全年使用抗菌药 5 个品种，每吨毛猪使用抗菌药 71.4g。2021 年 1—8 月使用抗菌药 5 个品种，每吨毛猪使用抗菌药 35.7g。

2019 年、2020 年公司上市销售猪肉兽药残留抽检合格率均为 100%。

主要经验和具体做法

一、生物安全防控

养殖场与周边的隔离屏障。养殖场四周群山环抱，树林茂盛，依山而建，远离公路和居民区，形成了得天独厚的自然防疫屏障。

消毒设施的设置与管理。大门建有标准化的消毒池，配备高压冲洗机，有专人对进入的车辆进行严格消毒，同时设有人员进入的专用通道、消毒设施和洗澡洗衣单元，生产区有专门的人员消毒通道，配备有智能化超声波消毒设备、雾化消毒设施及脚踏消毒池进行消毒后进场。物资则通过臭氧或紫外线消毒后进场。每个圈舍门口设有脚踏消毒池和洗手盆，进出圈舍手脚必须消毒，喂料前必须洗手。同时，建立了员工卫生防疫制度及交通工具管理制度。

粪便处理措施。场内建有 300m³ 沼气池及每天处理 50t 养殖污水的污水处理系统，实现了雨污及粪便干湿分离，养殖污水直接进入沼气池发酵后，进入污水处理降解池循环使用，排污达到国家环保的相关要求。

仔猪引进管理。公司实行"自繁自养"，一般不引进仔猪，若要引进则严格按照相关规定执行。

生态猪养殖场内部

二、综合管理

（一）制度建设

根据《生猪标准化规模养殖场建设标准》要求，围绕"畜禽良种化、养殖设施化、生产规模化、防疫制度化、粪污处理无害化和监督管理常态化"的原则，结合本公司实际情况，制定了生产技术管理制度、黔北黑猪规模化养殖疫病防控体系、技术人员职责、猪场疫病控制要点、消毒卫生制度、预防保健药物添加程序、免疫程序、兽药管理使用制度、饲料调制管理制度、病死猪及废弃物处理制度等20多个管理制度及管理措施，并进行认真执行和监督，促使本公司的生产管理上了一个新台阶，提高了本公司的标准化饲养水平，提高了猪只的生产能力及抵抗力。

公司消毒防疫制度

（二）人员及岗位管理

公司设有办公室、生产部、财务部、市场部等部门，每个部门有专门负责人进行管理。生产部具体负责公司核心场、母猪及公猪选育、饲料调配、饲养管理的实施、疫病技术防控与治疗工作。公司有专业技术人员 15 名，其中兽医教授 5 名，博士生 1 名，专科及中职生 9 名。专业队伍稳定，在生产一线工作多年，具有丰富的理论基础、生产管理经验、临床及实验室诊断技术。

（三）实时监控与快速反应

应关注相关区域内动物疫病的风险提示及风险评估，着重加强对员工防控意识的培训，让所有员工在思想上重视动物疫病防控，在生产过程中掌握动物疫病防控的具体措施，并对员工自我防控能力及卫生习惯养成进行了长期的培训及纠正，使员工养成了良好的卫生习惯，提高动物疫病防控能力。同时根据疫情的风险及时调整应对措施，特别是减少运输饲料车辆的进入次数，提高消毒的力度、次数及监管，以达到减少动物疫病发病的概率。

（四）关键风险因素管控

一是加强对投入品质量的控制，使用的饲料原料和饲料产品应来源于非疫区，无霉变、未受农药污染和致病菌污染，严禁采购未经兽药职能部门批准的或过期、失效的产品。兽药使用必须在执业兽医的指导和监督下进行，并接受相关职能部门的检查和指导。二是加强对疫病风险的控制，重点监控消毒、卫生防疫和生产全过程。

三、疫病监测及合理规范用药

（一）诊疗设施、条件及管理

建有专用药房、育肥区兽医室及核心区兽药室，智能化超声波人员消毒设备、微生物培养设备、病理采样机械、电动喷雾消毒机等设备设施。充分利用遵义职业技术学院现代农业系实验室设备设施及专业人员对发生的动物疫病进行临床诊断、实验室诊断及抗体监测。同时，兽医对生产过程中用药、免疫程序实施、投入品使用全程监管，建立疫苗领用、保管、免疫接种、消毒检疫、抗体监测、疾病治疗、淘汰等各种档案，对猪群健康状况和饲养员工作情况做好记录，便于日后工作总结和及时了解猪群的动态发展变化。

（二）规范使用兽药

一是建立兽药采购及使用台账。从正规渠道采购兽药，并进行登记入库，由专人进行管理。二是兽药使用严格按照说明书的用法用途、使用剂量、疗程、注意事项等规定。兽药使用按兽医处方实施，在使用过程中一定要结合实际情况在保证猪只健康的前提下，尽量减少不必要兽药及疫苗等使用剂量、使用次数。三是严格遵守休药期制度。商品猪养殖阶段不添加任何抗菌药产品及其他化学制品。确有病需要隔离进行治疗，2 个月内不出栏销售。若遇春秋季需要进行疫苗接种时，也要按销售量预留出栏猪不进行疫苗接种。四是禁止使用违禁药物。

（三）建立兽用抗菌药合理使用制度

为了减少抗菌药使用量，保证产品的质量特制定以下使用制度。

本场抗菌药使用必须在执业兽医师的指导下严格按规定科学使用，相关人员不得任意使用。

保育猪和小猪转圈之前，使用阿莫西林粉剂，每吨饲料中加入 1 000 g，充分混匀后使用，使用时间根据具体情况灵活控制，原则上不超过 6 天。

保育猪和小猪转圈之前，使用中草药粉剂，每吨饲料中加入 1 000 g，充分混匀后使用，使用时间 12 天。中草药具体配方由兽医根据猪群及天气情况提供。

临床治疗需要使用抗菌药必须在执业兽医人员的指导下进行，重点对抗菌药剂量、药物配方、使用天数进行监管。

按兽医处方使用兽药，在使用过程中一定要结合生产实际，在保证猪只健康的前提下，尽量减少不必要兽药及疫苗等使用剂量、使用次数。

公司还制定了生产过程中兽药使用记录、免疫程序、投入品管理、消毒检疫、抗体监测等各种管理制度。

（四）合理选用替抗产品

在众多中草药中筛选出具有抗菌、抑菌及抗病毒效果可靠的药物，应用中兽医理论组成合理的配方：黄芪 100 g、黄芩 100 g、大青叶 100 g、金银花 100 g、蒲公英 100 g、车前子 100 g、连翘 100 g、防风 100 g、鱼腥草 100 g、野菊花 100 g（以上为基础方），可根据猪群的具体状况进行中药配方的加减，将上述药物粉碎后加入 1 t 饲料中充分混匀后使用，哺乳猪转保育舍和保育猪转小舍圈前后分别饲喂 10 天左右，其死亡率控制在 5% 左右。

通过使用微生态制剂调理胃肠、复合维生素及微量元素降低猪的应激反应等减少抗菌药使用，同时达到预防疫病、提高猪体免疫力的目的。具体方法：一是采用含有维生素 A、维生素 E、维生素 C 及复合维生素 B_1、维生素 D_3 的电解速补 + 方便菌，在保育猪转圈前后使用，方便菌主要成分为乳酸菌、碳源、微量元素铁和硒等，将方便菌置于桶、缸等容器中按比例加入饮用水后密封活化，温度不能低于 10℃，温度 20℃ 左右活化 5~7 天，温度越高活化时间越短，在转圈时加入饮用水中使用。同时每吨饲料中加入电解速补 1 000 g，转圈前后各饲喂 10 天。二是使用伯仕康（HW—BHC03）系列产品，其主要成分为啤酒酵母、维生素 E、维生素 B_1、维生素 B_2、益生菌、小肽、微量元素铁、锌、矿石粉等，保育料及小猪料中每吨加入 1 000 g，至小猪转圈稳定后停止，亦可继续使用。同时也可以在圈舍地面按比例垫上谷壳和锯末作为垫层，在垫层中按面积均匀撒布小肽类和益生菌（酿酒酵母、乳酸菌等）等产品，达到降氨无臭、无污水、零污染、有效减少或消除养殖环境中病原微生物，同时增强仔猪自身免疫力、降低仔猪的应激反应，减少抗菌药使用，达到预防疫病、提高猪体免疫力的目的。采用上述方法猪只死亡率低于3%，甚至可低于1%。二者相较，前一种方法比较麻烦，而且受气温影响较大，后一种方法简单、操作方便。

（五）其他做法

哺乳仔猪和保育猪腹泻问题。使用抗菌药次数多、用量大、但效果不好，后采取加强消毒次数和提前给妊娠母猪接种疫苗，可从根本上解决仔猪腹泻问题。

湖南龙华农牧发展有限公司

动物种类与规模：生猪，年出栏 50 万头。

所在省市：湖南省株洲市。

获得荣誉：2013 年被农业部评为全国生猪生产监测点；2014 年被评为中央储备肉活畜储备基地；2016 年被农业部评为畜禽标准化示范场；2017 年与中国科学院亚热带农业生态研究所印遇龙院士合作成为畜禽养殖污染控制与资源化技术国家工程实验室协同创新单位；2018 年被国家动物疫病预防控制中心评为动物疫病净化创建场；2020 年被农业农村部评为湖南省农业产业化龙头企业，被农业农村部评为畜禽养殖标准化示范场，被农业农村部评为全国兽用抗菌药使用减量化行动试点达标养殖场；2021 年被农业农村部评为无非洲猪瘟小区。

养殖场概况

湖南龙华农牧发展有限公司是一家集原种猪扩繁、优质商品猪养殖、饲料加工销售于一体的省级农业产业化龙头企业，是国家生猪标准化示范场、全国生猪生产监测点、中央储备肉活畜基地。29 年来，公司从 1 间栏舍 6 头小猪开始发展，到今天拥有 4 个基地、7 个现代化养殖场和 2 个大型饲料厂，占地 4 000 余亩，建筑面积逾 400 000 m^2，年出栏生猪 50 万头。公司总投资 12 亿元，2019 年预计销售产值 15 亿元，安排农村劳动力就业 500 余人。

公司自成立以来，一直倡导安全生态环保养猪，在湖南省率先实现了生猪养殖自动化、数字化、智能化、标准化、工业化、环保化。先后引进智能化母猪群养系统、自动供料系统、自动环境控制系统等先进设备和软件用于提升生猪产品质量与猪场管理水平。在节能环保方面，以"减量化、无害化、资源化，生态化"为原则，采用先进的"黑膜厌氧发酵+两级 AO 法"畜禽粪污水处理工艺，引进国内最新的"分层静置发酵法"用猪粪生产生物有机肥，并采用多点喷淋酸洗法消除猪场臭味。努力建设环境友好型猪场，环保设施总投资 8 000 余万元，实现养殖废弃物的循环综合利用。公司的产品具有较高的市场占有率和市场信誉度，是株洲市唯一一家生猪直供港澳生产基地。

十里冲基地，8 000 头一点式生产，2009 年

秩堂基地，1 100 头母猪基地，2014 年投产

东冲基地，1.2 万头母猪基地，2016 年投产

庄田基地，15 万头商品猪基地，2017 年投产

　　2017 年，公司与茶陵县政府签订了《生猪产业种养结合扶贫协议》，承担了茶陵县 20 000 名建档立卡贫困人口的扶贫任务，每人每年 1 000 元分红，5 年公司共需支付 1 亿元给贫困户。资助贫困大学生 166 名，每人每年 5 000 元，直至大学毕业，捐助共计 300 余万元。其他公益捐助以及修桥修路累积达 500 余万元。

　　未来，公司将继续秉承"立诚守信，互助共赢"的经营理念，实行"从产地到餐桌"的全过程生猪闭环饲养模式。建立健全符合 HACCP 的质量保证体系，建设三维溯源猪肉生产体系，使消费者通过扫描猪肉产品上的二维码就能获知来源于哪个养殖场，其祖代是什么品种及该产品的主要营养成分，从而实现猪肉产品的三维全溯源。同时调整产品结构，逐步推行符合欧盟标准的无抗菌药残留的无抗猪肉生产方式。通过种养结合，利用养殖环节产生的有机肥，生产无化肥、无农药残留的有机农产品，为广大消费者提供安全食材。充分发挥龙头企业的示范带头作用，引导生产，指导消费，规范市场，保障城乡居民消费安全，努力为湖南生猪养殖业持续稳定发展做出更大的贡献。

减抗目标实现状况

减抗前一年出生仔猪 429 410 头，年出栏生猪 346 372 头重 40 605.28t，使用抗菌药 3 093.28kg，即每生产 1t 畜禽产品（毛重）抗菌药的使用量为 76.18g。

减抗后，年出生仔猪 536 763 头，年出栏生猪 482 926 头重 44 057t，使用抗菌药 2 777.89kg，即每生产 1t 畜禽产品（毛重）抗菌药的使用量为 63.05g。比减抗前一年下降了 17.24%。抗菌药使用总量和上一年相比下降了 10.19%。

通过对人员的管理控制，对猪舍内外环境的每日消毒，严格执行生物安全措施，猪场内的细菌性疾病和病毒性疾病发病率大大降低。尤其是冬季仔猪腹泻和育肥猪呼吸道疾病有了很大的改善，发病率降低了 20%，猪群死淘率由去年的 12.39% 降至 9.52%。

主要经验和具体做法

一、减抗是个系统工程

减抗是养殖业势在必行的大趋势，同时减抗工作是一个系统工程，为减少抗菌药的使用量，需关注养殖过程的每个环节。从饲料营养、生物安全、疫苗免疫等多方面进行优化，通过好的饲料、好的环境让猪好养、少生病，从而实现猪健康、人轻松。

以发展养殖不破坏生态环境为目标，向兽用抗菌药使用量实现零增长迈进，以减抗、无抗模式替代抗菌药过度使用的养殖模式，将"治未病"观念转化为落实生物安全体系和疾病防控的具体行动。使动物群体少发病或不发病，从而有效控制兽药残留和动物细菌耐药，履行企业社会责任。

减抗办公室

进场人员消毒通道

全自动料线

二、关注猪吃什么

商品猪从出生到上市分为三个阶段：哺乳期、保育期、育肥期。猪的不同生长阶段需要的营养也不同，只有满足了各生长阶段猪的营养需求，猪才能比较好的生长发育。

最重要的是肠道保护，从教槽起获得较高的采食量对猪肠道健康发育至关重要。仔猪从母乳过渡到固体饲料，是一个循序渐进的过程，仔猪从 7 日龄开始教槽，从认料到吃料，再过渡到断奶时完全吃料。教槽料的营养水平及适口性起关键作用，首先教槽料的蛋白质含量力求保持在 20%，含量低会影响仔猪的生长，含量过高会引起仔猪的腹泻。

其次是想尽一切办法让仔猪在哺乳阶段多采食饲料，若是断奶仔猪在哺乳期未吃到足够量的教槽料，在断奶后前几天出现的饥饿会造成肠壁损伤而引发严重的腹泻。前期主要是训练仔猪采食，少量多餐，给料 5~8 次（夏季 5 次，冬季 8 次），每次 10~15g 的饲料量，以保证饲料的新鲜度及增加对猪的吸引力。冬季母猪奶水充足的情况下，仔猪教槽的难度相当大，这时候可以增加一些诱食奶，因诱食奶的香味与母猪乳更接近，对仔猪的吸引力更大些，这时候可将诱食奶与颗粒教槽料一起拌匀投放，并增加投放次数。

最后通过发酵生物饲料的添加来改善饲料的适口性，发酵生物饲料经过原料预处理，降低饲料原料中的抗营养因子，降解饲料原料中的大分子物质，提高消化率；提高饲料原料中的有益菌种和有益代谢产物的数量，降低饲料原料的 pH 值，改善肠道健康。

在饲养管理方面做一些优化，如保育阶段的少量多餐。保育阶段断奶后一周的喂养最为关键，断奶后一周粥料喂养（逐步过渡为干料）；断奶后前 3 天每天饲喂 7 次，每次间隔 2h，喂料量第一天 80g，以后每一天增加 25g；每一次喂料量确保在 1.5h 内吃完，最后一餐可饲喂干颗粒料；最后一餐干料的料量要确保在第二天早上槽内干净无剩余料。

三、关注猪的生存环境

环境卫生和饲料一样重要。如生产过程中最容易被忽视的环节之一是保育舍的环境条件。关键是要注意保育舍的清洗和消毒以及保育舍的温湿度控制。优化养殖环节相关设备，一些关键环节的改造，如保育阶段的通风。保育舍的干燥对限制细菌的生长和提高仔猪的总体健康非常重要。

此外，最重要的是不要将刚断奶的仔猪转入寒冷潮湿的猪圈中。猪舍潮湿的表面温度要比干燥时至少低 5℃，在寒冷环境中，仔猪会动用能量来维持体温而不是用于生长。因此，如不能确保猪的生存条件良好时，则容易使猪生病，减抗就无从谈起。

夏季水帘降温

冬季气道预热系统

一个猪场的生产效率及盈利情况，其实从一开始的栏舍设计就需要考虑科学合理性，栏舍结构布局及环控模式，决定了员工的工作效率及猪的舒适度。以下简述猪场栏舍的建设模式：地面全漏粪，用塑料漏粪地面，水泡粪栏舍；栏舍密闭性好，地面基础和粪沟两侧全部由混凝土浇筑成型。栏舍内安装四种灯光，第一种是白天仿太阳光的灯带；第二种是晚上补光的灯带；第三种是空气除湿的红外线灯带，通过红外线灯加热舍内 1.5~2.0m 的空气，把舍内空气湿度降低到 50% 以下；第四种是照明灯带。通风模式，风机 + 水帘纵向通风，特点：空气通过屋面和舍内吊顶之间的上部空间进入，舍内 1.5m 以上的空气形成气流往分机端排出，1.5m 以下的空气形成往下的回旋气流，循环往前，舍内人体感受无通风死角，舒适；在夏季，空气经过两次水帘降温，舍内与舍外的温差 7~10℃，夏季舍外温度最高的时候，舍内温度控制在 26~28℃，保证环境舒适。

四、微生态制剂调节猪免疫系统

微生态制剂保障肠道健康。在养猪生产过程中，饲养密度过大，生长速度过快，猪群往往处于高度的应激状态，使有害微生物过度繁殖，抑制有益微生物的生长，导致肠道菌群失调，造成猪生长发育迟缓、生产性能下降、疾病的发生等诸多问题。

在饲料中添加微生态制剂，能起到调节胃肠道微生态平衡的作用，保持猪体胃肠道内微生物与胃肠道自身免疫系统之间的平衡，维护猪体胃肠道的健康。猪体建立了完善的免疫系统，后续才会少生病。

微生态制剂对于提高猪的生产性能及增强免疫力、改善机体亚健康状态等方面均有良好的效果，可适当减少抗菌药的使用。当前龙华猪场使用的微生态制剂为广东辉阳生物科技有限公司生产的金贝健制剂，成分有干酪乳杆菌、嗜酸乳杆菌、酿酒酵母、枯草芽孢杆菌、豆粕、米糠、麸皮，产床上母猪全程使用，断奶后一周及生长阶段猪群每次换料阶段各用 15 天。

微生态制剂的使用可改善猪场内环境。猪的粪便中所含的 NH_3、H_2S 等有害物质，会影响猪的健康生长，饲料中添加微生态制剂后，不仅可以提高饲料报酬，还可以净化生态环境，同时大大降低季节性呼吸道疾病的发生，使育肥期间成活率提高 0.5%，当前肥猪阶段成活率达 98% 以上，添加微生态制剂及安装除臭设备后，猪场周边居民投诉次数也实现从有到无。

五、做好母猪的健康管理

首先将秩堂基地建立为猪繁殖与呼吸障碍综合征、猪瘟和猪伪狂犬病 3 种疾病阴性的原种猪场（核心种猪场），配套十里冲基地和东冲基地，培育阴性后代纯种和二元种猪，提高种猪的利用效率和价值，从源头控制疾病的发生。结合当前严格的生物安全防控措施，争取做好猪繁殖与呼吸障碍综合征等疾病的净化维持工作。主要措施如下：① 当前各母猪场每年 30% 更新率，各配套存栏 10% 的纯种猪自行扩繁，进行封群管理。② 加强监测进入场区内或靠近场区的车辆、人员、物资、猪只，主要检测是否携带猪繁殖与呼吸障碍综合征病毒（PRRSV）、猪瘟病毒（CSFV）、伪狂犬病病毒（PRV）、非洲猪瘟病毒（ASFV）和猪流行性腹泻病毒（PEDV）等病原。③ 种猪保健（替米考星/爱乐新药物保健，每个季度保健 1 次，混饲 10~14 天）。④ 母猪群稳定，产生阴性后代，阴性后代再转至阴性保育舍。⑤ 监测公猪，每月检测公猪精液是否带毒，发情公猪是否处于排毒期。禁止使用带毒精液配种，主动淘汰排毒猪只。⑥ 栏舍严格清洗、消毒和烘干，及时淘汰无饲养价值的猪只。⑦ 加强生物安全举措，参照当前非洲猪瘟病毒（ASFV）防控生物安全要求，生产管理严格实施"全进全出"。⑧ 后备种猪入群，实施严格监测。以检测抗体为主，抗原为辅，禁止繁殖与呼吸障碍综合征病毒（PRRSV）抗体/抗原阳性，猪瘟病毒（CSFV）野毒抗原阳性，伪狂犬病病毒（PRV）野毒抗原和抗体阳性的猪只入群。

六、完善兽药使用制度，建立良好的跟踪机制

建立完善的兽药申购、领用、使用制度，以实验室诊断报告为基础，各部门领药需有

车辆洗消中心

车辆烘干中心

场长和主管签字，定量领取，不可多领。

检测实验室

兽药储存室

兽药使用前进行专业培训，领取的兽药存放在兽药房内，并做好兽药出入库台账记录，使用时按有效剂量添加，不盲目加药，并选择有效给药方式。

每月定期检查，保证兽药不过期、不浪费。严格执行兽药处方药制度和休药期制度。

诊断报告

兽医处方

兽药管理制度

要想做到无抗，关键要从饲养管理做起。严格管理，尤其是在母猪管理方面多下功夫，仔猪健康了，后续才会少生病。总结起来，我们从管理到环控、到保健这几方面共同作用来降低抗菌药用量。

上海沁侬牧业科技有限公司

动物种类与规模：生猪，年出栏 2.8 万头。

所在省市：上海市崇明区。

获得荣誉：2016 年被中国动物疫病预防控制中心评为规模化养殖场主要动物疫病净化和无害化排放技术集成与示范项目动物疫病净化创建场；2021 年被农业农村部评为全国兽用抗菌药使用减量化行动试点达标养殖场。

公司全貌

动物疫病净化创建场授牌

养殖场概况

　　上海沁侬牧业科技有限公司是上海新农科技股份有限公司全资子公司，成立于 2009 年，经济实力雄厚。经过近 30 年的努力，上海新农科技股份有限公司已发展成为拥有集种猪、商品猪、饲料生产与研究、种植和原料贸易为一体的专业化集团公司。现有 1 个顶级公猪站、4 个原种猪场、12 个商品猪养殖基地，年出栏 100 万头，预计 2022 年出栏 300 万头；拥有 3 个饲料生产基地，年产量 200 000t；在上海、江苏大丰和灌云、武汉等地拥有种植基地，发展种养结合、循环农业；现投资 1.2 亿元新建现代化屠宰加工一体化工厂，延伸产业链至销售终端，带动产业发展。承担了政府项目 10 余项，自主研发项目 50 余项；获得了 5 项科技进步奖，获发明专利授权 17 项。

多年来，公司本着踏实、专业、诚信、创新的企业精神，提升行业效率，为实现简单、高效养猪生产，公司致力于健康、高遗传性能种猪的选育、严格的生物安全体系建设、智能化信息平台建设。集团于2016年新建养猪研究院，并和各大高校、研究所进行产学研合作，形成了以下五大技术体系。

生物安全体系：通过与华中农业大学合作，配备专业的管理团队，建立了完善的生物安全体系，包括内、外生物安全模式，内部实现净道和污道相互独立不交叉、单向流动、分区管理、小单元隔离；外围建设销售中转站、车辆洗消点、配送中心等基础设施。截至目前，依托公司完善的生物安全体系，上海区域所有猪场成功抵御非洲猪瘟，持续为上海市稳定供应生猪。

繁殖育种体系：2011年，公司战略落地上海，建设两大核心原种场，2012年、2013年从加拿大、法国引进曾祖代。2016年，上海金山原种场升级改造，进一步扩大公司育种体系，同时和中国农业科学院北京畜牧兽医研究所建立院企合作，提高种猪性能。2018年度集团PSY成绩（每头母猪每年所能提供的断奶仔猪头数）达28.57头，其中长江核心种猪场PSY成绩达33.6头，达到国际领先水平。

 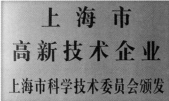 

公司对外合作及荣誉

疾病净化体系：为提供健康的种猪，公司与华中农业大学和中国农业科学院上海兽医研究所合作，成立了上海新农科技股份有限公司院士专家工作站，开展疾病净化，建立兽医P2实验室，为猪场提供疫病防控和净化的系统解决方案，目前已实现崇明长江、东风和金山朱行3个种猪场猪繁殖与呼吸障碍综合征和伪狂犬病野毒双阴性建设，减少猪场用药，为真正种养结合一体化打下基础。

饲料营养体系：为实现健康、高效、环保饲料的生产，公司建立了饲料厂生物安全

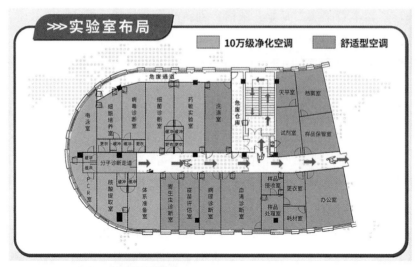

公司自建实验室

管理体系、信息化质量管理体系以及完善的供应链体系，首先从源头把控，选用高品质的原料用于生产；其次公司拥有标准化、模块化的品控管理体系，通过信息实时在线监测、精准快速检测实现生产全过程可追溯，保障产品品质；此外，公司拥有强大的饲料研发团队，融合研发与生产，通过母子一体化、无抗技术、精准营养、发酵饲料等技术以及配套的饲喂体系，实现高效、健康、环保养殖，为实现生态养殖打下基础。

信息化体系：为形成简单高效不依赖于人的养猪管理体系，公司基于5G时代，立足农牧行业特点，从2016年开始组建信息化专业团队。软件方面，打造"新农+信息化"运营管理体系，目前已全面实现了数据及时、准确、自动采集，后台处理报表自动生成、无纸化数据管理，并于每月1日出具生产报表，3日出具经营报表。硬件方面，建设猪场智能化物联网，实现猪场环境控制系统智慧管理。

上海沁侬牧业科技有限公司（种猪一场）建于2010年，现有产房为半高床模式，保育、育肥为平养模式，配怀舍为半漏粪模式。

本场为"自繁自养"猪场，2011年从加拿大Topig公司引进原种猪，开展育种工作。主要饲养农业农村部主导推广的杜洛克、大白猪、长白猪品种，生产种猪和杜长大商品肉猪。现存栏生产母猪 753 头，2019 年出栏商品猪 28 102 头。

减抗目标实现状况

减抗前一年出栏生猪 15 659 头，重 1 652.48t。使用抗菌药（折合原料药用量）222.15kg，即每生产 1t 畜禽产品（毛重）抗菌药的使用量为 134.43g。

减抗试点后出栏生猪 23 862 头，重 2 693.97t，使用抗菌药（折合原料药用量）181.70kg，即每生产 1t 畜禽产品（毛重）抗菌药的使用量为 67.44g。

实施减抗前后相比，全场抗菌药使用总量下降了 18.21%，每 1t 畜产品（毛重）抗菌药使用量下降了 49.83%。

主要经验和具体做法

一、提高饲养管理水平

（一）建立健全各项制度

在现有猪场管理制度的基础上，进一步完善，增加了兽药供应商评估制度、选好兽药供应商、理清供应渠道、筛选兽药品种等，杜绝"三无"产品和违禁药物进入猪场。

（二）加强育种，从源头提高猪群抗病力

通过与中国农业科学院北京畜牧兽医研究所建立院企合作，开展基因育种工作，通过基因育种技术筛选抗病能力强的种猪，从源头提高猪群的抗病力。

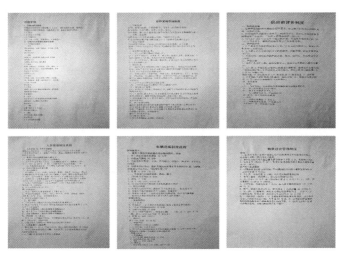

公司规章制度

（三）科学制定饲料配方

根据猪群的不同生产阶段的营养需求，制定精准的饲料配方，以满足猪群各生长阶段的需要。

（四）"全进全出"管理

实施"全进全出"的转群措施，科学安排空舍清洗、消毒、干燥等工作，给猪群提供一个良好的生活环境，减少疾病感染的风险。

二、强化生物安全管理

（一）生物安全基础设施建设

面对非洲猪瘟等疫病的考验，外围建设了销售中转站、车辆洗消点、配送中心等基础设施。

车辆清洗通道

车辆消毒通道

（二）实施严格的封闭管理

实行绝对的封闭管理，生产区人员不得随意出场。非生产区人员一律禁止入场，进入生产区人员需隔离、消毒、观察48h方可进入。

（三）内部生物安全管理

内部净道和污道相互独立，采取单向流动、分区管理、小单元隔离等措施。

（四）消毒工作流程化

在生产区内，场门入口等主干道建立消毒地、消毒通道并保持有效消毒浓度。

猪舍内、厂区道路、厂区周边环境每天消毒一次，每2周更换1种消毒剂，3~4种消毒剂进行轮换使用。

除散装饲料外，所有其他外来车辆不得入内。对于散装饲料车，按照洗消流程进行清洗、消毒后方可进入。

门口人员消毒通道

门口车辆消毒通道

生产区人员入口消毒池

缓冲区

（五）确保环境卫生

注意防鼠防蚊防蝇。聘请专业灭鼠公司人员场外指导灭鼠。猪舍内放置防蚊、防蝇设备，保持猪舍内环境整洁。

（六）病死猪无害化处理

对所有的病死猪进行深埋、化制、焚烧等无害化处理。

病死猪投放口

病死猪处理设备

三、合理规范使用兽药

场内兽医必须具有执业兽医师资格，做到持证上岗，同时要了解兽药使用的相关法规，能够根据《中华人民共和国兽药典》和产品说明书使用兽药，掌握猪群群体用药及常用药物配伍方案，保障猪群健康稳定和生产良性循环，同时做好用药记录。

（一）坚持"预防为主"的原则

公司在疾病控制方面一直坚持"预防为主"的原则，一方面通过制定合理的免疫程序，并定期监测免疫效果，保证猪群的免疫力；另一方面，通过内外生物安全体系的建设，切断疾病的传播途径；此外，在转群、防疫的时候联合使用复合多维、黄芪多糖、有机硒等产品，提高猪群的抗应激能力，预防疾病的发生，从而降低抗菌药的使用。

（二）及时发现，精准用药

猪场建立了每日巡栏制度，技术人员能够及时发现猪群异常情况，针对健康状况较差的猪只，技术人员及时采样送检。依托公司的兽医检测实验室及合作单位华中农业大学、中国农业科学院上海兽医研究所等机构，及时检测，找到病因，并通过药敏试验，精准用药，减少抗菌药的使用与浪费。

四、选择替抗产品投入使用

一是提高动物机体免疫力。在转群、防疫、治疗的时候联合使用复合多维、黄芪多糖、有机硒等产品，用以提高母仔猪机体免疫力，减少兽用抗菌药使用。

二是提高动物肠道健康。选择保护胃肠道和促进消化吸收的产品，如酸化剂、植物精油、中链脂肪酸等产品，尤其是乳仔猪阶段，用以替代抗菌药的使用，改善肠道健康，减少猪群的腹泻。

三是中成药联合抗菌。猪产后消炎选用鱼腥草注射液，日常退热药选用柴胡注射液等来减少抗菌药的使用。免疫前后添加黄芪多糖粉、复合维生素等提高机体免疫力，减少猪群应激。

五、减抗效果

发病率和死淘率：通过对技术人员和饲养人员的培训，严格执行生物安全流程以及相应措施，使得猪场内的细菌性疾病和病毒性疾病发病率明显降低。尤其是冬季仔猪腹泻和育肥猪呼吸道疾病有了很大的改善，发病率降低了 20%。猪群的死淘数由 2020 年的 2201 头降至 2021 年的 2015 头，同比下降 8.45%。

用药成本分析：减抗前，每头用药成本 40 元；减抗后，每头用药成本 23 元；同比减少 42.5%。

四川省羌山农牧科技股份有限公司

动物种类及规模：生猪，年出栏 18 万头。

所在省、市：四川省绵阳市。

获得荣誉：2017 年与中国农业科学院兰州畜牧与兽药研究所、四川省北川羌族自治县人民政府共建畜禽健康养殖工程技术研究实验室；2017 年与中国农业科学院兰州畜牧与兽药研究所共建中兽药协同创新基地；2019 年被农业农村部确定为农业农村部兽药 GCP 临床试验中心；2019 年被中国畜牧业协会选为中国畜牧业协会猪业分会副会长单位；2019 年被四川省畜牧业协会选为四川省畜牧业协会会长单位；2020 年被农业农村部评为全国首批兽用抗菌药使用减量化行动试点达标养殖场。

行业荣誉

养殖场概况

四川省羌山农牧科技股份有限公司成立于 1998 年 9 月 3 日，是一家集生猪育种、仔猪扩繁、健康猪养殖、水产养殖、林木种植、肉制品加工销售于一体的科技型现代农牧企业，是四川省农业产业化重点龙头企业。现有 4 家子公司：江油市羌山畜牧科技食品有限公司、江油小寨子生物科技有限公司、三台县小寨子畜牧科技有限公司、绵阳市羌寨人家商贸有限公司。

公司现有 1 600 头核心育种场、设计存栏 1 万头规模能繁母猪的扩繁场、年出栏 25

万头健康育肥猪的专业育肥场、1 000t 发酵肉的生产车间、年产 120 000t 的无抗饲料厂。项目达产后，将实现年出栏种猪 1 万头、健康肥猪 25 万头、无抗饲料 120 000t、三元发酵肉 1 000t。

试点场于 2015 年投资建场，主要养殖 PIC（皮埃西）生猪，占地面积 3 000 亩。建设规模为种猪设计存栏 1 万头，每年可生产断奶仔猪 18 万头（如年产量、出栏量等）。生产链：上游建有核心育种场、本场负责种猪扩繁及断奶仔猪生产销售、配套建设有专用饲料厂。养殖模式为：批次化管理，"自繁自养"，断奶仔猪销售；养殖理念为"生态、健康、安全"。

公司与中国农业科学院、四川大学、华中农业大学农业微生物国家重点实验室、四川农业大学、四川省肉类研究重点实验室、四川省动物疾病与防控安全重点实验室、江南大学等高等院校和科研院所在无抗饲料、生物安全防控、抗菌药替代品、肉产品的精深加工等研究领域紧密合作。公司与科研院所密切配合，在国家级重点试验室、省部级重点试验室、省部级工程技术中心、省部级创新试验中心等平台上，发挥产学研的优势，培养企业专业技术人员。利用优势平台资源引进专业技术人才。目前产学研合作进展良好，取得省级科技奖 2 项，专利 4 项，在国家核心期刊发表文章若干。

养殖场鸟瞰图　　　　　　　　　　健康养殖工程技术研究实验室

为促进公司技术管理水平、提升创新研发的能力，发挥产学研合作优势，特设立企业创新技术中心。中心现有研究与开发人员 51 人，具有高级技术职称 9 人、中级职称 17 人、初级职称 25 人，均为本科及以上学历，涉及的专业包括畜牧、兽医、兽药、饲料、营养、食品加工、发酵工程、生物技术等。现有实验室 3 间、无抗饲料中试车间 1 个、抗菌药替代产品中试车间 1 个。在研项目包括抗菌药替代品的开发、无抗健康猪饲料的开发、生猪健康养殖技术规范与标准的研究、高免血清生物制剂的开发等。同时，公司凭借自身优势，与中国农业科学院兰州畜牧与兽药研究所紧密合作，积极参与国家"十三五"重点研发计划项目申报。

减抗目标实现状况

在实施减抗试点前,已开始有计划有步骤地实施无抗健康养殖新模式,配套建设无抗饲料加工厂,全面推广中药保健方案与抗菌药替代产品的使用。试点基地多采取中药提取物进行治疗或直接淘汰的方式处置病弱猪只,以保证猪群健康稳定,故治疗药物使用较少。

主要经验和具体做法

一、加强生物安全措施

四川省羌山农牧科技股份有限公司非常重视生物安全防控工作,投入了大量的资源和精力建设防控体系。成立了生物安全管理小组,负责防控体系的具体管理与落实,制定了针对人员、车辆、物资、环境、引种、销售、外来生物和外来入侵行为等环节的管理制度,构建了较为完善的生物安全防控管理体系。

（一）生物安全屏障

在得天独厚的天然屏障（大山林地及水库隔断等条件）保护下,养殖场四周以实体围墙与部分围栏（水库外围）与外界隔开,形成人工物理屏障。

良好的天然生物安全屏障

车辆消毒通道

根据功能布局,小区设置有辅助单元、生产区。每个区域有实体大门,通道封闭可形成相对独立区域。生产区内各栋舍之间有围墙相隔,相对独立。生产车间为封闭式车间。小区内设有无人机干扰装置,形成电磁防护圈,可防止无人机非法入侵。

（二）防疫基础条件

公司养殖场建有专门防疫辅助单元,含洗消点、中转仓库、人员隔离点及猪只中转站。此外,各养殖场还有封闭式无害化处理站、污水处理厂及20余辆专业车辆。

为了将防控关口前移，在距离小区入口外 1 km 处建有综合防控前置中心，含有消毒中心、人员隔离中心、销售中心、物资中转仓库及检测中心。主要负责种猪场内部的日常监测，包括人员、车辆、物资、环境、猪只以及实验室等。

各个设施设备能够保证分段、独立、封闭运行，防疫基础条件良好。

（三）生物安全管理工作常态化与制度化

为了使生物安全管理工作常态化与制度化，公司成立了生物安全审计小组，负责对公司生物安全管理体系建设与运行情况进行综合评估。评估内容包括制度建设、设施设备配置、流程规范、措施落实等，形成评估报告、提出整改意见。生物安全管理小组对审计小组评估报告提出问题、建议，需要及时反馈并针对性地整改完善，整改后的情况报送审计小组备案以备审计小组抽查。

大门非洲猪瘟检测等待区　　　　　　雾化消毒通道（左）与人员浴室（右）

（四）重视消毒中心建设与作用，减少病原侵入机会

消毒中心包括洗车场、高温烘干通道以及备用熏蒸消毒通道；食品类物资消毒间、常规物资消毒中转仓库；洗澡更衣间、隔离室；饲料车驾驶员洗澡更衣间；客户洗澡更衣间；人行雾化消毒通道；以及配备的其他清洗设备等。

（五）加强无害化处理，减少与杜绝病原微生物传播与危害

公司建有封闭式的病死猪无害化处理设施，设有具体管理负责人。根据《病死及病害动物无害化处理技术规范》，采用干化法处理工艺。从发现病死猪、病原检测、猪只收集到无害化处理，整个过程专人负责，登记、交接、转运连续进行，记录清楚，有据可查、可追溯。

二、综合管理措施

（一）从业人员素质提升

重视兽医人员培训及相关药品器材配置，为及时准确防治疾病提供基础。如为培养相关员工的疾病防控意识，形成良好的操作习惯，公司不仅制订了相应的管理制度，而且定期或不定期组织人员参加不同规模、不同层级的兽医相关培训。

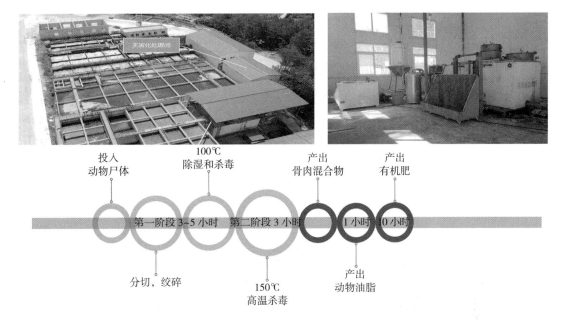

投入
动物尸体

100℃
除湿和杀毒

产出
骨肉混合物

产出
有机肥

第一阶段 3~5 小时　　第二阶段 3 小时　　1 小时　10 小时

分切，绞碎

150℃
高温杀毒

产出
动物油脂

无害化处理设施与工艺流程

（二）防疫物资储备及管理

重视物资储备与管理，以备不时之需。为了加强对非洲猪瘟疫情反应处置的能力，掌握报告、封锁、消毒等应急措施，加强兽药、疫苗、物资等的储备与管理。

（三）做好基础免疫

结合当地与本场实际情况，制定合理的预防接种程序。

后备母猪免疫：在种猪进场后一周接种猪瘟疫苗，间隔 7~10 天接种口蹄疫疫苗，并同时驱虫；配种前免疫：配种前 30~40 天开始，先后间隔 10~15 天接种乙脑、细小病毒病、伪狂犬病、猪副嗜血杆菌病疫苗。细小病毒病和乙脑疫苗可以同时或分别接种。

妊娠母猪免疫：初产母猪在妊娠 80 天和 100 天左右分别接种大肠杆菌疫苗各一次，经产母猪在妊娠 100 天左右接种一次；产后母猪免疫：母猪产后一周到下次发情配种期间（大约一个月内），要分别间隔 7~10 天接种猪瘟、细小病毒病、乙脑、伪狂犬病、口蹄疫等疫苗。乙脑和细小病毒病疫苗可同时或分别接种。

仔猪免疫：在 20~25 日龄时接种猪瘟疫苗 2 头份，相隔 1 周口服或肌注副伤寒疫苗；在 65~70 日龄时再接种 1 次。在 60 日龄和 90 日龄时分别接种口蹄疫疫苗；

育肥猪免疫：育肥猪上圈 7~10 天，接种猪瘟、猪丹毒、猪肺疫三联苗 2~4 头份，间隔 1 周后加强免疫 1 次副伤寒疫苗。

注意事项：猪只健康才能进行免疫接种，接种前后 10 天内不能使用抗菌类药物，否则会影响免疫效果。

三、合理使用抗菌药

（一）加强检测，提高预防与应对疾病能力

检测中心实验室配备 PCR 仪等仪器设备 20 台 / 套（含备份设备）。检测中心配备固定检测人员，主要负责种猪场内部的日常检测，包括人员、车辆、物资、环境、猪只以及实验室本身等，以加强疾病预警；另一方面，提高疾病诊断能力与应对能力，准确诊断是准确治疗与减少药物使用的前提。

检测中心实验室及检测仪器设备

（二）严禁添加违禁药品及添加剂

畜禽养殖中使用兽药是不可避免的，但是要牢固树立食品安全理念，严禁使用禁用品种，详见 2019 年 12 月 27 日公布的中华人民共和国农业农村部公告第 250 号《食品动物中禁止使用的药品及其他化合物清单》。

（三）严格遵守休药期规定

畜禽养殖避免不了使用兽药，药物需要一定时间进行代谢与排泄，因此要严格遵守休药期规定，才能达到食品安全要求的标准。但也不必"谈药色变，凡药必禁"，而是要严格遵守休药期规定，以确保猪肉产品安全与品质。

四、抗菌药替代品使用及其他措施

（一）完善饲养管理

要杜绝或减少兽药残留，保证畜禽产品安全，就得从加强饲养管理、综合防控与增强

畜禽抗病能力抓起，以减少猪病发生与兽药使用。否则，一切都将是空谈。

（二）抗菌药替代品使用

在"消灭传染源、切断传染途径、保护易感动物"的防控基础上，增强易感动物机体的免疫功能，提高猪体抗病能力尤为重要。中草药饲料添加剂在增强动物体质方面具有明显优势，有鉴于此，按照中兽医复方辨证施治原则，开发了具有增强猪免疫功能、提高生猪抗病能力的中草药添加剂"冬宝1号"。该产品不仅获得了很好的推广应用效果，而且也能减少兽药使用，提高产品品质，具有良好的社会与生态效益。据2020年9月至12月统计结果，出栏生猪可节约防治经费13.91元/头，节约率62.0%；增加生猪产值98.12元/头，产值增加率3.1%；增加净利润161.29元/头，利润增加率39.2%。

（三）建议推广中兽药

以往抗菌药的广泛使用，保证了生猪养殖产能，稳定了生猪养殖产业。但随着抗菌药的大量使用，也造成了抗菌药残留与细菌耐药性等一系列问题。由于抗菌药的使用已经在生猪养殖过程中成为一种习惯，若突然取缔可能导致生猪养殖过程出现紊乱。

使用抗菌药替代品保证其发挥抗菌药在生猪养殖过程中的保健、促生长作用尤其重要。目前，在试点基地已经全面使用中兽药保健产品进行猪群的保健饲养管理，全面使用无抗饲料，在减抗养殖过程中发挥了较大的作用。

虽然大多数中兽药直接抗病原作用不强，但其辨证施治却能有效调整机体功能，增强畜禽抗病能力，从而达到防病保健与减少化学药物使用的目的。因此，建议推广中兽药保健产品，逐步减少抗菌药使用。与此同时，为了规范中兽药的使用，2012年6月1日农业部公告第1773号在《饲料原料目录》中列入115种《饲用天然植物名单》，2018年4月27日农业农村部公告第22号又将绿茶与迷迭香列入其中，使其品种达到117种。2019年7月9日农业农村部又发布第194号公告，规定自2020年1月1日起，退出除中药外的所有促生长类药物饲料添加剂。

减抗的过程是漫长的，可能会因减抗而暂时增加生产成本。如何降低生产成本、降低猪只死亡率，也是我们需要关注的重点。

重庆美健达农业开发有限公司

动物种类及规模：生猪，年出栏 1.2 万头。

所在省、市：重庆市。

获得荣誉：2015 年被农业部认定为无公害农产品；2016 年被重庆市农委评为重庆市农业产业化市级龙头企业；2019 年被农业农村部评为全国畜禽标准化示范场；2021 年被重庆海关认定为出口畜禽原料养殖场；2021 年被农业农村部评为全国兽用抗菌药使用减量化行动试点达标养殖场。

养殖场概况

重庆美健达农业开发有限公司成立于 2012 年，位于忠县拔山镇苏家村，总投资 3 000 余万元，2018 年 4 月在重庆股权转让中心成功挂牌（股权代码 310028），公司是集生猪养殖、肉制品加工销售与生态循环水果种植为一体的现代化农业企业。是 2019 年全国畜禽养殖标准化示范场，重庆市农业产业化市级龙头企业，重庆市忠县生猪产业协会会长单位，重庆市畜牧协会猪业分会副会长单位，重庆市农村青年致富带头人协会副会长单位。公司旗下有"美健达""忠州土猪" 2 个商标，成功申请国家专利 13 项，先后被表彰为"忠县知名商标""无公害农产品""重庆名牌农产品""2018 年重庆市消费者最喜爱的猪肉品牌""2019 年重庆市 3.15 消费者点赞优质品牌企业"等。

美健达公司生态生猪养殖场占地 50 余亩，已建设成标准化生猪养殖区 2 个，猪舍共 19 栋，饲料加工间 2 栋，建筑面积超过 20 000m²。常年存栏能繁母猪 600 头，年出栏美健达生态猪 1.2 万头。

公司粪污处理设施完备，建有 800m³ 集粪池；2 200m³ 的厌氧发酵罐；6 000m³ 的沼液储存池；800m³ 的沼渣储存池；12km 沼液还田管网。

重庆美健达生态休闲农业园总占地面积 500 余亩，果蔬基地 450 亩。公司采用"猪—沼—果（菜）"的生态循环农业发展模式，带动生猪、果业、休闲及农旅文化等综合发展、相互促进的高效益、绿色环保的循环种养模式。

场区风貌

粪污处理设施

近年来，公司积极进行技术创新及市场拓展，一是在基地上促标准，公司的标准生猪养殖基地建成了"生猪养殖智能信息管理系统""智慧生产环境监测系统""远程视频监控系统"，通过应用物联网发展智能化养猪，实现精准管理，节本增效显著。二是在产品上下功夫，公司将本地猪种渠溪黑猪改良为"忠州土猪"，在重庆主城已建立20多家销售网点，市场反馈良好。三是在模式上出新样，公司开发了猪肉气调包装，改变传统鲜肉的销售模式，将猪肉定标、定量做成优质冷鲜的猪肉产品，线上线下热销。

公司积极发挥龙头企业带动作用，促进农民增收增效。累计帮扶39户贫困户，培养了52名创业青年，技术培训帮扶2 800余人次。带动周边养殖户782家实现增收2 830万元，带动发展周边农户科学生态养殖，走共同致富路，推进了当地乡村振兴战略的实施。

公司产品

人员培训

减抗目标实现状况

2018年6月至2019年5月,出生仔猪8 967头,出栏生猪8 412头,共出栏生猪1 095t,在此期间合计使用抗菌药261.99kg,即每生产1t畜禽产品(毛重)抗菌药的使用量为239g。

2019年6月至2020年5月,出生仔猪12 115头,出栏生猪11 615头,每头生猪均重128kg,共出栏生猪1 602t,在此期间合计使用抗菌药148.44kg,即每生产1t畜禽产品(毛重)抗菌药的使用量为93g。

减抗试点前后相比,全场抗菌药折合原料药使用总量下降了43.34%,每吨畜产品(毛重)抗菌药折合原料药使用量下降了61.09%。

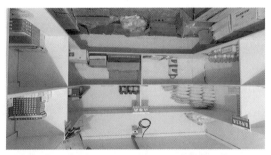

兽药疫苗保存

主要经验和具体做法

一、提高饲养管理水平

组建了兽医工作小组，以汪世权为组长，制定了三年减抗计划。根据养殖场实际情况，重新调整了猪群的保健程序。根据猪群的不同生产阶段，饲喂不同的饲料，以保证饲料营养能够满足猪群各生长阶段的需要，做到营养均衡。按照猪群生长阶段分区域"全进全出"，科学安排空舍期，彻底消毒后方可重复使用。

猪舍干净整洁

二、健全制度，规范管理

制定了符合生产实际和科学合理的整套生物安全制度，并使制度上墙。包括人员管理制度，车辆、物料出入制度，动物引种及检疫申报制度，消毒制度，环境卫生消毒管理制度，饲养员管理制度，免疫制度，病死动物解剖制度，无害化处理制度，兽药出入库管理制度，兽医诊疗、用药制度，记录制度，卫生防疫制度，饲料加工及卫生管理制度，养殖档案管理制度等。

在现有管理制度的基础上做了进一步修改和完善，增加了兽药供应商评估制度，选好兽药供应商，理顺供应渠道，筛选兽药品种，杜绝"三无"产品和违禁药物进入猪场。

三、提升生物安全措施

（一）实施严格的隔离、封闭管理

生产区人员不得随意出场，实行封闭管理。非生产区人员一律禁止入场，进入生产区人员需隔离、消毒、观察48h后方可进入。

（二）消毒灭原常规化

在生产区内，入场门口等主干道建立消毒池、消毒通道并保持有效消毒浓度。猪舍内、厂区道路、厂区周边环境每天消毒一次，定期更换消毒药，以免产生耐药性。所有车辆不得入内，对于售猪车，按照洗消流程进行清洗、消毒合格后方可进入。

人员消毒通道　　　　　　　　　　　场区环境消毒

（三）确保环境卫生

注意防鼠防蚊防蝇。聘请专业灭鼠公司人员场外指导灭鼠。猪舍内放置防蚊、防蝇设备。保持猪舍内环境整洁。

安装野生动物防护设施

（四）病死猪无害化处理

对所有的病死猪进行深埋、化制、焚烧等无害化处理。

四、合理规范使用兽药

场内兽医具有执业兽医师资格，做到持证上岗，同时熟练掌握兽药使用的相关法规，能够根据《中华人民共和国兽药典》和产品说明书使用兽药，掌握猪群群体用药及常用药物配伍方案，保障猪群健康稳定和生产良性循环，同时做好处方用药记录，以备查用。

五、选择替抗产品投入试用

（一）"从肠计议"

选择保护胃肠道和促进消化吸收的产品，如引进杂交构树4 000株，用构树或草种增加营养，补充蛋白，提升公司美健达猪肉、忠州土猪风味口感，购买黄连、茵陈等中草药，排疫肽、倍康太、金富农、牧老大等产品，用以替代抗菌药、保健药品，减少猪群的腹泻。

种植植物补充饲料营养

（二）提高免疫力

在转群、防疫、治疗的时候联合使用黄芪多糖粉、参芪粉、板青颗粒等中草药制剂，用以提高机体免疫力，减少兽用抗菌药使用。

（三）中成药联合抗菌

母猪产后消炎选用鱼腥草注射液，祛热药物选用柴胡注射液等来减少抗菌药的使用。免疫前后添加黄芪多糖粉、复合维生素等提高机体免疫力，减少应激。

中草药使用

六、减抗效果

（一）发病率和死淘率

通过对人员的管理、对猪舍内外环境的消毒以及执行严格的生物安全措施，猪场内的细菌性疾病和病毒性疾病发病率均显著降低，尤其是冬季仔猪腹泻和育肥猪呼吸道疾病有了很大的改善，发病率降低了30%，猪群的死淘数由2020年的3 030头降至2021年的2 877头，同比下降5.3%。

（二）用药成本分析

减抗前，抗菌药物消耗347 762元；减抗后，兽用抗菌药物消耗197 821元；同比减少43%。

浙江美保龙种猪育种有限公司

动物种类及规模：生猪，存栏2万头。

所在省、市：浙江省金华市。

获得荣誉：2016年被农业部评为国家畜禽标准化示范场；2020年被农业农村部评为全国兽用抗菌药使用减量化行动试点达标养殖场；2020年被农业农村部评为国家非洲猪瘟无疫小区。

养殖场概况

浙江美保龙种猪育种有限公司成立于2010年8月，占地面积672亩，主要养殖生猪，采用"自繁自养"的养殖模式，每年可生产4万多头商品猪、种猪。公司于2012年从美国引进300头新美系原种猪，其中大约克168头、长白68头、杜洛克64头。经过近8年的繁殖和选育，截至2020年8月31日，能繁母猪存栏1 841头，其中大约克1 533头，长白160头，杜洛克148头；生产公猪存栏49头，其中大约克18头，长白20头，杜洛克11头；生猪存栏17 821头。

公司鸟瞰图

公司区划

公司以高标准、高规格、高投入、高产出为理念，猪舍建筑新颖，吸收欧美庄园风格。场内有现代化猪舍、科研中心等附属用房45 000m²，场内绿化面积达到65%以上。公司主营业务为种猪、商品猪繁育及销售，从美国种猪协会注册的顶级原种猪育种场引进优质原种猪，并进行同步育种，基因共享。

场内实行"自繁自养、全进全出"的生产模式，实现自动化生产工艺，场区内净道、污道无交叉，确保养殖环境的清洁，可较大程度地杜绝疾病的传播。此外，养殖场区配套国外著名农牧企业设备设施，安装意大利 AZA 公司自动喂料系统、瑞典蒙特空气处理设备公司的智能化环境控制系统、欧式栏位系统、高效地暖和畜舍空调、美国奥斯本全自动种猪生产性能测定系统、佑格 GBS 种猪育种管理与数据分析系统、GPS 猪场生产管理信息系统、亚卫猪人工授精实验室设备、云视频监控系统等，通过先进育种技术和信息化管理模式，实现场内数字化与精细化管理。与此同时，高科技智能化软硬件设施，配合先进的营养、保健和生物科技经验，培育出一流的、适合中国市场的种猪。为确保养殖场排泄物的达标排放，采用当前最先进的农业结合工业处理工艺，高效固液分离、UASB 厌氧发酵，四级生化联合处理技术，七级沉淀过滤分离处理，沼气发电、终端消毒，对排泄物进行综合处理和利用。

公司获评国家畜禽标准化示范场、全国首批兽药减量化示范单位、全国猪联合育种协作组成员单位、浙江省原种猪场、浙江省现代农业园区（种猪精品园）、浙江省畜牧业转型升级先进集体、浙江省首批美丽生态牧场、金华市农业龙头企业、金华市农业科技企业等荣誉，通过与时俱进的养殖观念、精准的技术服务、科学有效的数据统计，提升种猪关键指标效益，力争建成一个安全健康、创新增效的新时代猪场。

减抗目标实现状况

实施减抗后，出栏生猪 30 841 头，共 352t，同期使用兽用抗菌药（包括抗菌药饲料添加剂）使用总量合原料药为 414kg，每生产 1t 生猪的抗菌药使用量为 117g。

减抗前一年，出栏生猪 30 084 头，共 327t，同期使用兽用抗菌药（包括抗菌药饲料添加剂）使用总量合原料药为 617kg，每生产 1t 生猪的抗菌药使用量为 188g。

减抗前后相比，每生产 1t 生猪抗菌药使用量下降了 37.77%。

主要经验和具体做法

一、组建"兽用抗菌药减量化"行动工作组

公司高度重视兽用抗菌药减量化工作，成立了由 14 人组成的减抗工作组。其中包括 1 名组长、2 名咨询顾问、2 名副组长、9 名组员。人员分工明确，职责清晰，为各项减抗措施落实奠定了基础。

二、构筑坚实的生物安全防护屏障

美保龙种猪场 3km 范围内无工厂、其他畜禽养殖场、畜禽屠宰场、牲畜交易市场等，养殖场地规划和建筑布局合理，有充足清洁水源，场址地势高燥，三面环山，一面临溪，具备良好的天然屏障，隔离条件良好。

美保龙种猪场具有完整的人工屏障。种猪场及一级缓冲区对外设置了围墙和铁丝网（刀片铁丝）等人工屏障与外界隔离。

猪场设有人员出入口和卖猪通道，猪场入口设有人员淋浴消毒间、物品消毒间、车辆洗消烘干等设施的综合洗消中心。根据种猪场地理位置情况，其周边凭借自然山脉、林地形成相对封闭的缓冲区，防疫效果好。

人员消毒通道

车辆消毒通道

三、完善生物安全措施

生物安全是为了控制传染源、切断传播途径、降低疾病传播的风险而建立的一套系统化的管理措施。切断外来致病因素进入生产区域的生物安全措施是最经济、最有效的，且必须要全面落实的传染病控制策略，是当前应对非洲猪瘟及其他烈性传染病的最有效措施。

（一）规范人、车、物等进出生产区

制定了一整套关于人、车、物等外部因素进入生产区的操作流程。

进入生产区操作流程表

序号	操作流程	具体要求
1	人员进出生产区	申请、淋浴、隔离
2	物品进出生产区	包括食材、用品、建材等，消毒
3	车辆进出生产区	场内车辆、必要的场外车辆，洗消
4	猪只进入生产区	隔离、驯化、入群

（续表）

序号	操作流程	具体要求
5	饲料进入生产区	卸车、消毒
6	饮水进入生产区	消毒、定期检测
7	药品、疫苗进入生产区	浸泡、熏蒸
8	防鼠防鸟防昆虫	外围隔离、驱赶、捕捉

（二）粪便清理 / 污水处理

猪粪池的中转站处设有清洗和消毒点。从猪舍内拉出猪粪的车辆和工具，必须先清洗消毒后方可进入猪舍。猪粪池周围每周消毒 2 次。严禁使用猪粪在生产区施肥种菜。干湿机分离好的猪粪应集中堆放，严禁乱堆放。

净道与污道无交叉

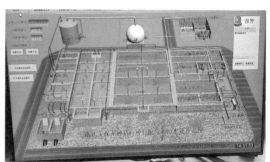

粪污在线监控与监测预警系统

在污染治理上，按照环保节能减排的模式来建设，采用干清粪工艺，干粪收集率达 80%，可减少冲洗水量 20%；采用节水技术，安装碗式饮水器，可减少 50% 的水资源浪费，实现养殖粪污减量化。

（三）废弃物、垃圾处理

1. 医疗废弃物处理

猪场医疗废弃物包括过期的兽药疫苗，使用后的兽药瓶、疫苗瓶及生产过程中产生的其他废弃物。统一交由专门的公司进行无害化处理，严禁随意丢弃。

2. 餐厨垃圾处理

餐厨垃圾每日清理，严禁饲喂猪只。

3. 其他生活垃圾处理

对生活垃圾源头减量，严格限制不可回收或对环境高风险的生活物品进入。场内设置垃圾固定收集点，明确标识，分类放置。垃圾收集、贮存、运输及处置等过程须防扬散、

高床式漏缝地板

无害化处理车消毒

厌氧发酵罐、沼气收集池

生化处理池

流失及渗漏。生活垃圾按照法律法规及技术规范进行焚烧、深埋或由地方政府统一收集处理。

（四）病死猪处理

在栏舍内发现病死猪时，第一时间采样送检。用裹尸袋包裹病死猪，及时做好周围消毒。处理人员需要专职人员，穿着全身防护服、水鞋进行处理，完毕后需要对人员、工具和走道进行消毒（人员洗澡，水鞋浸泡，防护服、彩条布进行焚烧后深埋处理）。

无害化处理人员和生产人员不交叉。病死猪投放口密封防蝇防鸟，出猪后清洗消毒。

猪场死猪、死胎及胎衣严禁出售和随意丢弃，统一转运到场内无害化处理点处理。

病死猪无害化点每日消毒。

四、免疫与监测

（一）严格执行免疫程序

通过免疫接种，使猪群获得高水平的特异性抵抗力，提高猪群健康水平，防止传染病的发生与流行，因此，免疫接种是猪场生物安全体系的一项重要措施。疫苗由集团统一采购，所用疫苗必须来自具有产品批准文号的生产企业，或具有《进口兽药许可证》的供应商。

疫苗采购运回公司的途中，实行冷链运输。疫苗运抵公司疫苗室或者猪场后，保管人员立即依照清单入库保存，登记制剂名称、批号、数量、包装规格、生产日期、购入日期、有效期。清点时应注意制剂名称与计划所购名称是否相符，无瓶签或瓶签模糊的应报领导。不同制剂和同一制剂的不同批号按规定分别存放。贮存过程中，经常检查冰箱的冷冻效果，如发现灭活疫苗有冻结、破乳，冻干苗有溶化象现应向场长报告，请示生产技术部及公司领导，予以废弃。要每天检查冰箱的温度，并做好记录。

（二）加强健康巡查

猪群日常巡查是消除猪群隐患，预防疾病发生的重要手段和措施，要求每天上下午一上班立即对猪舍环境、猪群作全面巡查。

猪舍环境巡查主要从环境卫生、栏舍内温度、氨气等方面进行，巡查中发现环境条件不适合猪群生长要求的，要及时整改。

猪群健康巡查主要从猪群精神状态、毛色、采食量等方面进行，先群体后个体。

对前一天存在的问题要重点查看是否有改善。每天填写猪群批次生产表。

五、科学诊治

（一）监测能力建设

建立美保龙生物技术研究院，现有专业技术人员15人，实验室面积2 000m²，配有生物安全柜、生化培养箱、水浴锅、高速离心机、酶标仪、凝胶成像仪、荧光定量PCR仪等仪器设备，具备疫病监测、流行病学调查和免疫效果检测等检验检测能力。

美保龙检测中心主要用于猪场内部病原微生物的日常检测，兽医实验室现有检测技术人员2名，其中，硕士研究生1名，检测员1名，设施和人员能够满足猪场病原微生物检测的要求。

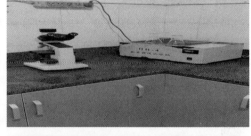

兽医实验室及设施

（二）规范采样环节操作

采样时要求采样人员必须穿一次性防护服，戴手套，定位栏内采样，采样人员不得将脚踏入料槽，采血时如遇到堵针头现象，决不可将针管中的血液强行推出，污染地面，如遇母猪流血不止，应紧急按压止血，避免污染地面，结束后及时更换手套。唾液采样时，一定要避免手直接与猪嘴巴直接接触，如不小心碰触，及时更换手套。采样时用的绑定器械必须彻底消毒（戊二醛浸泡），轮流交替使用，绝对不允许不消毒连续使用。采样结束之后及时将废品焚烧，对于有污染的区域及时消毒（戊二醛或消毒威）。

（三）疫病监测范围和频次

由场长和生物安全官下达采样计划，各场区兽医和栋舍负责人对后备母猪、公猪、妊娠猪、育肥猪、环境等进行采样，每日对死亡、不食等异常猪只由专人进行采样，每周对全场环境及重点人员（兽医、机修工、杂工）、场内车辆进行采样检测一次。

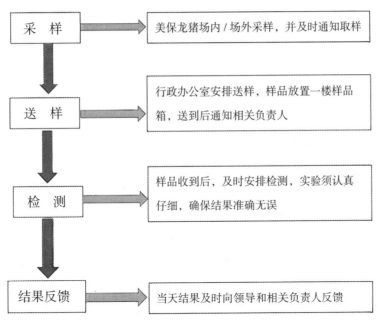

样品采集送检流程示意图

六、合理使用兽用抗菌药，善用抗菌药替代品

（一）树立合理科学用药观念

用药原则：准确判断病因，查清病原微生物，正确诊断，准确用药。

正确配伍，协同用药：熟悉药物性质，掌握药物的用途、用法、用量、适应证、不良反应、禁忌证；正确配伍，合理组方，协同用药，增加疗效，避免拮抗作用和中和作用。

辨证施治，综合治疗：经过综合诊断，查明病因后，迅速采取综合治疗措施。一方面，针对病原微生物，选用有效的抗菌药、抗生素等药物；另一方面，调节和恢复机体的生理机能，缓解或消除某些严重症状，如解热、镇痛、强心、补液等。

按疗程用药：商品药物多为抗菌药、抗生素加增效剂、缓释剂及辅助药物复合而成，疗效确切。病情轻的饮水加药 2~3 天，勿频繁换药；参照说明书。使用肌内注射用药时间一般为 2~5 天，药物拌料预防 5~7 天为一疗程。

正确投药，讲究方法：不同的给药途径可影响药物吸收的速度和数量，影响药效的快慢和强弱。静脉注射可立即产生作用，肌内注射慢于静脉注射。选择不同的给药方式要考虑到机体因素、药物因素、病理因素和环境因素。

有毒副作用的药物要慎用，注意配伍禁忌。用药后，观察动物反应，出现异常不良反应时及时采取补救措施。

正确计算药物使用剂量，以免用错剂量。

做好用药记录，包括：动物品种、年龄、用药时间、药品名称、生产厂家、批号、剂量、用药原因、疗程、反应及休药期。

（二）药敏试验

定期委托合作单位开展细菌分离及药敏试验，指导针对性用药。结果显示猪场大肠杆菌类对庆大霉素、环丙沙星、四环素等敏感较高。

（三）逐步增加抗菌药替代物的使用

酸美孝素微生态制剂，主要成分为蛋白酶、发酵酸、甾醇、芽孢杆菌等益生菌，饲料添加比例为 1∶1 000，仔猪断奶后全程使用，增强猪群的免疫力和抵抗力。2020 年美保龙商品猪共消耗饲料 7 381.9t，按比例 1∶1 000 添加酸美孝素，全年共用酸美孝素 7.4t。

此外美保龙还应用了鱼腥草注射液，在平喘、清热解毒方面有较好效果，在抗菌消炎上也有一定辅助效果，有效减少抗菌药使用。使用方式：每头每次 5~10mL，每天一次，连用 3 天。

随着抗菌药替代物的逐步试用和推广，恰逢非洲猪瘟疫情流行，各项生物安全措施严格执行，生物安全水平大幅度提升，猪群的健康也得以保障，因此治疗用药也较少，主要是注射用青霉素钠、复方磺胺间甲氧嘧啶钠、乙酰甲喹注射液。增加了微生态制剂和中草药柴胡、鱼腥草，目前效果来看，成活率由原来的 92.5% 提升到 94.2%，抗菌药用量比试点前明显下降。

第五部分 **05**

奶牛养殖场减抗
典型案例

北京首农畜牧发展有限公司金银岛牧场

动物种类及规模：奶牛，存栏 2 900 头，其中成母牛 1 500 余头。

所在省、市：北京市。

获得荣誉：2006 年通过绿色食品认证；2006 年通过国家良好农业规范（GAP）认证；2006 年被中国奶业协会确定为全国奶牛养殖示范场；2007 年通过认证顺利成为学生饮用奶奶源示范基地；2008 年被确定为北京奥运会原料奶特供基地；2010 年被农业部评为标准化示范先进单位；2017 年首批被中国农垦乳业联盟评选为标杆牧场；2002—2019 年连续多年被首农畜牧评为高产、优质先进单位、标准化示范先进单位；2021 年获评全国兽用抗菌药使用减量化行动试点达标养殖场。

养殖场概况

金银岛牧场于 2000 年投资建场，占地面积 490 余亩，建筑面积近 50 000 m²。主要养殖奶牛，建设规模为 3 000 头，日产原料奶超过 50t，连续 8 年单产超过 11t。"自繁自养"模式，成年母牛 1 500 余头，按新产牛、泌乳牛和干奶牛分群饲养，泌乳牛分为新产群和高产群，后备牛按育成牛和青年牛分群饲养。

养殖模式：牧场建立"标准化管理牧场、科学喂饲、人工繁育、自动化挤奶、密封运输、环保消纳粪污设备"整套生产流程，保障生产优质原料奶；金银岛牧场采用散栏式饲养、全天候自由采食全混合日粮（TMR）、挤奶厅集中挤奶的现代奶牛饲养工艺，建立了国内首创的奶牛"EDTM"（环境、数字化、全混合日粮饲养技术和标准化管理）生产管理体系，实现奶牛连年高产。

养殖理念：保证食品安全、公共卫生安全和生态环境安全，维护奶牛养殖生产安全、健康可持续发展。

减抗目标实现状况

2019 年奶产量 18 200t，相较 2018 年 17 611t，增加 589t；2019 年抗菌药使用总量

136.23kg，2018 年抗菌药使用总量 450.02kg，同比减少 313.79kg。

减抗试点以来，每 1t 原料奶产出抗菌药使用量从 2018 年的 25.55g 减至 2019 年的 7.49g，减少了 70.68%。

主要经验和具体做法

金银岛牧场为保证食品安全、公共卫生安全和生态环境安全，维护奶牛养殖生产安全、健康可持续发展，制定了三年兽用抗菌药减量使用目标：至 2022 年牧场抗菌药物使用量减至计划实施前用量的 60%。

一、健全制度

建有首农畜牧供应商评价制度，保障饲料、兽药、生物制品等投入品入场合格与安全使用。

建有奶牛场免疫制度、奶牛场疫病净化制度、奶牛场消毒制度、奶牛场无害化处理制度等防疫制度，强化养殖场疾病预防和控制以及养殖场防疫卫生管理。

修订奶牛场养殖档案制度等日常生产管理制度，包括主要生产操作规程、员工培训考核制度、员工健康检查制度及车辆及人员出入管理制度，科学规范员工及车辆日常操作与管理。

建有兽医诊疗及操作规范制度、奶牛场用药制度等。要求成母牛年死淘率≤ 28%，临床乳腺炎月发病率低于 2% 等，建立健全操作标准，包括新产牛护理及监控、日常巡检、死淘牛管理、常见疾病治疗（共 14 类 / 种奶牛常见疾病）、干奶期奶牛管理、蹄病保健及治疗、犊牛常见疾病诊断及治疗、药品领用流程、淘汰牛管理等内容。

建有牧场信息管理制度。以牧场和公司生产运营中心双重管理的信息体系为主，形成以信息员为核心的牧场基础数据导入与输出的数据链，保证牛群异动、兽医保健、配种繁殖等原始数据的及时收集与录入；同时向相关技术岗位、业务部门提供各种处理的报告与追踪文件，反馈信息及时录入软件系统，形成各生产技术报表，提高养殖效率和质量。

建有技术人员及普通员工工作管理制度。对人员实行目标管理，建立与之相匹配的工资考核方法，采用绩效考核制度，明确各个部门的职责，责任到人，层层把关，每周每月牛场都要评估绩效完成情况，并与工资挂钩。首农畜牧对牧场管理人员、技术人员依据数据平台的指标单独进行考核。

二、严格控制环境

牛舍环境控制：安装感应喷淋设施，便于在暑热时期给牛体降温，节约用水，减少资源浪费，降低环保压力；改造封闭牛舍，使粪污不外流，集中回收处理，实现环境友好型发展；每天进行圈舍清理，专人负责，保持圈舍环境的舒适卫生及水槽干净，给牛提供良好的生活环境；定期开展彻底的环境综合治理工作，对运动场、水沟等死角进行清理，清除杂物垃圾。春、秋两季会分别进行一次大的治理，包括垫料更换、运动场清淤、粪沟的清理、运动场补垫、垃圾的整理和填埋等。

粪污处理：使用德国产卧床垫料再生处理设备，将粪污回收处理为干粪，干粪回填卧床，实现资源再利用，节省了成本，建有沼气池发酵、堆积发酵场地，满足场内粪污处理和奶牛卧床垫料的使用；污水处理采用好氧处理、经沉降池和化粪池处理后二次利用，用于灌溉周围农田。

场区及圈舍消毒：严格落实消毒制度，每周保证有4天全天由专人进行全场大消毒，包括畜舍运动场道路，1∶800的消毒威和3%氢氧化钠溶液交替进行；控制传染源，切断传播途径，降低各类疾病发病率，具体做法如下：① 奶牛场大门和圈舍门前设消毒池，并保证消毒液的有效浓度；氢氧化钠溶液必须每天更换一次，氯制剂（卫效）可3天更换一次；场内设更衣室、淋浴室、消毒室、病畜隔离舍。② 根据消毒目的、对象选择高效低毒、人畜无害的消毒剂，对环境、生态及动物有危害的消毒剂不得选择；车辆和消毒通道所用消毒剂都有明确的配比表，添加量都在醒目位置张贴，入场大门设有高压喷枪，消毒池和消毒通道，进场车辆一律进行消毒，进场人员必须过消毒通道并洗手消毒，进入生产区必须换工作服、胶鞋经消毒通道进入。③ 圈舍每天清扫1~2次，周围环境每周清扫1次，及时清理污物、粪便、剩余饲料等，保持圈舍、场地、用具及圈舍周围环境的清洁卫生，对清理的污物、粪便、垫草及饲料残留物应通过生物发酵、深埋等方式进行无害化处理；定期进行消毒灭源工作，一般圈舍和用具一周消毒2次，周围环境一周至少消毒一次。有发病时做到一天一次消毒。疾病发生后彻底消毒。④ 场内工作人员进出生产区要更换衣服和鞋，场外的衣物不得穿入场内，场内使用的外套、衣物不得带出场外，同时定期进行消毒；非工作人员不得随意进入生产区，如有特殊情况进入前必须经过消毒池和消毒室，并对手、鞋消毒。非本单位车辆拒绝进入场区和生产区，本单位车辆需消毒后方能进入。⑤ 利用软件和网络监督防疫工作，保证监管不流于形式。建立牛场兽医、配种、产房和接产员微信群，要求各班组和当班接产员对分管的工作每日发照片汇报消毒工作，例如：兽医、配种每日夜班器械消毒的照片，接产员对产圈每日上午喷洒灭毒威的照片，产房每天上午带畜消毒的照片。

三、加强饲养管理

（一）树立防疫意识，宣传防疫知识

加强防疫知识教育警钟长鸣，每月召开的全场大会都要重点强调防疫工作，对当前防疫形势和近期的防疫工作进行总结，分析并安排下月的工作任务。全场职工以班组为单位，全部签订防疫责任书，加强防疫意识，落实防疫责任，强化防疫制度的执行。兽医技术人员签定保证书，全面监督和检查防疫制度的落实情况，遵守技术规范和操作规范，带头遵守防疫制度，保证不对外服务。

（二）有计划地安排场内的检疫、免疫工作，确保无疏漏

严格执行下达的春秋检疫、免疫规范，按时完成检疫、免疫规定任务，认真对待每一次属地布置的检查、采血，特别是临时性采血等任务。

严格执行场内防疫工作计划。每月最后一周对犊牛首免和强免口蹄疫疫苗，集中进行免疫，牛号由资料员提供，副场长全程参与，为了保证不漏免，犊牛舍都建有免疫通道。犊牛 3 月（90~119 日龄）首免，4 月（120~150 日龄）强免。把所有圈舍牛赶到通道中，资料员依据牛号确认后兽医再注射疫苗，保证不发生漏免。

（三）布鲁氏菌病防控工作规范化

采集所有大罐奶样送集团检测，每月 2 次；为了保证青年牛转群健康，每年 1 月、6 月、11 月对 18 月龄以上牛全部采血检测布鲁氏菌病。

（四）加强技术合作，解决实际生产问题

对于生产中遇到的棘手问题，及时寻求上级主管部门给予技术支持。依托中国农业大学的师资力量，检测大罐奶样病原菌，分析牛群乳腺健康状况，改善垫料和干奶环节，连续 3 个月体细胞较高的牛单独组群，改变治疗方案，降低了乳腺炎发病率，大罐奶体细胞约在 15 万个 /mL，达到建场以来年最好水平。

（五）加强检疫、免疫、保健工作

检疫、免疫工作和记录执行双保险制度，同时建立纸质和电脑存档记录，这样便于日后对比分析找出问题。春秋的检疫、免疫工作生产干部（两名副场长、资料员、技术员、兽医）全程参与。完成后要求兽医主管同资料员共同完成防疫总结，并由资料员存档。

牧场每年春秋两季进行全群"两病"检疫和口蹄疫疫苗注射，春季注射炭疽疫苗。牧场配有专用的消毒车，常年坚持专人消毒。牧场设立病牛隔离圈，将感染牛、疑似感染牛与健康牛群分隔，单独饲喂。在乳腺炎的控制上，牧场对泌乳牛每月进行一次隐性乳腺炎检测，并充分利用奶牛生产性能测定（DHI）报告，采取适当的措施，改进饲养管理，控制乳腺炎发病率。

（六）打造奶牛舒适环境、提高奶牛福利

做到"牛走—料到—床平—粪清"。每个圈舍的牛去奶厅挤奶时，及时将全混合日粮（TMR）撒到料槽，待牛挤完奶回到圈舍后就可以采食新鲜的 TMR。做到"牛走—料到"的益处在于避免牛群在挤奶前吃饱，挤奶结束回来后就不会进食或进食时间短，此时乳头括约肌因之前挤奶还没有完全闭合，如果直接跟卧床接触，会导致乳腺炎的高发。做到"床平—粪清"是当牛群去奶厅挤奶后就空出了圈舍，相关车辆便可以轻松方便地进入圈舍，进行卧床的填充、铺平以及粪污的清理工作，以减少圈舍有牛时造成牛只应激和伤害，还减少了牛只对车辆工作的影响，提高了工作效率。

（七）智能化饲养管理

通过信息化管理、数字化监控奶牛各项身体指标，科学精细化饲养，准确监控奶牛热应激、疾病发生以及对发情的监控。金银岛牧场采取国内先进的智能化管理模式，为场区配置了一系列智能化管理应用，对场区进行多层次、多方位和全覆盖的信息化管理。

金银岛牧场的智能化管理应用包括阿波罗软件、阿菲金软件、SCR 发情软件、科湃腾 TMR 监控软件、OA 平台信息和财务 NC 平台信息、热应激降温自动监控软件等。通过这些信息化投入对生产的提升起到了重要指导作用。① 阿波罗软件：是该场奶厅管理软件，也是日常生产管理中使用最多的软件，通过阿波罗软件配套项圈的佩戴，可以为配种、兽医、生产管理提供数据，警示降产、发情、配种、孕检、停奶等牛只详细情况，还可以在软件界面查询单个牛只的详细情况，诸如配种、连续 7 天的产奶量、胎次总奶量、每日总奶量、怀孕天数、奶厅挤奶管理以及降奶牛只和繁殖数据的特别提示。② 阿菲金软件：是为了首农畜牧统一管理给各场配置的软件，通过阿波罗软件数据导入阿菲金软件，可以在电脑软件页面查询各项牛只报告清单、泌乳牛群胎次分布、后备牛发育监控和配种数据。③ SCR 发情软件：2015 年开始用此软件，通过发情项圈的佩戴，可以在 SCR 发情软件界面上查询牧场概要、监测个体牛只瘤胃活动、分群及个体信息以及牛只活动量、群别、胎次状态等，在电脑联网的情况下，还可以每天定时向手机发送牛只发情情况，提高发情检出率。④ 科湃腾 TMR 监控软件：由统计分析、统计图表、配方计划、不同群别生产、基础数据和系统管理六部分构成。该监控软件可以更精准配料，把科学的配方送到瘤胃里。在设定配方模板界面可以制作投料发料计划，通过 TMR 搅拌车读取日执行计划，在驾驶室和 TMR 搅拌车上配置显示终端，进行实时监控。⑤ 安乐福智能循环热应激自动监控软件：暑期智能环控制喷淋、电扇，是根据奶牛的感受来控制的，即减少人工，也避免判断失误造成的损失。该设备节水、节能，把每一滴水、每一度电用好，继而把资金高效地落实在每头奶牛的舒适度改善和产量提升上。

（九）专业人员配备

该牧场共有兽医人员6人，其中2人为本科学历；1人具有执业兽医师资格证，2人具有助理执业兽医师资格证；2人从事本岗位经历超过30年，其余4人工作年限为3~10年不等。

四、兽用抗菌药使用减量化实施方案

建立科学合理的疾病治疗制度，对于各种疾病制定规范合理的统一治疗方案，治疗尽可能采取等级划分，做到对症治疗，规范抗菌药使用，提高了治疗效率。

（一）完善疾病治疗情况检查制度

治愈牛做到及时停药，避免抗菌药的浪费及过度使用。对于正在接受治疗的病牛，每天进行检查，查看治疗效果，以做到对治愈牛及时停药。例如乳腺炎的治疗，每天都追踪其治疗情况，兽医每天在兽医微信群里发当天乳腺炎治疗情况，包括乳区及乳汁的检查情况，临床治愈后，会对乳汁进行CMT隐性乳腺炎检测，保证其治疗效果在两个"+"以下，方可停药，确保治疗效果良好。

（二）乳腺炎精细化分级治疗方案

一级乳腺炎（乳汁异常）：乳注抗菌药1支，2次/天。

二级乳腺炎（乳区异常）：轻者乳注抗菌药1支，2次/天；重者乳注抗菌药1支，2次/天，肌注氟尼辛葡甲胺25mL，1次/天，盐酸头孢噻呋2g，1次/天。

三级乳腺炎（全身症状）：乳注抗菌药1支，2次/天；静注：一次量，1~2次/天，碳酸氢钠500mL，葡萄糖氯化钠2 500~5 000mL，10%硼葡萄糖酸钙500mL，维生素C 50mL，维生素$B_1$30mL，氟尼辛葡甲胺25mL，青霉素1 600万单位+链霉素1 000万单位（2次/天）。

注意事项：乳腺炎治疗天数最多不超过9天（肠杆菌引起的急性乳腺炎除外），治疗天数超过9天仍未治愈的，则需评估该牛是否有继续治疗的必要。若乳区无明显异常，仅奶中含有少量凝乳块等现象，即可停止治疗；若在治疗过程中，发现患病乳区出奶量已很少，乳区无异常，即刻停止用药。针对乳腺炎患牛，须每天（最晚2天）追踪检查治疗情况，以便及时停药。

（三）犊牛腹泻分级治疗方案

1. 轻度腹泻

（1）症状及诊断要点：粪便发黄、奶油状、变软。犊牛精神状态稍差、食欲正常或稍减退。体温正常，不脱水。常发生在7~14日龄。

（2）治疗方案：口服给药，百痢克80g+饮用水（38℃）1L，喂奶后4h口服，2次/天，连用3天。

2. 中度腹泻

（1）症状及诊断要点：粪便黄色或白色，恶臭、不成形，有时潜血，体温≥39.5℃，或降低（衰弱），犊牛食欲不良、反应迟钝。轻度脱水。发生在7~14日龄，病原微生物可能为轮状病毒或冠状病毒；发生在14~21日龄，病原多为隐孢子虫。

（2）治疗方案：口服给药，百痢克80g+饮用水（38℃）1L，喂奶后4h口服，2次/天，连用3天。静脉补液：0.9%生理盐水1 000mL、5%葡萄糖生理盐水1 000mL、5%碳酸氢钠200~300mL，一次静脉注射，2~3次/天，连用2~3天。

3. 重度腹泻

（1）症状及诊断要点：粪便黄色、水样、恶臭，有的粪便里含有肠黏膜。体温≥39.5℃或<38℃，犊牛食欲废绝、精神萎靡、虚弱，有的会卧地不起，昏睡；多发于7日龄内，主要病原为大肠杆菌，死亡率较高。

（2）治疗方案：静脉补液：0.9%生理盐水1 000mL、5%葡萄糖生理盐水1 000mL、5%碳酸氢钠200~300mL，一次静脉注射，2~3次/天，连用2~3天；根据病原检测结果选用抗菌药，若为大肠杆菌等细菌感染，使用庆大霉素（用量遵循药品说明），肌内注射，2次/天，连用3~5天。

4. 注意事项

（1）轻度腹泻：可适当减少喂奶量，减轻犊牛胃肠负担；在喂奶之后的饮水里添加口服补液，尽量不混在奶里。

（2）重度腹泻：针对犊牛腹泻，预防最重要，所以日常饲养过程中保证初乳质量及环境卫生最为关键；发病犊牛要隔离，避免交叉感染；有条件的牧场可取新鲜粪便，化验室检测、诊断；若为寄生虫引起腹泻，要注意驱虫。

通过上述对于犊牛腹泻的分级治疗方案，积极采用口服电解质以及静脉输液的方式取代抗菌药，仅重度腹泻使用抗菌药治疗，分级明确，效果良好，可有效降低抗菌药的使用量。

（四）其他措施

始终本着"防大于治"的疾病防控原则，严格进行各类疫病的免疫工作，以及奶厅、卧床、圈舍、通道等的环境卫生保持，降低疾病发病率，减少抗菌药的使用。对于单纯性消化不良的牛，采用姜酊、陈皮酊、大黄酊、龙胆酊等中药代替抗菌药治疗，减少抗菌药使用，且效果良好。

规范合理使用兽用抗菌药。加强养殖相关人员和兽医技术人员培训，相关人员对兽用抗菌药有正确使用态度、了解使用方式，做到按照国家兽药规定规范使用兽用抗菌药，严格执行兽用处方药制度和休药期制度，坚决杜绝使用违禁药物。

科学规范实施联合用药，能用一种抗菌药治疗绝不同时使用多种抗菌药。能用一般级别抗菌药治疗绝不盲目使用更高级别抗菌药。

实施兽药可追溯管理，用药牛只必须隔离，由专职兽医负责，严格执行药物休药期制度，经严格检测合格后方可返回健康牛群。

广州市穗新牧业有限公司

动物种类及规模：奶牛，2 400 余头。

所在省、市：广东省广州市。

获得荣誉：2011 年被授予"国家学生饮用奶奶源升级计划奶源示范基地"称号；2014 年 10 月，获评广州市增城区科普示范基地；2014 年 12 月，通过环保在线监测系统的验收，成为广东省唯一一家安装污染源在线监测系统的奶源基地；2015 年 7 月，被授予第五批全国农垦现代化养殖示范场；2015 年 8 月，通过了 ISO 9001：2008 体系认证；2015 年 12 月，通过中国良好农业规范（GAP+）认证；2016 年 9 月，鲜奶出口备案企业；2016 年 12 月，被授予畜禽标准化示范场；2017 年 2 月，成为学生饮用奶奶源基地；2020 年，被农业农村部评为全国兽用抗菌药使用减量化行动试点达标养殖场。

养殖场概况

公司于 2014 年 7 月 11 日成立，是国有畜牧企业，主要养殖良种荷斯坦奶牛，占地面积 73 亩。拥有利拉伐 16×2 并列式奶厅 2 个，自控式制冷贮奶缸 8 个（总容量达 70t），自动饲料搅拌派送设备，鲜奶检测仪，以及配套的运输、加工等先进硬件设备。

养殖模式：贯彻"自繁自养"的原则，减少外界病原体的传入。

养殖理念：牛在身边，奶更新鲜。

减抗目标实现状况

实施减抗一年间共生产生鲜奶 8 038t，全场共使用抗菌药 85.56kg，折合单位产量抗菌药用量为 10.64g/t；在减抗试点前的 2018 年 8 月至 2019 年 8 月，抗菌药用量为 111kg；减抗幅度为 22.92%。

主要经验和具体做法

通过保证奶牛饲养环境硬件的舒适度，让奶牛各种应激程度降低。做好奶牛断尾、去角，有利于减少奶牛受伤和感染。平衡奶牛日粮营养、按免疫程序做好奶牛保健工作、增强奶牛免疫力等一系列措施，使牧场切实感受到了减抗的价值，并将坚持做好今后的减抗工作。

一、落实各项生物安全控制措施

（一）优选天然生态养殖基地

牧场拥有天然的生态养殖环境，是发展现代环保型、效益型奶牛标准化生态养殖场的理想之地。场区三面环山，受自然风向的影响很小，主要以机械通风为主。养殖场选址地势平坦、背风向阳，距离主干道3km以上，距离最近的村庄约为1.5km，离学校1km以上，周边无其他畜禽养殖场、养殖小区、屠宰场、畜产品加工厂、畜禽交易市场、垃圾及污水处理场所，而且远离水源保护区、风景区以及自然保护区。地形呈长方形，是一个环境安静，无干扰、无噪声的比较理想的养殖场所。

场区全景及航拍图

（二）合理规划场区布局，规范管理

场区内设有生产区、饲料加工区、粪污处理区、后勤办公区。其中，后勤办公区和其他的区域之间有绿化带隔离，并设有更衣间和人消毒通道等设施。进入生产区需换工装并经消毒通道后才能进入。当地风向以偏南风为主，所以生产区内病牛隔离区设在最东南端角落，用于隔离发病牛，能够有效降低疾病的传播。生产区内各牛舍之间都有15~20m的绿化带隔离；生产区的挤奶设施设置在泌乳牛舍的中间，便于挤奶工作开展。场区内的污水在牛舍内是使用干清粪，从东到西刮，粪沟都在牛舍的西端。粪沟都设有上盖物密闭，

雨水能有效分离。饲料加工区在低处，比生产区低，介于生产区和污水处理设施之间，污水处理设施在场区设置的最西北角，同第三方有机肥加工厂靠近。生活区设在场区外向南800m处的丘陵上，是员工食宿、活动的区域，实现了生活和生产的有效自然隔离。

（三）规范消毒设施设置，管理严谨

规范合理设置消毒设施。在生产区门口设置消毒室、人行通道消毒池和车辆消毒池，并且设置明显的防疫须知标志，由专人负责。消毒室消毒液、人行通道消毒液由门岗人员负责，根据《消毒液的配制方法及使用管理规定》配制，每天更换一次，行人必须脚踏经过消毒池浸有消毒液的麻袋。车辆消毒池消毒液由门岗人员负责，根据《消毒液的配制方法及使用管理规定》配制，每两天更换一次，遇下雨就要及时更换，由值夜班人员负责。

建立相关管理制度，落实消毒责任。建立《牛场防疫管理规定》《消毒方法管理规定》《环保治理设施管理制度》，消毒方式包括机械性消毒、高温消毒、化学消毒药消毒、紫外线消毒，提示各类消毒方式使用范围，落实人员进出消毒措施，严格做好消毒记录。粪便和淘汰牛只运输的车辆、公司原料供应车辆、外单位原料运输车辆进入生产区前，必须缓慢行驶经过生产区门口的车辆消毒池。兽医每周对牛舍进行喷雾性消毒。

车辆消毒通道（左）及人员消毒通道（右）

（四）严格控制环境卫生，及时消除污染源

一是保持牛舍环境卫生。奶牛场建有完善、规范的卫生质量管理体系，各个生产程序、工序都有规范的规章制度，各工作人员都能严格按照生产标准执行。牛舍内每天要进行清扫，牛舍外及周边环境每周二进行大消毒，并确保排水沟干净，无积水，公司具备有效的粪污清理设施和制度，配套了利拉伐自动清粪设备；二是做好"四害"消灭工作。每月定期做好灭鼠、灭蟑螂等工作，4—11月做好灭蚊、灭蝇等工作，减少疾病传播，遇有

传染病威胁，及时终止流行，须进行紧急消毒，并做好记录；三是工（器）具及时消毒。兽医所使用的器械每天必须清洗后煮沸消毒，防止交叉感染；四是污染物的无害化处理。牧场配套了病死牛无害化处理设备，为厦门康浩公司的产品。在生产过程中所产生的医疗废弃物及时送第三方处理。死亡牛只交由病畜化制站剖检，若当地无病畜化制站，应作无害化处理或送无害化处理中心处理。尸体接触之处和运送尸体后的车辆要进行清洁及消毒工作。传染病患牛扑杀按当地兽医法令处理。

（五）对出入人员、车辆、工具严格管理

出入人员管理：门岗人员在外来人员来访时，必须主动上前询问，按公司规定做好登记手续，指导来访人员按规定进行更衣、换鞋。经批准的外来参观人员、检查工作者进入生产区时，必须穿戴工作服，换上鞋套或水鞋，鞋底必须踩踏有消毒液的麻袋通过，疾病流行期，非生产人员不得进入生产区。严禁未经批准的外来人员（包括本公司职工的家属）进入牛场参观。

外来车辆管理：来访人员车辆未经批准不能进入生产区，凡经批准的外来车辆进入生产区时，按指定路线行驶。

工（器）具管理：使用过的工作服、水鞋必须进行清洗消毒，并要保持整洁、干净，由门岗人员根据《消毒液的配制方法及使用管理规定》配置溶液清洗，更衣室必须安装紫外线灯，所有衣物必须通过紫外线消毒方法进行消毒。

（六）饲料饲草、兽药疫苗等投入品管理

饲料管理：科学制定饲料配方，根据不同的生产阶段，饲喂不同的饲料，以保证饲料营养能够满足牛群生长阶段的需要，做到营养均衡。拥有自动饲料搅拌派送设备，严格管控饲料质量，建立《仓库管理制度》的饲料仓库管理章节，一是严格按照饲草类别进行分类储存、挂牌标识，禁止与有毒有害、易污染的物品混贮；二是严格控制储存环境，保持环境内阴凉、通风、干爽；三是细化各类饲料堆叠高度要求，防止饲料发霉，一般苜蓿草不得超过3层，燕麦草、羊草、棉籽等不得超过10层，玉米、豆粕、菜籽粕、添加剂等不超过10层；四是定期检查饲料状态和质量，实行库存饲料每月常规感官检查，质检员抽检一次，分析水分等指标；五是加强青贮池管理，自加工青贮贮存于青贮池中，其他物资如青玉米秆、全株玉米、糖料等，根据需要可贮于青贮池中，青贮池在使用前应做好清洁、消毒，使用过程中应按要求做好黑薄膜的铺设，自制青贮后铺上黑薄膜或者青贮隔氧膜，完成后应挂牌标示，内容包括制作时间、数量、类别等。

兽药疫苗管理：一是设施设备齐全。配备有专用药房，具备符合规定的冰箱、冰柜等药品储存设备，药房内空调长期运行，温度可控、遮光条件良好，最大限度地保障药物的质量；二是相关制度记录完善。建有完善的《兽用抗菌药出入库记录》《兽药领用明细表》《兽医诊疗用药记录》《免疫档案》《诊疗记录》等兽药疫苗管理台账；三是兽用抗菌

药使用记录清晰完整可追溯，记录内容包括兽用抗菌药的种类、规格、用量及用药频次等信息，用药记录内容与兽医诊疗、处方、药房用药等记录一致；四是兽药疫苗可追溯。各种抗菌药的管理从采购计划开始，任何一种药物的采购均需做好采购计划并完成审批后交由采购部门处理，药物送到场后，药房管理人员根据采购计划验货无误后登记入库，兽医部门根据计划领用，以上各环节均有清晰可查的记录。

兽药贮存

（七）牛只引进管理

公司贯彻"自繁自养"的原则，严格阻断外界病原体的传入。外来奶牛应坚持有法定单位的健康检验证明，并经隔离观察和检验，确认无传染病时，方可并群饲养。严禁调出或出售传染病患牛和隔离封锁解除之前的健康牛。

二、综合管理

（一）制度建设

在原有管理制度的基础上，做了进一步修改和完善，增加了兽药供应商评估制度，选好兽药供应商，理顺供应渠道，筛选兽药品种，杜绝"三无"产品和违禁药物。主要包括以下制度：

生物安全管理制度。公司制定了 ISO 体系和 GAP 管理体系，有整套完整的安全管理制度，内容涵盖了人员、物料进出管理，动物引进、消毒管理，环境卫生、饲养管理，免疫、病死动物剖检及无害化处理等各方面的管理制度，符合生物安全管理要求。

兽药供应商评估制度。在供应商评估方面，公司具有对所有饲料、兽药、添加剂等产品的评估制度，经多年完善，内容科学合理。

兽药出入库管理制度。公司具有完善和科学合理的兽药出入库管理制度，基本内容包括出入库登记、分别按流水和品种建账、凭单出入库及凭证存档、每月定期盘点、盘存账物平衡及转账管理。

兽医诊断与用药制度。具有兽医诊断和用药管理制度，内容包括兽医岗位职责、兽医工作规范，落实各项国家制度，包括禁用药管理、处方药管理、兽医处方管理、休药期管理等，在各个方面规范了用药工作。

记录制度。公司的体系文件详细规定了记录制度，内容包括应建立记录的岗位、环节及事件，严格规定了记录准确性、真实性和及时性的要求，能够做到可查找、可统计、可追溯，并明确要求记录要有记录人、审核人签名，重要的记录需要有审批人签名。

其他制度。公司的体系文件涵盖了生产管理的各个环节，包括卫生制度、免疫接种制度、饲料管理、饲料加工、档案管理等，各项制度要求科学合理且内容完善。

（二）人员及岗位管理

建立《岗位招聘及离职管理规定》，规定了招聘的岗位任职要求、条件、入职及离职手续，为各岗位提供合适的人员，保证生产需要。牛场新员工必须经健康检查，证实无传染性疾病方可入职。每年对牛场的员工进行一次体检，凡患有传染病者应调离生产区。建立《管理层岗位职责》《育种班岗位职责》《兽医班岗位职责》等文件，严格落实人员管理和职责分工。

管理层：包括经理、生产副经理、行政副经理、经理助理。经理主持公司全面工作，分管质量管理体系中质量目标的策划、管理承诺、质量方针的制定、产品实现的策划、与顾客有关的过程、物资采购、监视与测量（包括顾客满意度的测量、产品的监视测量）、不合格品的控制、数据分析、改进等工作。统筹奶牛的饲养管理工作，做好生产结构性调整。生产副经理协助经理做好各项生产经营管理工作，负责质量体系的文件控制及记录控制、奶牛养殖新科技的普及应用、公司安全生产管理工作。行政副经理协助经理做好各项生产经营管理工作，抓好劳资、人事等相关政工业务及后勤工作，抓好公司党、政、工、团、计划生育等工作，抓好公司的环保工作，完善环保设施，负责基础设施的提供与维护（汽车除外）等管理工作（尤其建筑及机械的管理）。经理助理努力做好经理、副经理的参谋助手，协助经理、副经理做好生产现场管理工作，起到承上启下的作用，认真做到全方位服务。

育种班：包括班长、配种员、接生员。班长主持育种班工作，对班内工作进行监督、检查、统筹、分工合作等协调性工作。配种员负责牛场的配种及其相关工作，落实牛场的选种选配计划和年度配种计划，以及牛场各项繁殖指标的完成。接生员做好奶牛的接产及登记、犊牛初乳饲喂、耳牌的标识、犊牛去角等相关工作。

（三）应急处理与快速反应

当奶牛发生疑似传染病时，应及时采取隔离措施，同时向上级业务主管部门报告并尽快加以确诊。当场内或场附近出现烈性传染病或疑似烈性传染病病例时，应立即采取隔离封锁和其他应急措施，并向上级业务主管部门报告。场内发生传染病后，除在疾病报表中如实填报外，当该次传染病终结后，应提出专题总结报告留档并报上级主管部门。

（四）品种选择选育

贯彻"自繁自养"的原则，减少外界病原体的传入。

（五）污水处理实时监控

建立《环保治理设施管理制度》，岗位分工明确，职责清楚，建立健全设施台账档案，定期监测运转、使用效果，保证与改善企业的环境质量，在提高企业生产水平的同时，降低污染物的排放量，力争全面达标排放。公司是广东省唯一一家拥有实时在线监控污水处理系统的养殖场，由广东中大环保科技工程有限公司负责施工建设牧场污水处理系统处理牛粪水，其最大处理能力 400m³/d，目前处理污水 250m³/d。污水处理后达到广东省地方标准《水污染物排放限值》才能进行排放，并安装了 24h 在线监控设备。

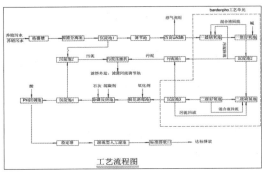

污水处理

（六）关键风险因素管控

野生及外来动物防控。场内不准饲养其他畜禽，禁止将市场购买的活畜禽及其产品带入生产区。

产品追溯召回。建立《产品标识、追溯及召回管理规定》，为区分不同类别、不同规格、不同批次的产品，指导作业人员正确标识，防止混用和误用，当交付后的产品可能发生食品安全危害时，通知相关方并实施质量追溯和产品召回，并保证回收有效、快速。

三、疫病监控及安全、合理、规范用药

（一）兽医人员及管理

1.兽医人员岗位设置

公司配备有执业兽医师 1 名，乡村兽医 6 名，具有中专以上文凭的兽医专业人员 7

名，专业技术人员资质条件可满足对兽医技术服务的需求。兽医人员具备根据奶牛行为表现、发病症状、临床检查和必要的病理剖检做出疾病诊断的能力，并能够依据奶牛发病状况、用药指征和药物敏感性结果合理选择抗菌药，制定合理的用药方案。建立兽医管理工作制度，规范兽医工作，设置病牛舍兽医和产房兽医岗位。病牛舍兽医配合卫生员对牛只进行记录，奶样采集送检，巡视病牛，疾病诊断及治疗，协助班长做好牛舍日常管理和饲养管理，及时对病牛进行预判，对于预后不良、危急的牛做好淘汰申请。产房兽医对产前牛应严格按预产期及奶牛乳房情况做好分群饲养，并督促卫生员对新干奶的牛（干奶后1~7 天）乳房用药物进行喷雾消毒；对围产前期（产前 21 天）牛只乳房每天用药物进行喷雾消毒，认真巡视牛舍，发现患牛，认真诊断及时治疗；产后如果发现子宫炎或胎衣不下，应通知配种班及时处理治疗，发现乳腺炎牛只应检查牛只全身情况，除常规治疗外，应要求挤奶员加强按摩辅助疗法，协助卫生员每日对产前牛只认真检查胎儿情况、乳房情况，并确保牛舍卫生情况良好。

2. 兽医诊疗活动管理

兽医治疗有完整的记录，包括病例、用药处方、翔实的诊断记录和用药情况，包括奶牛的疾病类型、检查结果及转归判断。抗菌药使用有清晰的记录，包括用药对象、诊断结果、兽药名称、剂量、疗程和必要的休药期提示。

（二）诊疗设施、条件及管理

公司设有兽医人员办公室、诊疗场所、化验室，配备了开展一般诊疗和化验工作相适应的设备设施，能够开展常规的临床检验，可开展一般性的生化检验和血清学检验工作，具备病理学诊断的能力和运用细菌分离、抗菌药敏感性试验结果选择用药的能力。

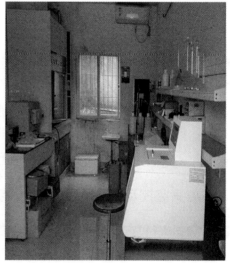

检验室

（三）畜群免疫及监测

防疫小组负责奶牛疫病的检疫和疫苗免疫工作。防疫小组由主管生产经理、兽医班长、饲养班长、育种班长组成。一是制定科学合理的免疫计划。奶牛免疫计划由兽医主管领导依据牛的传染病学流行特点，结合本场的实际情况制定出奶牛的免疫程序，下达到各个相关部门执行；二是保证疫苗质量良好。疫苗必须在有效期内，质量保证的情况下才能使用，对注射过的疫苗，保存样品，以便追溯疫苗的途径；三是认真开展免疫接种。兽医在接种前要详细检查疫苗的质量情况，注意有无开封、破损、变质和超过有效期。接种疫苗前，先做一小部分牛的安全试验，确认安全后才全面按规定要求接种，防疫接种密度要达100%；四是开展免疫学效果检测。必要时，抽取部分牛的血清到兽医防疫站或相关部门测定其抗体水平，验证免疫效果。

常规免疫程序表

免疫时间	免疫项目	免疫对象	免疫、检疫方法	剂量	备注
春防	口蹄疫 A 型、O 型二价灭活疫苗	3 月龄以上牛	肌注	1mL	初免牛隔 21 天加免 1 次
5 月	牛流行热	3 月龄以上牛	肌注	4mL	初免牛隔 21 天加免 1 次
6 月	牛流行热	3 月龄以上牛	肌注	4mL	初免牛隔 21 天加免 1 次
8 月	牛流行热	3 月龄以上牛	肌注	4mL	初免牛隔 21 天加免 1 次
秋防	口蹄疫 A 型、O 型二价灭活疫苗	3 月龄以上牛	肌注	1mL	初免牛隔 21 天加免 1 次
秋防	IBR、BVDV 疫苗	3 月龄以上牛	肌注	2mL	初免牛隔 30 天加免 1 次
10—11 月	两病检疫	3 月龄以上检结核	皮内变态反应	2 000 单位	阳性牛一律扑杀
		6 月龄以上检布病	虎红平板凝集		阳性牛一律扑杀

（四）规范合理使用抗菌药

一是加强养殖相关人员和兽医技术人员培训。相关人员对兽用抗菌药有正确的使用态度、了解其使用方式，做到按照兽药使用相关规定规范使用兽用抗菌药，严格执行兽用处方药制度和休药期制度，坚决杜绝使用违禁药物；二是规范合理使用兽用抗菌药。针对本场实际，对以前保健用药和治疗用药进行了调减调低，即调减用量，如可单方的不复方，可用可不用的阶段不用，调低抗菌药物档次，可用最低档次的不用高一级档次。兽用抗菌药使用量实现零增长，兽药残留和动物细菌耐药问题得到有效控制；三是科学审慎使用兽用抗菌药。树立科学审慎使用兽用抗菌药理念，建立并实施科学合理用药管理制度，对兽用抗菌药物实施分类管理，实施处方药管理制度。科学规范实施联合用药，能用一种抗菌药治疗绝不同时使用多种抗菌药，能用一般级别抗菌药治疗绝不盲目使用更高级别抗菌药。

（五）严格执行休药期规定，防止兽药残留

一是做好用药牛只的标识和管理。已用抗菌药的牛只，应隔离并做好抗残标识，由主治兽医、卫生员或配种员跟踪治疗，病愈后达到兽药产品的休药期限，由兽医卫生员取奶样送到品管班质检员进行抗菌药残留检测，并做好《抗菌药检验结果单》记录。确定阴性后，由质检员通知有关兽医卫生员解除抗残标识带，调入上机挤奶牛群，阳性牛只留在隔离舍继续跟踪。饲养员饲喂过程中要检查所饲喂牛群是否混杂，健康牛群是否混进带有抗残标识带的牛只，用药牛群是否混进健康牛只以及用药牛只是否脱落抗残标识带。二是把好牛奶关，严防残留奶流出。使用过抗菌药并且没有通过抗残检测的牛奶单独放置，经过处理后饲喂犊牛，剩余的牛奶进入污水处理系统处理。

（六）替代品、替代措施和替代方案

一是加强养殖条件、疫苗选择和动物疫病防控管理，提高健康养殖水平；二是积极探索使用兽用抗菌药替代品，降低阶段性预防用药，使用中成药、益生菌等效果良好的替抗产品。

河北乐源牧业有限公司

动物种类及规模： 荷斯坦奶牛，13 000 头。

所在省、市： 河北省石家庄市。

获得荣誉： 2016 年 2 月，被河北石家庄市评为"三农"工作先进单位；2016 年 10 月，被河北石家庄市评为"百企帮百村"精准扶贫爱心企业；2017 年 2 月，被河北石家庄市评为"三农"工作先进单位，被确定为国家学生饮用奶奶源基地；2018 年 10 月，被河北石家庄市评为奶牛生产性能测定优质奶源场；2020 年，被农业农村部评为全国兽用抗菌药使用减量化行动试点达标养殖场。

养殖场概况

2014 年投资建场，主要养殖奶牛（奶牛、肉牛、生猪、肉羊、蛋鸡、肉鸡等），占地面积 1 000 亩。

建设规模为奶牛 13 000 头，年生产牛奶 73 000t。泌乳牛单产 33kg/d，蛋白 3.4%，脂肪 4.07%，原料奶微生物总数和体细胞计数均优于欧盟标准。坚持"自繁自养"，减少和杜绝引种带来的防疫风险，逐步做好选种选育工作，加强种源免疫性，注重品种改良，选择动物免疫力和抵抗力较强的遗传品种，提升奶牛使用年限及抗病能力。

养殖模式：种、养、加、销一体化养殖模式。

养殖理念：推行生产营养、健康、安全乳制品的养殖理念。

减抗目标实现状况

2019 年抗菌药总用量为 101 740g，每生产 1t 鲜奶，抗菌药使用量为 4.7g，较上一年的 5.0g/t 同比降低了 6%。牧场投入大量资金、人力、物力，以少发病少用药保质量为目标，通过多种减量化措施的实施，实现连续两年抗菌药零增长。

主要经验和具体做法

乐源牧业有限公司自2018年进入省级减抗试点以来，围绕"减抗"而非"禁抗"的主体思想，本着方案落地原则，制定奶牛养殖场兽用抗菌药减量化养殖新模式技术规程，确定了三年内兽用抗菌药使用量实现零增长、兽药残留和动物耐药问题得到有效控制的目标。在生产上对减量化行动进行详细周密的安排部署，本着降低发病率、以代次低抗菌药使用为主、不加倍使用剂量等原则，逐步减少牧场抗菌药的使用量，推进牧场优质、安全、放心奶的生产；同时积极寻找一些微生态制剂、益生菌等产品替代抗菌药，以保证奶牛养殖水平不受影响；通过加强兽医技术人员的培训，提高兽医诊疗技术水平，在生产中正确诊断、合理用药、剂量准确、确保疗程，避免盲目用药、滥用药，减少兽药的使用与浪费。牧场经过一年的运行实践，各项工作得到规范管理，各项指标达到目标要求，圆满实现了抗菌药减量化目标。

一、合理布局，保障牧场生物安全

（一）科学选址，合理布局，为牛群提供优良舒适的生产环境

在养殖场建设选址时，选择地势高、干燥、背风、向阳、水源充足、水质良好、供电和交通方便的位置，目前牧场周边配备了20 000亩苜蓿和青贮种植基地，用于奶牛所产生的沼肥还田，实现粪污的资源化利用。在养殖场布局方面，对生活和生产区隔离建设，在更衣室设有人员进出洗澡更衣室，有物品进场的消毒间和人员入场的消毒通道，严格区分净道和污道，在大门口、更衣室、物流门都配有消毒装置。在生产区根据生产需要建设了不同牛群阶段的封闭式恒温牛舍，配套有全自动化的粪污发酵系统和通风降温系统。牧场建设泌乳牛舍35 700m²，青年牛舍17 900m²，青贮窖12 800m²。配备两套自动化60位转盘式挤奶机、3台全自动化TMR搅拌设备以及固液分离机等粪污处理等设施，实现了养殖现代化、管理智能化、粪污处理无害化，为每头奶牛提供最优良舒适的养殖环境。

场区

（二）规范兽药储存与管理，保证投入安全

兽药与疫苗的储存必须合理规范，养殖场药房面积达到 $60m^2$，内部配备冰箱、冰柜、药品架、温湿度计等基础设施，制定了详细周密的管理制度。药品摆放必须整齐有序，便于清点和领用；冰箱和冰柜配置温度计，可在不打开的情况下通过显示器检查温度情况，保证疫苗等药品的存放条件。避免兽药、疫苗等因储存不当而出现质量问题，影响牛群治疗和免疫效果。

（三）优化饲养环境，推行循环经济发展模式

良好的饲养环境也是牛群健康的基础。在饲养环境方面，为每个牛舍配置 174 台负压风机和赛克龙风机 90 台，在保证牛舍通风效果的同时保证夏季防暑降温效果。对牛舍基础设施优化，提升牛群体感舒适度。保证了牛只健康环境，减少发病程度，从而减少了用药。牧场建设遵循循环经济发展模式，配套 38 套自动刮粪机，保证每小时自动清粪，圈舍清洁。增加牛舍清洁次数以及提高牛舍的通风、消毒等措施，维持牛群的健康，大大降低抗菌药的使用。配套了粪污处理工程中心，生活用水处理中心，粪便经发酵，产生沼气、沼渣、沼液，沼气用于燃烧锅炉，通过干湿分离，沼渣烘干（晾晒）后回填卧床，沼液用于还田，形成了以"奶牛养殖—废弃物处理—有机还田—饲草种植"为主线的大农业循环经济，实现农业经济和生态环境效益双赢。

二、完善制度建设，强化牧场综合管理

（一）牧场制度完善，记录翔实规范

在管理环节完善牧场各类制度，并按照要求规范记录，保证管理工作有迹可循，有证可追，能够实时反馈并改进。相关制度包括：兽药安全使用管理制度、兽药供应商评估制度、兽药出入库管理制度、兽医诊断与用药制度、人员出入管理制度、兽用处方药使用管理制度、卫生消毒及防疫管理制度、疫病控制制度、无害化处理制度，等等，将经过完善的生产制度装订成册，并将关键制度上墙。加强对记录管理制度的完善，并对牛场记录进行规范管理与存档，设专门信息员岗位负责各种数据的收集、录入、整理、保存等工作，包括发病、配种、产犊、断奶、转群、销售等；兽医人员要做好牛群管理记录，包括免疫记录、病牛治疗用药记录、消毒记录、无害化处理记录等；门卫做好来访人员的登记记录；保管员要做好各种饲料、药品、疫苗、生产工具的购进、领用、库存等各种记录，所有记录完成后交由档案管理员保存，保存期限在 2 年以上。

（二）坚持"自繁自养"，防范疫病传入风险

牧场近几年全部施行"自繁自养"，减少和杜绝引种带来的防疫风险，逐步做好选种选育工作，加强种源免疫性。注重品种改良，选择动物免疫力和抵抗力较强的遗传品种，将奶牛健康遗传指数逐步纳入公司选种选配方案中来，提升奶牛使用年限及抗病能力。

（三）信息化建设，推进牧场管理科学化

牧场已建有完善的防疫、原奶、药品、牛只、化验、信息管理制度，严格按照国家标准对牧场防疫进行把控，对牛只饲喂、用药、过抗、饲料和原奶检测等记录做到真实有效可追溯。另牧场配有丰盾奶牛信息系统（统计牛只档案、系谱舍区、生产性状等）SCR 发情、健康监控系统（通过统计分析牛只采食、反刍、呼吸频率、产奶量、运动量情况，反映出牛只的乳腺炎、发情等病理、生理症状），安德森奶量记录系统、全方面地对牛只信息数据以及健康情况进行监控，牧场聘有 10 年经验的牧场工作管理人员以及专业的执业兽医师、育种员、营养员，给每一头奶牛提供最优良舒适的养殖环境。

现代化挤奶设施

三、改善管理策略，营造良好饲养环境

在兽用抗菌药减量化的生产中，最佳的管理策略是建立在牛的环境、营养和免疫需求上，调整环境条件、牛群管理、饲养程序和饲料配方以满足实际生产需要。在推行兽用抗菌药减量化道路上，以科学饲养为依据，以科学创新为突破点，最终实现让动物健康起来、让养殖轻松起来、让食品安全起来。

（一）控制饲养环境，提升牛群抵抗力

减少使用抗菌药，必须改善栏舍和设备的通风和保温系统。对早期断奶犊牛影响最大的因素主要有温度及穿堂风，对温度和换气系统进行改良，以保证最佳的环境温度、湿度和气流。同时，也需对空气中的 NH_3、H_2S 和其他有毒气体进行监控。要严格限制外人参观，防治病原传播。降低饲养密度，实施"全进全出"以减轻传染病感染的压力。春、夏、秋季，恒温牛舍风机 24h 全部开启，冬季饲养部门每周检测牛舍 NH_3 含量，根据实际检测数据调整风机开启数量及时间。断奶犊牛舍每排卧床开启一台风机，以提高空气更换的效果。

牛棚及圈舍内景

（二）科学合理规划牛群布局，避免频繁转群

不同牛场之间存在不同的病菌和免疫保护程序，因此应避免在不同牛场间的转群。即使牛来源于具备同等健康状况的牛场也应该严格控制转群，尽量避免对同一牛场的牛频繁转群和混群。本场为洁净场，杜绝从其他牧场转入，只可转出。需外购牛时严格按照国家规定，在隔离场隔离至少 45 天，并完全符合入关要求再进场。场内只可进行正常的必须性转群，混群或不按要求私自转群应按照制度严厉考核。

（三）改善营养管理，提高动物生产性能

利用 TMR 饲喂技术，为牛群提供科学全价的营养日粮。根据牛群结构及时调整饲粮，选择合适的能量原料，控制饲粮粗纤维水平，保持牛群营养充足且科学。并且在日常饲喂时，合理使用功能性添加剂，尽量减少或避免使用。

实践证明，通过改善营养手段、提高饲养管理水平、营造良好养殖环境，能有效缓解少用抗菌药所带来的一系列生产压力。

四、加强疫病监控，安全、合理、规范用药

（一）强化兽医技术人员管理，规范用药

加强对兽医技术人员的技能培训。兽医人员必须能够对牛群正常和异常状态准确区分，及时发现牛只异常，动手操作能力要强，能够很好地进行药物注射、治疗、输液、采血等操作。根据临床表现可以及时做出初步诊断，并做出及时准确的处置（治疗、隔离、特殊照顾等）。兽医技术人员必须对兽药有一定的认知，了解常用药品的适应证。对牛群的常见病如子宫炎、乳腺炎、肠炎、蹄病能够及时正确选用治疗药物。同时遵循药品使用

原则，能用一种药的，不联合用药；能乳房给药的不肌内注射；能肌内注射给药的不静脉输液；如遇有严重的混合感染等病情才展开联合用药。

（二）科学防控，降低疫病发生率

坚持"防疫为主、治疗为辅"的原则。制订年度免疫计划（如口蹄疫），按计划进行疫病免疫防控工作，对疫苗选择全部定位在高质量上，并在每一次免疫后的22~28天内进行免疫抗体效价检测，要求合格率达到97%以上。每天3次全厂消毒，消灭病原。在抗菌药临床应用上，以首次剂量翻倍，后改为原剂量的治疗原则，把握疾病最佳治疗时间。在治疗牛群疾病时可选用中药制剂，以减少抗菌药的使用量。

三河鑫隆奶牛养殖有限公司

动物种类及规模：奶牛，存栏 3 600 头，其中，成母牛 1 970 头，泌乳牛 1 700 头，日产鲜奶 57t。

所在省、市：河北省三河市。

获得荣誉：2021 年被农业农村部评为全国兽用抗菌药使用减量化行动试点达标养殖场。

养殖场概况

三河鑫隆奶牛养殖有限公司位于河北省三河市高楼镇刘家河村东，建成于 2007 年 7 月，占地 465 亩，总资产 1.7 亿元。设计规模 5 000 头。

牧场建有高标准对列式牛舍 7 座，美国进口现代化并列式挤奶厅 2 座，并有办公室、兽医室、配种室、消毒室、化验室、药房、材料库、草料库、青贮窖及刮粪系统、干湿分离机、卧床等配套设施，同时引进意大利自走式、牵引式搅拌车 4 辆。饲养奶牛品种为中国荷斯坦奶牛，目前存栏约 3 600 头，年产优质生鲜乳 20 000t 左右，出栏量约为 1 100 头（母犊留养）。三河鑫隆奶牛场主要产品为生鲜乳，产出的优质生鲜乳全部供给蒙牛乳业（集团）股份有限公司。

养殖模式："自繁自养"、TMR 饲喂。

养殖理念：养健康牛、产优质奶。

减抗目标实现状况

减抗一年与减抗前一年相比，每生产 1t 生鲜乳抗菌药使用量同比下降 24%。

主要经验和具体做法

一、生物安全控制

（一）养殖场与周边的隔离与屏障

三河鑫隆奶牛养殖有限公司平面图

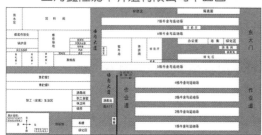 

公司平面图及场区内景观

三河鑫隆奶牛养殖有限公司坐落于廊坊市三河市，牧场自有土地流转青贮基地 8 000 亩，分布在牧场四周，同时牧场在东经 116.9°，北纬 40.0°，位置属于黄金奶源带，气候宜人，四季分明，交通发达，距离蒙牛乳业工厂只有 30km，能够最大限度地保证鲜奶质量，更是标准化、集约化奶牛养殖场的理想之地。场址地势平坦、东西走向，每栋牛舍可容纳 1 000 头奶牛饲养，距离最近的学校、村庄约为 2km，场区远离水源保护区、风景区，奶牛场地形呈长方形，生活区、办公区、生产区、饲料加工区、粪污处理区分区规范，是一个环境安静、布局合理的奶牛养殖场所。

（二）场区区域布局与管理

牧场建有高标准牛舍 7 座，现代化挤奶厅 2 个，并设有办公室、兽医室、配种室、消毒室、化验室、药房、库房等，配有刮粪系统、干湿分离机、卧床等配套设施，自走式、牵引式 TMR 搅拌车 4 辆。

环境消毒

（三）消毒设施的设置与管理

在消毒方面，牧场制定了完善的消毒制度，牧场前、后大门设有消毒池、消毒室（包括紫外线和喷雾两种消毒方式），确保防疫安全。外来人员要在消毒室进行消毒后方可进入场区，外来车辆要在消毒池消毒后才能进入场区。在生产区入口处设有更衣室和消毒通道，外来人员需在更衣区内更衣换鞋消毒后方可进入生产区，职工进入生产区必须更换工作服、工作鞋，消毒后方可进入生产区，牧场内车辆禁止驶出场区。所有牧场的牛舍入口放置消毒桶，牛舍每日3次清洁。牧场配有消毒车一辆，有专人负责，每周2次对全群牛舍进行消毒，每周2次全场消毒，在兽医人员的监督指导下完成，并记录签字。如周边地区有疫情出现，要增加消毒次数。夏、秋两季加强灭蚊蝇的工作。

（四）卫生、除粪、死尸无害化管理

采取"固液分离＋干清粪＋资源综合利用"等工艺，引进智能刮粪板和干湿分离系统，通过搅拌机将接收池的混合液搅拌均匀，利用专用切割泵，将液体提升至预处理机中，去除部分水分后，进入主机内，通过独特设计的螺旋挤压机使水分大幅度降低，从而达到处理需要的结果，实现固液分离。80%的牛粪经过干湿分离系统处理后，堆积发酵，自然晾干，混合生石灰、稻壳等，填补卧床所需的垫料。剩余的牛粪出售给天津绿植助家生物科技有限公司。经过干湿分离系统处理后的污水，其中一部分作为刮粪道回冲沟用水，循环利用，剩余污水经过三级悬浮沉淀池过滤，用于灌溉农田。

粪污处理

每天清理圈舍内污物及粪便，废弃奶应进行无害化处理，死亡牛只按国家规定进行无害化处理。兽医诊疗环节产生的医疗废弃物品实行定点单独存放，设立专人负责保管及回收接洽，委托唐山市宝洁医疗废弃物处理有限公司进行回收集中处理，一月回收一次，回收后出具回收清单。避免医疗废弃物滋生病原污染牛群，引发群体患病，确保牛群健康，降低抗菌药的使用量。

（五）出入人员、交通工具管理

牧场制定了车辆及人员出入管理制度，门卫设立来客登记制度，外来人员及车辆不得

进入生产区，确有必要的，须经洗手、消毒，更换工作衣、帽、鞋后方可进入。任何进入生产区大门的车辆必须严格消毒，进入生产区的车辆应彻底冲洗干净（包括车厢内），经过严格消毒处理后在场外至少停留30min以上，才能进入场区。员工自行车、摩托车等交通工具应集中停放于生产区外。进入奶牛场饲养区的工作人员，必须穿戴清洁消毒过的工作衣、帽、鞋，定期更换清洗消毒，保持衣、帽、鞋的整洁，工作衣、帽、鞋不准穿出牧场。

（六）饲料饲草、兽药疫苗等投入品管理

奶牛场的饲养管理应符合NY/T 5049规定的要求。饲料和饲料添加剂的使用应符合NY 5048规定的要求，禁止饲喂反刍动物源性肉骨粉。兽药的使用应符合NY 5046规定的要求。需使用治疗用药的，经实验室诊断确诊后再对症下药，兽药的使用应有兽医处方并在兽医的指导下进行。根据《中华人民共和国动物防疫法》及其配套法规的要求，结合实际情况，有选择地进行疫病的预防接种工作，并注意选择适宜的疫苗、免疫程序和免疫方法。

（七）奶牛引进管理

牧场在必须引进奶牛或种公牛时，引种前首先提交包括动物种类、来源（产地）、日龄、用途、引入时间和隔离场所等内容的《引入动物申请书》。经动物防疫监督机构同意并下发《同意引入动物决定书》，牧场凭借《同意引入动物决定书》《动物检疫合格证明》《运载工具消毒证明》《动物须佩带畜禽标识》引进牛只。引进的牛只必须经设有动物防疫监督检查站的道口进入，直接运至确定的隔离场所，隔离观察45天无异常，经兽医检验确定为健康合格后，方可混群饲养。

二、综合管理

（一）制度建设

牧场制定了兽药出入库管理制度、兽药供应商评估制度、记录管理制度、兽药使用管理制度、兽医诊断与用药制度、生物安全制度包括消毒制度、奶牛饲养兽医防疫管理制度、车辆及物料出入管理制度、养殖场免疫制度、养殖场用药制度、引进动物管理制度、无害化处理制度、粪污综合处理制度；其他制度包括人员管理制度、饲养员管理制度。

（二）人员及岗位管理

牧场工作人员按时上下班，并做好上下班交接工作，饲养人员除工作需要外，一律不准串舍，工具不得相互借用。任何人不准带饭入场，更不能将生肉及含肉制品的食物带入，场内职工和食堂不得从市场购进生肉。饲养员和技术员每年进行一次健康检查，人畜共患病的人员不得从事饲养管理工作。场内配备兽医技术人员6人，能够满足牧场正常诊疗需求，能够及时观察到畜群异常，并做出诊断，同时具备解剖和根据病变分析病因的能

力，能够通过发病表现确定选择抗菌药物的使用，兽医技术人员不准对外从事诊疗活动，配种人员不准对外开展配种工作。

（三）实时监控与快速反应

奶牛场发生疫病或怀疑发生疫病时，应依据《中华人民共和国动物防疫法》及时采取以下措施：① 驻场兽医应及时进行诊断，并尽快向三河市畜牧水产局报告疫情。② 确诊发生口蹄疫、牛瘟、牛传染性胸膜肺炎时，奶牛场应配合当地畜牧兽医管理部门，对牛群实施严格的隔离、扑杀措施；发生牛海绵状脑病时，除了对牛群实施严格的隔离、扑杀措施外，还需追踪调查病牛的亲代和子代；发生炭疽时，只扑杀病牛；发生蓝舌病、牛白血病、结核病、布鲁氏菌病等疫病时，应对牛群实施清群和净化措施；全场进行彻底的清洗消毒，病死牛或淘汰牛的尸体按《病死及病害动物无害化处理技术规范》进行无害化处理，消毒按 GB/T 16569 进行。

三、疫病监控及安全、合理、规范用药

（一）兽医人员及管理

牧场有专职兽医人员，且数量和资质能满足需求。现有执业兽医师 2 名，负责制定全年免疫计划，负责常见病出具处方及治疗结果跟踪，巡圈及病区兽医 4 人，在三河市农业农村局指导下每年进行"两病"监测，适龄牛布鲁氏菌病免疫接种率达到了 100%，发现结核阳性牛进行扑杀，消毒，同时送无害化处理厂处理。兽医具备依据动物行为表现、发病症状、临床检查等，并做出初步判断，并可根据具体症状出具合理的用药方案。

（二）诊疗设施、条件及管理

牧场已配备开展与诊疗、化验工作相适应的设施设备，有冰箱、细菌培养箱、无菌操作台、显微镜等设备，能够开展临床检验工作。配有执业兽医师，牧场配有专业化验人员，能够开展生化检验工作，能够开展必要的血清学检验工作。具备运用细菌分离鉴定和依据抗菌药敏感性试验结果有针对性选择用药的能力。

（三）畜群免疫及监测

牧场按照相关管理部门的要求，每年 4 月、11 月采用 PPD 皮内变态反应试验开展自检，按照牛群存栏数量的 10%~20% 的比例抽血送三河市疫控中心化验室采用 γ-干扰素 ELISA 试验的方法进行检测。每年 4 月、11 月监测牛群布鲁氏菌病，初筛采用虎红平板凝集试验（RBT），确诊用试管凝集试验（或 c-ELISA 试验）。定期采集适量的奶牛血清，检测口蹄疫（O 型、A 型、亚洲 I 型）免疫抗体，对免疫抗体不合格的奶牛加强免疫一次，确保牛群健康状态、口蹄疫免疫保护水平，降低口蹄疫发生和传播风险。公司每年召开一次疫病净化评估工作会议，对本年度开展的疫病净化工作进行总结和效果评估，各部门对净化工作中存在的问题进行梳理，研究解决问题的对策，对牛群整体健康状态进行

研判，对年度净化效果进行总结评估。

（四）合法、合理、规范使用抗菌药

及时根据观察到畜群异常做出诊断，根据解剖和病变分析病因，通过发病表现确定选择抗菌药物的使用，需使用治疗用药的，经实验室诊断确诊后对症下药，始终坚持在兽医的指导下使用兽药。严格遵守规定的给药途径、使用剂量、疗程和注意事项，严格遵守规定的休药期。

（五）严格执行休药期管理制度

牧场建立了养殖场用药制度，遵守国家关于休药期的规定，未过休药期的牛不得销售、屠宰，不得用于食品消费。严格执行休药期制度，严格按标准及说明书规定落实弃奶期。

（六）替代品、替代措施和替代方案

根据奶牛各阶段不同的生理特点，分群饲养、采纳合作单位的先进技术，选用最佳的饲料配方进行科学喂养。配合饲料、浓缩饲料和添加剂饲料中不使用任何药物，减少抗菌药的使用量。

加强奶牛饲养管理，在转群、防疫、监测、治疗的时候联合使用黄芪多糖粉、复合维生素等提高集体免疫力，采取各种措施减少应激，防止奶牛发病和死亡，最大限度地减少抗菌药的使用。

奶牛产后消炎选用鱼腥草注射液、双黄连及黄芪多糖，退热选用柴胡注射液等。

唐山汉沽兴业奶牛养殖有限公司

动物种类及规模：奶牛，1500头。

所在省、市：河北省唐山市。

获得荣誉：2018年被中国动物疾病控制中心评为国家第三批动物规模化养殖场奶牛结核病净化创建场；2021年被农业农村部评为全国兽用抗菌药使用减量化行动试点达标养殖场。

养殖场概况

唐山汉沽兴业奶牛养殖有限公司主要从事奶牛、肉牛养殖及饲草种植、食用菌生产等产业。公司成立于2006年，现奶牛场建设占地面积256亩，同时在牛场荷斯坦良种奶牛存栏1 500头，年均单产10t，年鲜奶产量10 000t，乳脂率4.0%，蛋白3.4%，原料奶细菌数2万个/mL以下，体细胞计数10万个/mL以下，在全国同行业中领先。

养殖模式：坚持科学、精准、可持续化饲养模式。拥有先进的恒温控制泌乳牛舍，为奶牛提供舒适环境的同时减少了有害气体对环境的影响；使用TMR科学精准化饲喂技术，保证每头牛的营养全价均衡；使用世界领先的GEA转盘式挤奶器，保护奶牛乳房健康；使用电子耳标和计步器，引进先进的牧场管理软件，实现了挤奶、保健、配种、营养的数据化信息化管理；使用全自动的粪污收集、输送、处理系统，实现生态循环农业。

养殖理念：公司奉行安全、优质、绿色、诚信的发展理念。

所获荣誉

减抗目标实现状况

2019年，每生产1t鲜奶所用抗菌药为2.89g，较上一年的3.89g同比降低了27.8%。

主要经验和具体做法

唐山汉沽兴业奶牛养殖有限公司于2018年5月开始参加全国兽用抗菌药使用减量行动试点，在实施初期，首先成立兽医技术工作小组，积极与唐山市农产品质量监测中心签订战略合作协议，借助其监测技术指导平台，及时掌握畜牧养殖先进理念和技术经验，并结合本场奶牛实际养殖情况，制定三年减抗计划和兽用抗菌药物减量化技术方案，全体员工严格按照方案齐力开展工作并圆满完成减抗目标。

一、健全制度，规范管理，科学合理使用兽药

（一）健全制度建设

建立饲料、兽药、生物制品等投入品采购和使用制度，保证投入品入场合格与安全使用；建立免疫、引种、隔离、兽医巡查、疫病诊疗与用药、疫情报告、无害化处理、消毒等制度，强化养殖场疾病预防和控制，强化养殖场防疫卫生管理；建立生鲜乳质量安全管理制度，保证出厂生鲜乳质量安全；建立日常生产管理制度，包括主要生产操作规程、员工培训考核制度、员工健康检查制度及车辆、人员出入管理制度，科学规范员工及车辆日常操作与管理；建立动物发病或阶段性疫病情况报告制度，做到及时发现，及时治疗处置，有效降低畜禽发病率；建有口蹄疫、布鲁氏菌病、结核病年度监测计划，疫病净化方案和阳性动物处置方案等，对常见疫病进行有效处置与净化，保障牛群健康；建立员工岗位奖惩机制，明确岗位职责分工，确保责任到人，各项规章制度执行到位。

（二）规范化管理

组建兽医工作小组，制定详细周密的三年减抗计划，对牛场已有管理制度进行修改和完善，实现牧场的科学、规范化管理。针对牧场内不同安全关键控制点的风险类别及风险等级分别制定处置措施和应急方案，以便精准把控和有效防范。

（三）科学合理使用兽药

对兽药供应商进行评估，明确兽药品种筛选原则和采购渠道，严格杜绝假冒伪劣兽药产品和违禁药物进入牛场。严格执行《兽药管理条例》，聘用具有执业兽医资格证书的兽医，规范牧场疾病预防和诊疗工作，科学合理用药，明确常用药物配伍方案，保证牛群健康稳定和生产良性循环，推进科学、规范、可持续化饲养管理模式。

二、提高饲养管理水平，降低牛群蹄病发病率

（一）建设控温牛舍，为奶牛提供舒适的生产环境

采用湿帘风机系统使牛舍保持控温状态，利用互联网智能控制换气和温控系统，保持牛舍夏季温度比外界低 4~8℃，冬季温度比外界高 8~15℃。

（二）严控饲料质量，开展精准化饲喂

对饲草饲料的验收、入库严格依程序进行规范管理，加强对饲料质量安全的检验和饲料储存的控制，保证牛群摄入安全，应用 TMR 饲喂方式，保证牛群营养全价均衡。

（三）粪污资源化利用，实现生态循环农业

引入国内一流标准的 GEA 全自动粪污处理设备，实现奶牛场粪污资源化利用。利用自动刮粪板将牛粪收集到集粪池，利用搅拌输送泵将粪尿输送到干湿分离机进行压榨，使粪尿干湿分离，固体经发酵、干燥，回填卧床或作为生产食用菌的原料，液体经氧化塘定向发酵处理后，通过大型喷灌设施浇灌到周围的饲料基地，为饲草饲料作物提供营养，减少了化肥的使用，也增加了地力，实现生态循环，每年可生产苜蓿干草 4 000t，全部用于自有奶牛。

粪污堆肥发酵处理

清洗圈舍

（四）科学防治蹄病，降低发生率

进一步细化粪污自动清理频次和清洁度，改善奶牛挤奶通道地面条件，避免奶牛蹄部长期浸于湿潮的粪水之中，分开设立奶牛场净道和污道，避免牛群蹄病的交叉感染，有计划开展奶牛牛蹄的修蹄与药浴清洁工作，使牛群蹄病发病率显著下降，以科学预防降低疾病发生率，进而减少抗菌药的使用。

三、注重奶牛乳房管理，降低乳腺炎发病率

（一）投入智能化挤奶设备，推行科学健康挤奶

投资 300 万元引进性能先进的 GEA 转盘式挤奶设备一套，实现自动脱杯、自动清洗、自动计量、自动识别、乳腺炎在线检测的智能化挤奶模式，同时加强挤奶器的保养，及时更换橡胶垫，防止橡胶垫老化对奶牛乳房造成机械磨损。

（二）加强卧床舒适度管理，为奶牛提供舒适卫生的趴卧条件

结合奶牛趴卧长期与垫料接触的特点，加强奶牛卧床管理，探索性地改善垫料的厚度和松软度，尽可能减少奶牛乳房被物理性损伤。

（三）及时进行卧床消毒和清洁管理

在垫料投放前添加生石灰预处理，达到实时消毒灭菌的功效，在日常管理中及时清理卧床粪便，保持卧床平整、干燥、舒适。长期的饲养经验证明，乳腺炎的发病率明显降低。

四、持续推进人畜共患病净化和常见疫病防控工作，为抗菌药减量使用工作奠定坚实基础

为有效遏制结核病、布鲁氏菌病等人畜共患病的发生和传播，唐山汉沽兴业奶牛养殖有限公司常年致力于奶牛重点疫病的净化与防控工作，并全力以赴做好口蹄疫的防控工作，将"两病"净化和口蹄疫防控作为日常动物疫病防控工作的重中之重。2018 年 7 月，公司顺利通过中国动物疫病预防控制中心评估专家组的验收，获得"国家第三批动物规模化养殖场奶牛结核病净化创建场"荣誉称号并已授牌，且公司是河北省唯一一个获得国家"奶牛结核病净化创建场"的奶牛场。只有拥有健康的牛群，才能将兽用抗菌药使用量持续下降转变为现实，稳步推进减抗工作。

（一）创建奶牛结核病净化场

应用结核菌素皮内变态反应试验与 γ-干扰素 ELISA 试验相结合开展牛群结核病监测工作。分别在每年 3 月和 9 月采用结核菌素皮内变态反应试验对牛群进行 100% 自检，同时按照牛群存栏数量的 1%~20% 的比例抽血送唐山市动物疾病控制中心化验室，采用 γ-干扰素 ELISA 试验的方法进行监测，及时排查结核病阳性动物，并进行科学处置。公

司每年召开一次结核病净化评估工作会议，对本年度开展的结核病净化工作进行总结和效果评估，各部门对净化工作中存在的问题进行梳理，研究解决问题的对策，对牛群整体健康状态进行研判，对年度净化效果进行评估，明确下一年度净化工作的思路和目标，及时安排部署下一年度净化工作，确保净化工作进展顺利。

（二）强化布鲁氏菌病净化防控

对布鲁氏菌病各项风险因子进行全方位风险分析，并对牧场可能存在的风险进行把控与规避。积极分析本场布鲁氏菌病发生史和控制情况、布鲁氏菌病隐性带菌情况以及周边牧场布鲁氏菌病疫情情况等关键风险因子，评估本场综合风险并制定相应的防控措施。在每年 3 月和 9 月应用虎红平板凝集试验（RBT）对牛群进行布鲁氏菌病初筛监测，出现阳性样品时，采用试管凝集试验进行确诊，对阳性病牛及时进行科学处置，开展牛群布鲁氏菌病净化工作。

（三）做好口蹄疫常规防控

定期对牛群进行口蹄疫抗体水平监测，检测口蹄疫（O 型、A 型、亚洲 I 型）免疫抗体，对免疫抗体不合格的奶牛进行加强免疫，确保牛群口蹄疫抗体水平在免疫保护范围内，从而降低牛群口蹄疫发生和传播风险。

五、兽用医疗废弃物集中无害化处理，防止病原微生物二次感染牛群

严格规范兽药诊疗环节医疗废弃物，对产生的医疗废弃物品均实行定点单独存放，设立专人负责保管及回收接洽，并委托唐山市宝洁医疗废弃物处理有限公司进行回收集中进行无害化处理，一月回收一次，回收后出具回收清单。通过集中无害化处理方式，可有效避免医疗废弃物滋生病原污染牛群，引发群体患病，确保牛群健康。

六、筛选投入中药替抗产品，从源头减少牛群抗菌药使用量

（一）分群分段饲养，采用无抗添加饲料配方

依托京津冀科技优势、以京津冀区域内农业科技资源为支撑，以生产基地、标准示范园、龙头企业为载体，密切联系河北农业大学、河北省农林科学院、河北北方学院等省内外科技资源，推进科技成果转化应用，2018 年承担建设唐山市现代农业奶牛产业首席专家工作站，与专家对接，以兴业公司为基地，确定主要技术试验、示范和推广重点，带动公司饲养管理技术创新发展。利用本企业牛群饲养管理实践生产线、优越的办公条件与蒙牛集团的技术团队开展互动交流合作，举办奶牛饲养管理生产交流培训班，推介行业先进的饲养管理技术及管理经验，引进和消化新技术、新经验，迅速提升本企业饲养管理水平。根据奶牛各阶段不同的生理特点，分群饲养、采纳合作单位的先进技术，选用最佳的饲料配方进行科学喂养。配合饲料、浓缩饲料和添加剂饲料中均不使用任何药物，有效减

少抗菌药的使用量。

（二）强化疫病防控，提高群体免疫力

在转群、防疫、监测、治疗时联合使用黄芪多糖粉、复合维生素等提高群体免疫力，采取各种措施减少牛群应激，防止奶牛发病和死亡，最大限度地减少抗菌药的使用。确需使用治疗用药的，经实验室诊断确诊后再对症下药，兽药的使用严格按照执业兽医开具的处方执行。不使用国家不允许使用的抗菌药，且严格遵守药物规定的给药途径、使用剂量、疗程和注意事项，在疾病治疗过程中严格遵守兽药休药期规定。

（三）以中成药联合抗菌治疗代替抗菌药治疗

在奶牛疾病的治疗中，不再单纯使用抗菌药进行治疗，而是探索性、选择性地加入中成药进行联合用药，通过联合用药降低抗菌药的使用，同时保障牛群健康。例如，奶牛产后消炎选用鱼腥草注射液；治疗奶牛发热症状时选用柴胡注射液，等等，通过此类治疗方案从奶牛疾病治疗根本上减少抗菌药使用。

华夏畜牧兴化有限公司

动物种类及规模：奶牛，存栏 5 300 余头，其中泌乳牛 3 300 头。

所在省、市：江苏省兴化市。

获得荣誉：2020 年被农业农村部评为全国兽用抗菌药使用减量化行动试点达标养殖场；获评南京农业大学实训基地；是江苏省农业"三新"工程技术示范点。

养殖场概况

2014 年投资建场，占地面积 6 680 亩。主要养殖奶牛，建设规模为 9 000 头奶牛，每年可生产生鲜乳 40 000t，全部销往伊利乳业集团。主要从事奶牛养殖、销售公司自产牛奶、奶牛，以奶牛养殖为主导，采取农牧结合的生产模式，实现资源循环利用的现代化养殖企业。

养殖模式：采取农牧结合的生产模式，实现资源循环利用的现代化养殖企业，充分利用奶牛现代饲养技术，采用奶牛全混合日粮（TMR）、粪污处理与循环利用、高产牧草种植等，实现了稳步发展。

养殖理念：企业按高效、集约、生态畜禽养殖方式，实施现代化高效畜牧业养殖方式。

减抗目标实现状况

2019 年 8 月 1 日至 2020 年 7 月 31 日，华夏畜牧兴化有限公司奶牛存栏 5 500 头，其中泌乳牛 3 000 头，共产牛奶 32 400t，全年使用抗菌药 38.82kg，每生产 1t 牛奶所用抗菌药 1.20g。之前一年，产奶 29 232t，全年使用抗菌药 49.03kg，每生产 1t 牛奶所用抗菌药 1.68g。减抗后每生产 1t 牛奶所用抗菌药同比下降 28.6%。

2018 年 8 月至 2019 年 7 月，抗菌药物消耗 829 842 元；2019 年 8 月至 2020 年 7 月，兽用抗菌药物消耗 687 893 元；用药成本同比减少 8.3%。

主要经验和具体做法

2019 年 3 月，华夏畜牧兴化有限公司参加全国兽用抗菌药使用减量化行动试点，在实施减抗之初，成立了兽医技术工作小组，制定了三年减抗计划和兽用抗菌药物使用减量化技术方案，并在兽医工作小组的带领下，在全场员工的共同努力下贯彻落实，截至 2020 年 7 月，已取得了阶段性成果。

一、注重生物安全控制

（一）严格按照动物防疫要求选择场址

养殖场与交通干线、居民区、屠宰场及其他养殖场有一定距离，场区内净道与污道无交叉，能有效控制畜禽舍环境。牧场门口设置醒目的提示和禁止标识，严防无关人员闯入。

场区全景及大门

（二）场区布局合理，管理规范

牧场主要分为生活区、生产区。各区之间实施严格的隔离、封闭管理，生产区人员不得随意出场，进入生活区及生产区严格履行各项消毒防护措施，确保人畜安全。所有车辆不得入内，对于拉奶车，按照洗消流程进行清洗、消毒合格后方可进入。非生产区人员一律禁止入场，进入生产区人员需隔离、消毒、观察 48h 后方可进入。

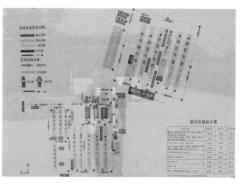

圈舍内部及平面图

（三）配备消毒设施设备，落实消毒防疫管理

消毒设施设置：在生产区内、入场门口等主干道建立消毒池、消毒通道并保持有效消毒浓度。养殖场门口设置出入人员消毒更衣室和车辆消毒池，人员出入需消毒更衣，车辆消毒池内放入 2% 氢氧化钠溶液或生石灰，并定期更换，保持有效药液浓度。

消毒管理：消毒灭原常规化，牛舍内、厂区道路、厂区周边环境每天消毒一次，定期更换消毒药，以免产生耐药性，所有生产资料进入生产区都必须严格消毒。一是环境消毒。全场环境每天消毒一次；场区出入口的车辆消毒池、畜舍出入口脚踏消毒盆，每周更换 2 次消毒液，并保持消毒药的有效浓度，如遇大雨等特殊情况应及时更换。二是人员消毒。工作人员进入生产区应更衣、换鞋，并在更衣间内消毒 15min 以上，换下的衣服、鞋子放在消毒间消毒；饲养员不得串舍，进入畜舍必须脚踏消毒池；谢绝外来人员进入生产区，有特殊需要必须进入时，必须更换场区工作服和工作鞋，并在更衣室内消毒 15min 以上，入场时按指定路线进入。三是畜舍消毒。饲养员每天负责清扫畜舍，清除排泄物；料槽等用具保持清洁，做到勤洗、勤换、勤消毒；产房犊牛舍每天喷雾消毒 2 次，其余牛舍每天消毒 1 次，栏内及畜体可用带畜消毒的消毒药；舍内出现疫病时，每天消毒 3 次；牛只调出后，应彻底打扫空舍顶棚、墙壁、地面，用高压水枪冲洗，然后进行喷雾消毒。四是用具消毒。饲养员每周对保温箱、料槽、料箱等进行一次消毒；防疫、治疗用的器械每次使用前后都应严格消毒。五是车辆和销售通道消毒。进出场内的运输车辆，特别是淘牛运输车辆，应严格全面消毒后方可进入；每售一批牛后应对销售通道、场地、磅秤及周围环境进行彻底消毒。六是其他消毒。工作服、工作鞋等由专人管理，及时清洗、消毒；生活区的办公室、食堂、宿舍及周围环境每月进行 1 次大消毒。

（四）保持牛场环境卫生，及时清除病原

一是做好防鼠防蚊防蝇工作。牛舍安装风扇、喷淋头等设施，保持温度和湿度的稳定；定期清理粪便，定期更换垫料；聘请专业灭蝇公司人员场外指导灭蝇，牛舍内放置防鼠、防蝇、防蚊设备；保持牛舍内环境整洁。二是病死牛严格落实无害化处理制度。对

所有的病死牛委托高邮无害化处理厂集中焚烧处理，坚决杜绝污染传播。

(五) 建立完备的人员、车辆、物料出入管理制度

人员管理：凡入场的人员，无论是进入生产区或生活区，一律从指定人员通道严格消毒后入内。所有与饲养、动物疫病诊疗及防疫监管无关的人员一律不得进入生产区。若生产或业务必需，须经场长同意，并参照生产人员入场时的消毒程序消毒后方可入场。饲养人员除工作需要外，一律不准串舍，工具不得相互借用。任何人不准带饭入场，更不能将生肉及含肉制品的食物带入，场内职工和食堂不得从市场购进生肉。饲养人员不得随意出入养殖场，不准穿着工作服、鞋、帽外出。

车辆、物料管理：外来车辆严禁进入大门。对于经过大门或在大门外停留车辆，用消毒剂对其进行喷洒消毒。

(六) 强化饲料饲草、兽药疫苗等投入品管理

科学制定饲料饲草配方，加强饲料饲草管理。根据牛群的不同生产阶段，饲喂不同的饲料，以保证饲料营养能够满足牛群不同生长阶段的需要，做到营养均衡。建立牧场饲草料出入口消毒程序，饲草料出入口设立消毒池、喷雾消毒设备，饲草料运输或运送车辆，必须通过消毒池消毒，车体用高压喷液枪全方位消毒，方可进入生产区。

建立相关兽药疫苗管理制度。严格把控兽药购进、使用，建立兽药出入库记录及兽药使用台账，填写用药情况记录，用药记录与兽药室出入库记录一致；具备独立兽药储存室，要求防潮湿、防高温、防日光直射，并能满足日常使用药品的存放要求，做到分区放置，排列有序。

(七) 建立牛只引进管理制度，把好牛只引进关

建立《牛只引进管理制度》《引种及检疫制度》，严格控制疫病传播，防止牛只调动造成疫病交叉感染；牛只调入、调出时要进行布鲁氏菌病、结核病、牛病毒性腹泻（BVD）等检验检疫，检测合格的牛只方可移动，不合格的牛只调出方按国家有关规定处置；调入牛只进场后，要按《牛只调入消毒规程》消毒，单独隔离饲养，隔离饲养不低于 45 天，并且在整个隔离观察期内用带畜消毒药物每隔一天消毒一次，安排专职兽医人员负责巡查、诊疗，及时处置出现的异常症状，出现群体性症状要及时报告公司生产技术中心并通知调出方，同时启用疫情应急处置办法；隔离期间的饲养尽量保持原场模式，饲料保持原场配方，待适应后逐渐改为本场饲养模式和饲料配方；牛只调入观察 45 天无异常后，方可转入本场。

二、强化综合管理，积极应对减抗试行

(一) 进一步完善基本制度

在原有管理制度的基础上，进一步修改和完善，增加了兽药供应商评估制度，选好兽

药供应商，理顺供应渠道，筛选兽药品种，杜绝"三无"产品和违禁药物进入牧场。制定了整套生物安全制度，制度科学合理并上墙，符合生产实际。

（二）加强人员及岗位管理

兽医人员岗位管理。牧场现有执业兽医3名，兽医专业本科毕业生1名；加强兽医人员管理，规范兽医工作，设置兽医部长、治疗巡栏兽医、产后护理兽医、接产兽医、后备牛兽医、修蹄兽医、乳腺炎治疗兽医等不同岗位，明确各自职责及权限，实施各岗位兽医监督考评制度和例会制度，全力保障兽医工作落实到位，杜绝重大疾病发生，维护奶牛健康，保证乳品安全，控制人畜共患病发生。场内兽医技术人员不准对外从事诊疗活动，配种人员不准对外开展配种工作。

饲养和技术人员管理。饲养员和技术员每年进行一次健康检查，患有相关人畜共患病的人员不得从事饲养管理工作。工作人员应根据各自的岗位职责按时保质保量完成每日的工作任务并做好相应记录。

（四）提升应急突发情况处理及快速反应能力

落实疫情上报及应急处理管理，设立疫情应急指挥部，制定疫情上报及应急处理制度、区域防疫制度，建立应急预案，预防、控制和扑灭传染病，保障奶牛养殖业生产安全、健康、持续发展，保障生产优质原料乳。

（五）开展品种选择选育，优化群体质量

为提高经济效益，全群牛只均为荷斯坦黑白花奶牛，该品种产奶量高，母牛腹大而不下垂，乳房发育良好，乳头大小适中、分布均匀，乳静脉大而弯曲，乳井大而深。母牛泌乳性良好，泌乳期305天，年产奶量10~13t，乳脂率3.9%，乳蛋白率3.2%，牧场采用自繁自养模式，选用优质冻精，人工输精良种繁育。

（六）犊牛育成管理

制定犊牛操作规程，规范各阶段犊牛饲养管理程序，使牧场饲养管理工作更加有序、高效、规范。设有犊牛留样标准，严格剔除早产弱犊、弱胎、公牛、畸形胎等体质不良犊牛，保障牛群健康。重视新生犊牛的护理、脐带消毒、称重、打耳标、初乳饲喂、血清蛋白的检测、填写产犊记录表等工作；控制好环境，保证犊牛舍清洁干燥、通风良好、无异味、无贼风；垫料表面有潮湿则需要补垫或彻底清理，牛舍每周严格消毒2次；每断奶一批要彻底清理。使用犊牛岛饲养的必须单岛饲养；设备和用具每天保证清洁，达到6月龄转入育成牛舍饲养，同时测量生长指标并做好记录。

（七）关键风险因素管控

建立疫情上报及应急处理制度，成立应急指挥部，内设分析组和执行组，分析组负责制定区域防疫制度，及时收集、整理相关疫病信息；负责对可能影响牧场安全生产的传染病做出评估和分析；负责联合相关机构、专家对疫病相关的风险因素进行抽检；各层级

专家团队负责提供国家有关动物防疫方面的政策信息，提供养殖、疾病、环境等各类风险方面的指导意见和建议，协助执行组的疫病防控工作；执行组负责对可能引起牧场产生疫病隐患的因素进行排查和上报；负责贯彻与落实管理组下达的各项指令和任务，积极做好日常防疫工作及应急防控工作；各层级技术人员负责对所辖区域防疫知识的宣传、措施制定与执行。

建立兽医安全生产管理制度，严格按照制度内的兽医基本操作安全要求和基本操作技术规范执行，全面保障人员安全，防患疫病风险。

三、疫病监测及安全、合理、规范用药

（一）技术人员结构合理

牧场现拥有技术人员 30 人，其中执业兽医师 3 名，具备扎实的技术能力。

（二）诊疗设施、条件及管理

软硬件建设。制定牧场诊疗制度，及时掌握本地区疫病动态、流行病的发生发展规律等相关信息，制定本场疫病的综合防控措施。公司设有兽医办公室一间，内有档案柜、桌椅、可供场内兽医办公及原始资料保存。设兽医化验室一间，内有恒温箱、恒温水浴锅、离心机、振荡器等，用于初步处理血液样品、病料、拭子等样品。

兽医办公室及化验室

诊疗人员管理。防治人员平时应注意观察牛群健康情况，做好牛群健康状况巡查记

录；发现病牛及时采取治疗措施，做好病牛诊疗记录；发生重大动物疫病或可疑疫情，及时向当地动物疫病控制中心报告。饲养员发现牛只出现异常时，应及时向防治人员报告，对污染过的栏舍、场地及时消毒。防治人员在接到报告后，应及时对病牛做必要的临床检查并合理治疗。如测量体温、观察食欲、精神状态和排泄物的变化等，合理用药；有并发症、继发症的要采取综合治疗措施；对于僵牛、久治不愈或无治疗价值的病牛应及时淘汰。防治人员要熟练掌握肌注、静注、腹腔补液、手术、难产等兽医操作技术，治疗时对病牛采取相应的保定措施。防治人员要严格按照使用说明书用药，确保给药途径、剂量、用法准确无误；有毒副作用的药品要慎用，注意配伍禁忌；用药后注意观察牛群反应，出现异常要及时采取补救措施。有质量问题或过期失效的药品一律禁用。按时提出兽药、疫苗的采购计划，并注意了解新药品，掌握新技术。

（三）牛群免疫及监测

严格按照《牛场防疫管理规定》开展牛群免疫及监测。

牛群免疫原则。疫苗必须符合国家规定，在许可使用范围内；严格按照公司制定免疫计划进行免疫接种；适龄牛群免疫覆盖率保证100%，做好记录并留存；免疫后在规定时间内进行抗体效价检测，评估考核；遇特殊情况时，根据公司统一要求及时进行免疫（如紧急免疫或调牛前免疫）。

免疫程序及内容。口蹄疫全群免疫3次/年，使用口蹄疫A型、O型二价灭活疫苗，保证免疫效果。

免疫监测。与兴化市动物疫病控制中心签订《实验室检测委托协议》，以弥补养殖场检测设备不齐全、条件不完善的缺陷，切实做好奶牛疫病的防控工作。

（四）严格落实抗菌药物使用减量化

建立兽医安全生产管理制度，保证牧场药品的采购和使用，符合法律法规的要求，规范牧场兽药管理工作，为兽医治疗工作提供优质的后勤保障，同时提高兽医工作水平，保障牧场兽药使用安全。制定《华夏畜牧兴化有限公司2019—2022年减抗计划》，一是在兽医工作小组的领导下，进一步完善兽药出入库、使用管理、岗位责任等相关管理制度，规范做好养殖用药档案记录管理，加强养殖相关人员和兽医技术人员培训，相关人员对兽用抗菌药有正确使用态度、了解使用方式，做到按照国家兽药使用安全规定规范使用兽用抗菌药，严格执行兽用处方药制度和休药期制度，坚决杜绝使用违禁药物。二是针对本场实际，对以前保健用药和治疗用药进行了调减调低，即调减用量：可单方的不复方，可用可不用的阶段不用；调低抗菌药物档次：可用最低档次的不用高一级档次；调低用量：可用维持量的不用治疗量。兽用抗菌药使用量实现零增长，兽药残留和动物细菌耐药问题得到有效控制。三是树立科学审慎使用兽用抗菌药理念，建立并实施科学合理用药管理制度，对兽用抗菌药物实施分类管理，实施处方药管理制度。科学规范实施联合用药，能用一种抗菌药治疗绝不同时使用多种抗菌药，能用一般级别抗菌药治疗绝不盲目使用更高级别抗菌药。

（五）严格执行休药期管理制度

制定《兽药残留管理制度》，兽药使用应严格按照兽药管理法规、规范和质量标准，严格遵守休药期规定，管理控制兽药残留，保证动物性产品质量安全，规范兽医用药。形成完整兽药使用管理和追溯系统，降低原料乳质量安全风险和经济损失。

光明牧业有限公司金山种奶牛场

动物种类及规模：奶牛，存栏4 616头，其中成乳牛2 470头。

所在省、市：上海市。

获得荣誉：2007年被评为全国农垦现代农业示范区；2008年获得良好农业规范（GAP）认证；2018年被评为国家奶牛核心育种场；2018年评为"两病"净化示范场（牛布鲁氏菌病和牛结核病）；2020年评为全国兽用抗菌药使用减量化行动试点达标养殖场；2020年被授予"中国农垦标杆牧场"荣誉称号；2020年获评国家级畜禽标准化示范场。

养殖场概况

金山种奶牛场（下称"牧场"）2006年投资建场，占地面积510余亩，建筑面积近110 000m²。主要养殖奶牛，建设规模为5 000头，每年可生产近30 000t原料奶。坚持"自繁自养"模式，奶牛来源于上海传统地区的优秀牧场，非进口模式；总公司育种部坚持每年2次的头胎牛体型外貌鉴定，目前牛场90%的泌乳牛都有体型外貌成绩，成乳牛每头每年单产达到10.5t，乳脂率3.68%，乳蛋白率3.28%，体细胞计数15万个/mL。金山种奶牛场为上海乃至全国保存和推广优良的核心母牛群及种质资源做出了贡献。

养殖模式：建设产业先进、环境优美，奶牛舒适度高的现代化牧场；生产采用国际上成熟可靠的先进设备和工艺，包括奶牛计步器信息管理系统、TMR发料系统、挤奶台挤奶系统、粪污处理系统、奶源追溯系统等，在国内奶牛业率先实现了集约化、规模化、信息化的生产模式，为优质健康牛奶保驾护航。

养殖理念：打造绿色无污染、生态殷实牧场。保持高质量的良种牛群，建立都市型奶牛饲养模式。构建高产、高效、高质、人文和谐、环境优美的美丽牧场。

减抗目标实现状况

2018年7月至2019年6月，牧场平均奶牛存栏为4 723头，其中成乳牛2 608头，生产牛奶总量为25 320t，期间使用抗菌药总量为142 123.8g，平均生产每1t牛奶使用抗菌药5.6g。

前一年同期，牧场平均奶牛存栏为4 853头，其中成乳牛2 684头，生产牛奶总量为25 884t，期间使用抗菌药总量为171 078.8g，平均生产每1t牛奶使用抗菌药6.6g。

减抗前后对比，抗菌药使用减少了15.2%。

主要经验和具体做法

一、生物安全控制

牧场有完整的《生物安全管理制度》，并且对所有相关制度统一管理汇编留档。包括牧场日常卫生防疫方案、门卫管理制度、牧场周边发生疫情时防疫应急预案、牧场内发生疫情时防疫应急预案、免疫标识制度、兽医用具清洗消毒办法、牛舍卧床消毒规程、无害化处理制度、引种制度等。

（一）养殖场与周边的隔离与屏障

牧场坐落于上海市金山区廊下镇的农业规划区内，场区周边500m内无居民住宅区，外围基本是农田和当地居民住宅区，无化工厂等污染区域；牧场前面为净道，后门为污道。

牧场鸟瞰图

散栏饲养

（二）场区区域布局与管理

牧场由以色列专业公司设计（A.B TECHNON公司），采用散栏饲养、全混合日粮（TMR）饲喂模式，使用阿菲金牛只状况监控软件、日本优励依2个2×24位并列式挤奶厅集中挤奶，机械吸粪清粪的生产方式。

（三）消毒设施的设置与管理

有严格的消毒制度，规定消毒液的种类、浓度、使用范围和使用频次；牧场门口配有消毒枪等设备，车辆通道设有全面喷洒消毒池；员工更衣室和外来人员更衣室内设紫外消

2×24位并列式挤奶厅

全混合日粮（TMR）料车

毒灯，更换衣服后需经过消毒池；牛舍内每天牛床进行消毒，每月进行一次牛舍大消毒，清理牛舍内卫生死角和消毒剂喷洒，3次石灰与氯制剂消毒粉交替干撒使用，4次消毒液喷洒。

（四）卫生、除粪、死尸无害化管理

设有《牧场日常卫生防疫方案》，以杜绝传染源、切断传播途径、避免疫情发生为目标，牧场场长是卫生工作第一负责人，划分卫生包干区（点），落实到人；做好四害消除工作；牧场生产区内所有作业车辆根据相应净污道行驶，每天专人清扫，保持地面干净，做好牧场防疫及生物安全；医疗废弃物区分收集，和专业公司签有《危险废物（医疗废物）处置服务合同》；牧场采用吸粪车进行清粪，配备有机肥厂和污水厂，通过干湿分离器和水处理设备进行污物再利用；所有病死牛统一送至政府指定地点进行无害化处理。

粪污水带机处理

（五）出入人员、交通工具管理

设有《门卫防疫制度》，严禁屠宰场人员及车辆进入场区，严禁移入非经公司许可的其他牧场（户）的牛只，严禁采购并运入非公司指定的物、料，严禁牧场人员在未得到公司许可的情况下去本人职责范围以外的牧场参观、访问和工作。

（六）饲料饲草、兽药疫苗等投入品管理

牛群根据每个泌乳阶段进行不同配方调整，统一由公司研发部管控。避免营养过剩等问题，造成产后代谢性疾病增高。做好日粮过渡，及时进行围产期调群，保证产后干物质足够摄入，提高瘤胃健康度，提高牛群健康度；避免购买疫区饲料原料，必须在原料验收合格后，方可加工配合饲料，防疫期间饲料运输车应专车专点，进出厂严格消毒；设有《兽药易耗品采购管理制度》，牧场配备独立的大、小药库，内有处方药柜、冰柜、温湿度仪等，可有效隔离阳光直射。

（七）引进管理

坚持"自繁自养"原则，同时设有引种制度，必须引进奶牛或种公牛时，调查产地是否是非疫区，在具有种畜禽生产经营许可证资质的场选购；按照 GB 16568 规定进行检疫；做种用应取得系谱、繁殖生产性能相关资料；牛只在装运及运输过程中严禁接触其他偶蹄动物；引进的奶牛或种公牛隔离观察 30 天以上，经兽医检验确定为健康合格后，方可投入生产。

二、综合管理

（一）制度建设

牧场设有保健技术规程、繁殖技术规程、饲养技术管理规程、质量技术管理规程，全力推进安全标准化生产，制定安全标准十三要素，牧场内部推行"6S"管理、安全千分制管理和环保千分制管理，协助构建高产、高效、高质、人文和谐、环境优美的美丽牧场。

（二）人员及岗位管理

配备以场长为首的管理技术团队 32 人，除行政中心外，其余管理人员均毕业于畜牧兽医相关专业，牧场下设兽医部门，包含干奶、修蹄、接产、两项偏差、乳腺炎、新产牛 6 个小组，共 17 人，兽医 7 人，执业兽医师 1 人。

（三）实时监控与快速反应

设立牧场周边发生疫情时防疫应急预案和牧场内发生疫情时防疫应急预案。

（四）品种选择选育

坚持"自繁自养"模式，奶牛来源于上海传统地区的优秀牧场，非进口模式；总公司育种部坚持每年 2 次的头胎牛体型外貌鉴定，目前牧场 90% 的泌乳牛都有体型外貌成绩，每头母牛应有一张牛只资料卡，并配有 2~3 幅照片（头部和侧部）。犊牛出生 24h 内记载好犊牛出生登记内容，包括牛号、出生日期、父号、母号、外祖父号、性别、初生重、在

胎天数、毛色等。出生一周内打耳标，耳标书写字迹工整。如有耳标掉落，应当天补上。以后根据牛籍卡内容及时登记，牛只出场时填明离场日期和去向后归档，并可根据对方要求带走复印件。

（五）犊牛、育成牛管理

为提高后备牛饲养水平，提高后备牛质量，严格按照后备牛各阶段饲养原则：0~2月龄：哺乳阶段，开食料和奶（常乳饲喂流程已做要求），争取最大断奶日增重；2~6月龄：瘤胃发育和体高快速增长阶段，自由采食犊牛颗粒料和优质粗饲料；6~13月龄：体高快速增长、乳腺组织发育，避免乳腺组织堆积脂肪，饲喂TMR，控制能量摄入，保证蛋白质需求，为配种做准备；13~18月龄：体高增长、配种、妊娠，控制体况、防止过肥；18月龄至产前1个月：控制体况，预产期前28天进入围产期，为泌乳期做准备。

牧场使用世界先进的以色列阿菲金牧场管理系统跟踪管理每头奶牛（绑有计步器），可实时监控奶牛的步数、奶产量、牛奶电导率，掌握每头奶牛的健康信息。

（六）关键风险因素管控

通过制定《牧场标准化操作规程》，便于开展日常工作指导、监督，以期提高牧场整体的操作管理水平，推动中国养牛事业的进步。该制度中涉及关键风险因素管控的主要有以下几个方面。

实施牧场统计管理制度。主要任务是测定、记录、汇总、分析与保存各项奶牛生产技术中所发生的和需要的各项数据资料，作为奶牛场在制定计划、发展生产等各项经济活动中的重要依据。

实施供应商现场评审制度。为规范供应商的评审工作，保证原材料采购来自合格方，确保采购的原材料符合规定标准，确保产品质量安全。

实施兽药、易耗品采购管理制度。规范兽药和易耗品采购、保管、使用，确保安全用药，保障畜禽产品质量安全。

实施奶源质量安全审核。为了持续提升牧场生鲜乳质量，明确职责，避免发生因不符合《奶源质量安全审核》要求而遭乳品加工厂停奶整顿的事件，结合光明牧业有限公司颁布的《员工奖惩规定》特制订本场奖惩条例。

实施牧场防蚊蝇、驱虫、灭鼠管理操作规程。为减少或杜绝蚊蝇滋生、老鼠和寄生虫危害，防止一切用具污染，防止疾病传播，确保安全卫生生产等。

加强夏季防暑降温，牛舍内装有喷淋风扇设施，每天24h根据牛只躺卧比例进行实时加喷，及时缓解热应激反应，避免在炎热夏季牛只中暑以及诱发相应疾病，减少疾病发生。

通过以上关键风险因素管控，确保牛只健康，牛奶安全。

三、疫病监测及安全、合理、规范用药

(一)兽医人员及管理

牧场兽医工作人员中,具有执业兽医师资格证1人,具有食品检验资格证2人,具有动物疫病检验员证和动物疫病防治员证1人。安排牧场兽医技术管理团队成员积极参加国家职业技能培训学习。每年安排牧场兽医技术人员参加上海市农业农村委员会畜牧兽医管理处组织的相关培训、参加公司及行业专业公司组织的专业技术培训,提高兽医人员的业务水平。

(二)诊疗设施、条件及管理

每日对患病牛只临床症状进行查看,严禁对病死牛进行剖检,通过阿菲金软件指导"早发现"疾病牛只,结合现场查看做初步判断。牧场设有实验室,配备质量部门,可做基础检测,其所属公司配备CNAS认可的实验室,可检测饲料、疫病、早孕、兽药、微生物等62项参数,目前该实验室正在进行2021年度的资格认证。

(三)畜群免疫及监测

按照牧场牛群防疫、免疫标识制度进行牛群免疫及监测。

(四)合法、合理、规范使用抗菌药

设有兽药和兽用生物制品管理制度、兽药储存及出入库管理制度、用药牛只管理制度、几种奶牛常见病的预防等制度,统一兽药管理;严格把控兽药使用剂量和执行合理给药方式;禁止饲料和饮水添加抗菌药物;严禁使用禁用药,完善及建立了药物采购、药物入库、用药管理、用药方案等规定和制度;根据药品种类进行药物效价比较评估,减少药品种类;详细登记每批次兽药信息,能够追溯相应兽药使用情况;牧场内用药方案统一制定,严禁随意改动治疗方案。

建立保健技术管理规程,包括牧场兽药仓库及使用管理规程、牧场防疫管理规程、主要保健指标统计管理规程、牧场保健操作流程和管理规程、保健主管岗位职责及执行力共五部分内容。

以"预防为主、治疗为辅"方针进行牧场管理工作,提高牛群健康状况。通过改善环境、完善配方、提高奶牛舒适度来减少疾病的发生;充分利用牧场管理软件提早牛群疾病的发现时间,减轻疾病的严重程度,从而减少抗菌药的使用量。

(五)严格执行休药期管理制度

牧场内用药牛只停药达到规定的弃奶期或休药期后,由兽医开具采样通知单,备注所用药物名称及休药日期,一式3份,给采样人员和质量人员。专人负责奶样采集和抗菌药残留检测,检测项目必须与诊疗记录上所用兽药相符。检测合格后由质量员出具出牛通知单,经兽医及其他相关部门确认后方可转入正常泌乳牛群。采样通知单和出牛通知单兽

医、质量及其他相关人员必须签字确认。保存相关信息记录，可追溯。

（六）兽用抗菌药使用减量化行动措施

牧场通过环境控制、饲养管理、增强机体免疫力、安全用药以及制度保障等6个方面开展减抗工作，成立牧场减抗行动小组，根据抗菌减量使用评分表进行评估，每月进行专项检查，针对问题进行改善，专人专项落实。规范抗菌药使用，构建科学审慎使用抗菌药理念，严格把控兽药使用剂量和执行合理给药方式，禁止饲料和饮水添加抗菌药物，严禁使用禁用药。严格按照公司SOP流程用药，避免过度依赖抗菌药及滥用抗菌药。

2019年起，牧场所有新产牛统一进行产犊评分、产道损伤评估，针对特殊牛群进行严密监控，废止原有统一抗菌药产后保健流程，减少抗菌药使用，减少牛只耐药情况产生，平均每头牛一个疗程使用头孢总剂量为6g，根据年产犊2 000头次计算，全年减少12kg抗菌药用量，并且减少休药时间，提高安全优质牛奶上市率。乳腺炎治疗严格分等级治疗，每天检测恢复情况，实时调控用药方案，缩短治愈时间。

光明牧业有限公司新东奶牛场

动物种类及规模：奶牛，现有荷斯坦奶牛 1 975 余头，其中泌乳牛 1 111 头，干奶牛 212 头，后备牛 652 头。平均日产鲜奶 35t，年产优质生鲜奶 13 000t。

所在省、市：上海市崇明区。

获得荣誉：2016 年被农业部评为畜禽标准化示范场；2017 年被中国奶业协会评为学生饮用奶奶源基地；2018 年获评上海市奶牛"两病"净化场和动物疫病净化创建场；2020 年被农业农村部评为全国兽用抗菌药使用减量化行动试点达标养殖场。

养殖场概况

新东奶牛场（下称"牧场"）隶属于光明牧业有限公司，位于上海市崇明区新海镇北沿公路 3126 号，1976 年 12 月建成投产，占地面积 205 亩，建设面积 23 100m²，周边地广人稀，符合防疫要求。

牧场划分为四个区域，分别为员工生活区、办公区、生产区、牛粪处理区。饲养奶牛品种为中国荷斯坦奶牛，目前存栏约 2 000 头，年产优质生鲜乳 13 000t 左右，年死淘出售约 700 头（含公犊出售）。新东奶牛场主要产品为生鲜奶，产出的优质生鲜奶全部供给光明乳业股份有限公司华东中心工厂。

养殖模式：拴系式饲养、TMR 饲喂、管道式挤奶、机械式清粪。

养殖理念：养健康牛、产优质奶。

减抗目标实现状况

实施减抗一年间共生产生鲜奶 13 637t，全场共使用抗菌药 53.98kg，每生产 1t 牛奶抗菌药使用量为 3.96g。

与前一年同期相比，抗菌药使用量减少 1.27kg，减少了 2.3%。实施减抗一年间未使用抗菌药物饲料添加剂。

主要经验和具体做法

一、生物安全控制

(一)牧场周边隔离与屏障

牧场坐落于上海市世界级生态岛——崇明岛,崇明岛拥有天然的生态屏障,是发展标准化、现代化和生态化奶牛养殖场的理想之地。牧场选址地势平坦、背风向阳,距离最近的学校、村庄约为4km,距离主干道约为9km,周边无其他畜禽养殖场、养殖小区、屠宰场、畜产品加工厂、畜禽交易市场、垃圾及污水处理场所,远离水源保护区、风景区以及自然保护区。

(二)场区区域布局与管理

牧场呈长方形,生活区、办公区、生产区、饲料加工区、粪污处理区分区规范,具体分为四个区域,包括员工生活区、办公区、生产区、牛粪处理区。生产区内建有牛棚21栋,每栋占地780m²,每栋配有卧床100个,可饲养成母牛1 400头。饲草仓库占地1 800m²,可储存干草800t,过冷间4座,奶罐21个,可储鲜奶100t。合理、规范的基础建设保证,使牧场牛群得到健康发展。

牧场大门

牧场围墙及绿化隔离带

牧场生产区防疫河

学生饮用奶奶源基地资质

动物疫病净化示范

(三)消毒设施的设置与管理

在消毒方面,牧场制定了消毒管理制度,牧场前、后大门设有5m×8m消毒池,配有 3%~5% 的氢氧化钠溶液，确保防疫安全。从生活区进入生产区配有消毒室（包括紫外线和喷雾两种消毒方式）以及消毒通道，每次强制消毒 3~5min，隔离外来人、物、车辆携带的细菌、病毒等，减少奶牛感染疾病的风险。所有牧场出入口均设置消毒池、喷雾消毒设施、牛舍入口放置消毒桶，牛舍每日 3 次清洁消毒。牧场配有消毒车一辆，由专人负责，每周对全群牛舍消毒 2 次，每月对全牧场消毒 2 次。

车辆进出消毒通道

人员进入生产区消毒通道

（四）卫生、除粪、死尸无害化管理

在无害化处理方面，牧场针对死亡牛制定了无害化处理制度，针对粪污制定了粪污无害化处理制度。牧场建有 500m³ 粪水收集池，7 000m³ 厌氧发酵池，38 000m³ 沉淀池，在沼气池旁边建有 3 000m² 的固体粪便储存场，粪污处理通过干湿分离，干牛粪堆积发酵一段时间后运到有机肥厂制作有机肥。污水经过厌氧发酵、氧化沉淀后还田。在区农业执法大队的监督下，进行死亡牛只无害化处理，按照环保要求，在远离生产区的地方深埋处理，杜绝疫病传播。

（五）出入人员、交通工具管理

牧场制定了车辆及人员出入管理制度，门卫设立来客登记制度，外来人员及车辆不

粪污无害化处理

得进入生产区，确有必要进入，须经洗手、消毒，更换工作衣、帽、鞋后方可进入。任何进入生产区大门的车辆必须严格消毒，进入生产区的车辆经彻底冲洗干净（包括车厢内）、严格消毒处理后在场外停留 30min 以上，才能进入场区。员工自行车、摩托车等交通工具集中停放在生产区外。进入奶牛场饲养区的工作人员，必须穿戴清洁消毒过的工作衣、帽、鞋，定期更换、清洗、消毒，保持衣、帽、鞋的整洁，工作衣、帽、鞋不准穿出牧场。

（六）饲料饲草、兽药疫苗等投入品管理

牛只的饲料配方由公司统一操作，满足奶牛的营养需求，提高奶牛的免疫能力。新东牧场作为拴系式牧场，牛只饲养密度根据牛床位置确定，避免造成牛只拥挤，影响牛只健康。牧场近两年来注重牛只福利，给牛床重新安装了橡胶垫，提高牛床舒适度，提升奶牛福利，促进奶牛健康生产。奶牛每天投喂 3kg 以上的干草，优先选用苜蓿、羊草和其他优质干草等。奶牛日粮配合比例一般为粗饲料占 45%~60%，精饲料占 35%~50%，矿物质类饲料占 3%~4%，维生素及微量元素添加剂占 1%，钙磷比为 1.5∶1~2.0∶1。奶牛养殖中禁止使用动物源性饲料，外购混合精料应有检测报告。

公司易耗品部设有兽药供应商评估制度，每年组织进行供应商评估。牧场有兽药出入库管理制度，每月 25 日定点进行兽药盘库，根据兽药需求量统一采购具有国家批准文号的、在 GMP 条件下生产的兽药，设有专门仓管监管，出入库药品详细信息登记。牧场有兽医诊断与用药制度，设有记录表，疾病牛每日进行登记，内容完整且每天发送报表。

（七）奶牛引进管理

牧场在必须引进奶牛或种公牛时，引种前首先调查产地是否是非疫区，确定为非疫区后须在具有《种畜禽生产经营许可证》资质的场选购。按照 GB 16568 规定进行检疫，并取得检疫合格证明，要求对方提供免疫情况资料，系谱、繁殖生产性能相关资料。引进的牛只在装运及运输过程中严禁接触其他偶蹄动物，运输车辆在装牛前、卸车后要进行彻底清洗消毒。引进的奶牛或种公牛需隔离观察 30 天以上，经兽医检验检疫确定为健康合格后，方可投入生产。

二、综合管理

（一）进一步完善制度建设

牧场制定了兽药出入库管理制度，兽药供应商评估制度，记录制度，兽医诊断与用药制度包括兽药使用准则、乳腺炎处理方案、奶牛蹄病处理方案，生物安全制度包括防疫消毒制度、牛场防疫管理规定、传染病的应急措施及报告制度、场区禁养家禽（畜）及宠物的规定、牧场防鼠措施、防蚊蝇措施、防虫媒措施、车辆及人员出入管理制度、人员出入

生产区消毒及管理制度、消毒剂配制及管理制度、兽药和兽用生物制品管理制度、奶牛饲养管理规范、饲料管理使用制度、奶牛卫生保健措施、健康巡查制度、挤奶操作流程、免疫制度、不合格牛奶处置流程、抗菌药使用隔离和解除管理制度、引种制度、无害化处理制度、粪污无害化处理制度，其他制度包括奶牛卫生保健措施、档案管理。完整的制度建设保障了牧场奶牛的健康发展。

（二）人员及岗位管理

牧场全体人员（含青料地承包人员）每年必须进行一次健康体检，取得健康证后方可上岗，新招人员先体检合格后方可上岗，患有结核、布鲁氏菌病、病毒性肝炎等疾病和其他影响食品卫生的人员，不得进入生产区从事饲养、挤奶、清洁和饲草饲料加工等工作。为更好地贯彻落实"预防为主、防治结合"的方针，合理规范使用药物，开展诊疗工作，保障牛群健康，该牧场成立兽医技术小组，成员均取得助理执业兽医师或执业兽医师资格证。场长助理负责全场生产防疫工作，数据分析、检疫免疫记录和档案建立；兽医主管负责牛只保健工作，制定免疫计划及落实，采购兽药疫苗；技术主管负责牛只保健工作及疫苗免疫工作，发现问题及时上报并提出合理化建议。

其他技术人员做好日常保健工作及巡查工作，积极配合兽医技术小组工作，发现问题如实上报，全面落实各项制度和规定。

（三）实时监控与快速反应

牧场制定了防控疫病的工作制度和消毒办法。建立预防疫病组织领导小组，小组成员有场长、兽医和各牛舍主管。场长是预防疫病组织指挥的第一责任人，每日巡视牛场，重点检查牛群的健康状况。在疫病容易暴发的季节，兽医每10天向场长报告一次疫病流行情况和消毒防疫工作情况。根据预防疫病组织工作的要求，每年计划专项预算，确保疫病处理所需的消毒药品、消毒设备和防护用品等物资的储备。日常通过对牛舍、奶牛场出入口、载运奶牛工具、奶牛体表、挤奶台进行消毒，预防控制疫病发生。

（四）品种选择选育

新东奶牛场所有使用的冻精均来源于公司育种中心。育种中心每年2次（1月和7月）安排专业人员到牧场开展体型外貌鉴定，鉴定项目包括：体高、胸宽、体深、腰强度、尻角度、尻宽、蹄角度、蹄踵深度、骨质地、后肢侧视、后肢后视、乳房深度、中央悬韧带、前乳房附着、前乳头位置、前乳头长度、后乳房高度、后乳房宽度、后乳房宽度、后乳头位置、棱角性。根据育种中心多年的评估结果，新东奶牛场主要改良的方向为蹄踵深度、后乳房宽度，兼顾改良方向为中央悬韧带。育种中心根据牧场评估情况，选择总性能指数（TPI）为2 600以上的公牛冻精配送给牧场，并制定选配方案。牧场繁殖人员按照育种中心的选种选配方案选择相应的冻精进行奶牛繁育。

（五）犊牛管理

牧场在犊牛育成方面通过三个阶段进行管理，一是初乳饲喂阶段，提前对质量合格的初乳进行解冻，奶温控制在 38~40℃，使用专用灌服器进行两次饲喂，灌服动作缓慢，防止呛奶；二是哺乳阶段，分年龄段分量投喂经巴氏消毒后的奶温控制在 38~42℃的常乳，犊牛出生第 3 天开始添加开食料，采用少量多次添加，确保饲料新鲜但不能投喂干草，保证 24h 饮水充足且卫生，7 日龄内涂抹去角膏进行去角。犊牛出生 3 周内去除副乳头，3 天内检查感染情况，3 周后复查，犊牛舍每天清理并灭蚊蝇，加强通风。三是犊牛断奶阶段，逐步减少奶量，增加颗粒饲料喂量，断奶时进行称重，断奶后对体重进行监控。定期进行体尺测量并做好发育记录。

（六）关键风险因素管控

牧场主要从防疫管理和牛奶质量安全管理两个方面进行关键风险因素管控。防疫管理主要是按照上海市兽医防疫管理部门的要求，每年 2 月、6 月、10 月对全场牛群进行 A 型、O 型口蹄疫免疫，其他月对 85~90 天犊牛进行首免，首免后 30 天加强一次免疫。因产犊、患病等原因未免疫的奶牛及时补免。免疫后应进行抗体监测，免疫次日及时上报。对抗体监测不合格的牛只及时补免。牧场全群抗体监测合格率低于 80% 时，必须进行全群的补免。牛奶质量安全管理主要是生鲜奶贮存在能制冷的专用奶缸中，并在最短的时间内（2h 内）将奶温降至 4℃。建立了不合格牛奶处置流程，确保出场合格生鲜奶。

三、疫病监测及安全、合理、规范用药

（一）兽医人员及管理

牧场有专职兽医人员，且数量和资质能满足需求。现配备执业兽医师 2 名，其他专职兽医均为中专以上兽医专业人员，且每年安排兽医人员进行专业技术培训。兽医具备依据动物行为表现、发病症状、临床检查等做出初步判断的能力，并可根据具体症状出具合理的用药方案。因牧场没有病理学诊断条件，牧场内禁止剖检，但具备运用细菌分离和抗菌药敏感性试验结果指导选择用药的能力。

（二）诊疗设施、条件及管理

牧场已配备开展与诊疗、化验工作相适应的设施、设备，有冰箱、细菌培养箱、无菌操作台、显微镜等设备。能够开展临床检验工作，有注册执业兽医师。牧场配有专业化验人员，能够开展生化检验工作。能够开展必要的血清学检验，送公司总部实验室检测（可进行 PCR、ELISA 等检测）。具备运用细菌分离和抗菌药敏感性试验结果指导选择用药的能力，兽医专业毕业生受牧场培养，具备相应能力。

（三）畜群免疫及监测

在防疫方面，牧场制定了牛场防疫管理规定，根据上海市兽医主管部门要求，制定了切实可行的免疫和检疫计划，每年2月、6月、10月用口蹄疫A型和O型二联灭活疫苗对全场牛进行免疫；免疫21天后应进行抗体监测，免疫次日及时上报。对抗体监测不合格的牛只及时补免。牧场全群抗体监测合格率低于80%时，全群牛只必须进行补免。每年春季对2月龄以上的牛只进行全群免疫。每年秋季对夏季末免疫的小牛和新出生的2月龄以上牛只进行补免。口蹄疫首免立即佩带免疫耳标，并且及时做好一牛一卡记录。对免疫耳标脱落的每月进行一次免疫耳标的补挂。

每年4月进行炭疽疫苗免疫，10月进行补免。每年4月、10月对布鲁氏菌病、结核进行全群二次普查，并积极主动配合市、区动物疫控中心开展其他检测。

（四）合法、合理、规范使用抗菌药

牧场有独立兽药库等场所，配有冰箱、药柜等设施。能满足药品贮存的温控、遮光等条件基本要求，兽药库内窗户贴有避光纸，相应库内放置温度计。完善及建立了药物采购、药物入库、用药管理、用药方案等规定和制度。从药品种类方面，本场对不同药物效价进行比较评估，减少药品种类；按照公司奶源部门要求，土霉素等禁止使用在泌乳牛上，本场使用一些生物制剂代替；干奶采用药效好的药物，由原来二次干奶更改为一次干奶；优化治疗方案，减少使用抗菌药，提高治愈率和复发率；休药期长的药物禁止使用，例如庆大霉素，严格按照药物使用剂量，杜绝滥用或超量使用，减少牛只产生耐药性。

（五）严格执行休药期管理制度

牧场所使用兽药必须遵守《中华人民共和国兽药典》及配套兽药产品说明书范本要求。牧场需严格按照兽药产品说明书执行休药期和弃奶期，如所使用兽药产品未标注弃奶期，则牧场应按休药期规定执行弃奶时间。所有使用抗菌药的牛只单独饲养，脚部佩戴红色脚标。在休药期或弃奶期之后，由质量员采集奶样开展β-内酰胺类、四环素类、喹诺酮类等残留的检测，抗菌药残留检测合格后红色脚标去除，牛只转移至上市牛群。

（六）替代品、替代措施和替代方案

新东奶牛场2019年使用莱索菲（重组溶葡萄球菌酶）代替百福他进行子宫炎治疗，配种后受胎率在45.8%，与抗菌药治疗效果相差不大，从奶量损失分析，如果我们使用抗菌药百福他治疗会产生有抗奶，按照每天30kg/头计算，生奶按照4.6元/kg、按照5天采样过抗，每头牛只生奶损失690元（不包括饲养费用），所以用生物制剂替代抗菌药为牧场减少不少损失，我们还在不断寻找其他效果比较好的产品。

新东奶牛场用达可（电解质）替代抗菌药治疗犊牛腹泻，据有关研究表明，犊牛使用抗菌药后会影响犊牛日增重，从而影响胎次产量200kg左右，犊牛大量使用抗菌药，会使牛只机体产生耐药性，长此以往使用的剂量将会增加或无药可用，今年本场改变观念，请

抗菌药敏感性测试

购达可（上半年使用 21 桶），根据腹泻严重等级，在犊牛奶里面添加达可 10g/ 次，补充牛只电解质，提高食欲，部分牛只通过添加以后，无须抗菌药治疗，基本能够治愈，犊牛饲养成活率 95% 以上，犊牛日增重由之前的 720g 左右，上升到目前的 800g 左右，这个与本场减少抗菌药使用和加强饲养管理是分不开的，改变了"抗菌药是万能的"观念，我们照样也能把牛养好。我们会不断学习，寻求资源，继续推进抗菌药减量使用工作计划。

第六部分

06

肉牛养殖场减抗典型案例

贵州省龙滩口天泉绿地生态农牧开发有限公司
临江雪花肉牛养殖基地

动物种类及规模：肉牛，年出栏肉牛 450 余头，生产有机雪花牛肉 1 200 余 t。

所在省、市：贵州省遵义市。

获得荣誉：2015 年被农业部评为全国畜禽标准化示范场；2015 年被评为市级龙头企业；2015 年被评为市级扶贫龙头企业；2016 年被评为省级龙头企业；2016 年被评为省级扶贫龙头企业；2017 年贵州雪花牛肉获得"贵州省十大优质特色畜产品"称号；2018 年获评省级扶贫龙头企业；2018 年获评中国中澳和牛繁育技术合作基地；2019 年获评农银企产业共同创新试点 SPV 产业项目。

养殖场概况

贵州省龙滩口天泉绿地生态农牧开发有限公司成立于 2014 年 12 月，是贵州省龙滩口集团投资的第二家专门从事纯种日本和牛、澳洲安格斯牛为代表的高档雪花肉牛养殖和繁育的高科技现代化农业企业。

2015 年 3 月，养殖基地在凤冈进化镇临江村落地建成并正常运营，占地约 150 亩（99 900m²），标准化肉牛圈舍 30 余亩（20 000m²）。公司先后从澳大利亚引进纯种安格斯能繁母牛 500 头、纯种日本和牛 200 头，现有存栏 1 300 余头，每年可产犊 750 余头，年出栏雪花肉牛 450 余头，年生产雪花牛肉 1 200 余 t。

养殖模式：公司通过收购青贮全株玉米喂牛，牛粪制沼发电，沼液、沼渣返土，牛粪养蚯蚓，蚯蚓喂养水产，蚓粪施肥于水果、蔬菜，建成了完整的"牛—沼—菜（果）"节能、有机生产循环链。公司产品通过自己的品牌餐厅（龙滩口野肆餐厅）、有机食材超市、线上销售，形成了一二三融合产业、种养销一体化发展模式。公司生产的牛肉自 2016 年 1 月开始连续 6 年通过国家有机认证，并获评"贵州省十大优质特色畜产品"称号。2016 年为所产牛肉注册"龙滩口"商标。

养殖理念：从田间到舌尖，从牧草到餐桌，以健康为己任，提供最好的有机食材。

减抗目标实现状况

减抗前，年存栏 632 头，产犊并育成 450 头，兽用抗菌药使用量为 1 360 g，每头牛平均所用抗菌药为 1.26 g。减抗后，年存栏 1 082 头，产犊并育成 824 头，兽用抗菌药使用 1 976 g，平均每头牛所用抗菌药为 1.03 g。

减抗前后相比，抗菌药使用量同比减少了 18.25%。

主要经验和具体做法

一、养殖基地设施建设方面

龙滩口临江雪花肉牛养殖基地总体上分为办公生活区和生产区。生活区域和生产区域间隔在 50 m 以上，人员从生活区到生产区需要通过专业的消毒室消毒，车辆需通过专业的消毒池后方可进入生产区域。

生产区分为专业兽医室，专业饲料调配车间，10 000 m³ 青贮窖，5 000 m³ 干草棚，分牛栏（包括牛保定架、上下车台等），堆粪区，病牛隔离区，死牛处理区等。

二、管理制度化、规范化

制定规范的管理制度：建立牛场卫生管理制度、防病防疫制度、牛场用药制度、兽药出入库管理制度、兽用处方药管理制度、休药期管理制度、投入品使用管理制度、养殖场无害化处理制度、肉牛档案管理制度、人员车辆进出基地管理制度、岗位职责管理制度、绩效管理制度。

公司还制定专业的《肉牛饲养管理技术方案》《种牛育种方案》《引种牛隔离与饲养管理方案》等。

严格落实各项管理制度和方案，加强员工工作规范化意识，落实员工工作职责，严格把控生产养殖各项环节。

三、疫病监测及安全、合理、规范用药

配备有执业兽医师 2 名。有专业规范化兽医室 30 m²。兽医管理制度：制定兽医操作规范、兽医岗位职责、牛场用药制度、兽药出入库管理制度、兽用处方药管理制度。安排专业人员 24 h 定时巡场，时刻监控养殖基地牛只健康安全。投入使用专业的监控设备、牛只溯源追溯系统，可随时随地通过线上终端、手机应用程序查看牛只生活情况。

养殖基地景观及航拍图

四、粪污处理方面

沼气池：公司临江养殖基地现有容量为 1 500m³ 日处理牛粪20t的沼气池。产生的沼气会输送到公司专门的沼气发电设备中，目前公司的沼气发电设备日最大发电量为30kW·h，所产电量完全可以供养殖基地日常用电。产生的沼渣通过公司专门的运输车辆运往公司果蔬种植基地，产生的沼液通过沼液池、沼肥输送管网，将沼肥输送至公司有机果蔬种植基地，供日常施肥使用。

饲养蚯蚓：公司现有蚯蚓养殖基地约15亩，每亩每月需消耗10t牛粪，每年共计需消耗超过1 500t牛粪供蚯蚓食用，每亩每年大约能生产1 500~2 000kg蚯蚓供公司有机水产基地喂养鱼类、蟹类等水产品，产生的蚓粪可用于果蔬基地施肥或售卖给盆景种植商家。

果蔬种植：公司每月需运送超过50t牛粪到公司有机果蔬种植基地，通过专业的发酵技术发酵后，用于日常施肥。

五、组建兽用抗菌药使用减量化行动小组

规范合理使用兽用抗菌药。配备兽医技术人员，设立兽药房，建立兽药出入库、使用管理、人员岗位责任等相关管理制度，规范做好养殖用药档案记录和管理。加强养殖相关人员和兽医技术人员培训，相关人员对兽用抗菌药有正确使用态度、了解使用方式，做到按照国家兽药使用相关规定规范使用兽用抗菌药，严格执行兽用处方药制度和休药期制度，坚决杜绝使用违禁药物。

科学审慎使用兽用抗菌药。树立科学审慎使用兽用抗菌药理念，建立并实施科学合理用药管理制度，对兽用抗菌药物实施分类管理，实施处方药管理制度。科学规范实施联合用药，能用一种抗菌药治疗，绝不同时使用多种抗菌药；能用一般级别抗菌药治疗，绝不盲目使用更高级别抗菌药。

加强养殖条件、品种选择选育和动物疫病防控管理，提高健康养殖水平，利用板蓝根、金银花、黄芩、地丁、虎杖等中草药或者中成药替代抗菌药物。

实施兽药使用追溯。开展兽药使用追溯工作，总结兽药使用及药效情况并归档。制定并执行本养殖场兽用抗菌药减量实施计划。

提高养殖技术、改善养殖条件、增强牛只体质，减少抗菌药物的使用。

第七部分

07

肉羊养殖场减抗
典型案例

界首市洪理养殖专业合作社

动物种类及规模：肉羊，饲养波尔山羊 5 000 头／年。

所在省、市：安徽省界首市。

获得荣誉：获评阜阳市 2015 年度市级农民专业合作社示范社；获评安徽省 2017 年度省级畜禽标准化示范场；获评安徽省 2018 年度省级农民专业合作社示范社；获评界首市 2018 年度"先进经营主体"等荣誉；2020 年被农业农村部评为全国兽用抗菌药使用减量化行动试点达标养殖场。

养殖场概况

界首市洪理养殖专业合作社成立于 2012 年，注册资金 200 万元，位于界首市任寨村曹园自然村。目前占地面积达 80 亩。

建有标准化羊舍 10 栋，面积达 4 200m²，其中母羊舍 2 栋，羔羊舍 2 栋，育肥舍 5 栋，隔离舍 1 栋，羊舍前有相应的运动场，年出栏山羊 5 000 只以上。合作社实行"自繁自养"，有效杜绝外来疾病的传播。

养殖模式："自繁自养"。合作社充分发挥示范带动作用，带动发展环宇山羊养殖专业合作社、俊峰山羊养殖专业合作社和规模养羊场 18 户。

养殖理念：绿色健康。

减抗目标实现状况

2018 年 6 月 1 日至 2019 年 5 月 31 日，出栏山羊约 5 100 头，平均出栏重按 60kg 计共 306t，未使用抗菌药物饲料添加剂，使用兽用抗菌药 1 102.5g，每 1t 产出约使用兽用抗菌药 3.6g，较上年度同期抗菌药使用量下降 4.13%。

主要经验和具体做法

一、生物安全控制

（一）加强生物安全管理

建立《洪理养殖专业合作社生物安全管理制度》，从人员及车辆、引种、消毒、卫生、饲养人员、免疫预防、病死羊剖检及无害化处理等方面全面落实生物安全防控制度。本场坚持"自繁自养"的养殖模式，从疫病源头控制传染源，防止羊病传入我场，严禁山羊经纪人及养殖户等一切无关人员出入养殖场，防止人为因素传入畜禽疫病，特殊情况下，必须经场长批准，在严格消毒后方可进场，对出售育肥羊，须使用本场车辆中转至贩卖车辆。场区远离交通干线和居民区，净道和污道分离无交叉，保持环境卫生清洁，设置消毒设施，配备粪污无害化处理设施。外来收购车辆务必经严格消毒后才能到指定中转场所交易。

（二）消毒设施的设置与管理

在场门口、羊舍门口设置消毒池，生产区、羊舍人员入口设置消毒垫。羊场消毒分为日常消毒、场区消毒、空舍消毒和器械消毒等。应根据消毒目的、使用对象选择高效低毒、人畜无害的消毒剂，不得选择对环境、生态及动物有危害的消毒剂。常用高锰酸钾、甲醛、碘酊和酒精等，各消毒剂的使用范围和浓度按说明书使用。

做好日常消毒。场门、生产区以及生产车间门前必须设有消毒池，消毒液每周两次更换。入场前必须喷雾消毒 30s，达到全身微湿；进入羊舍的人员必须穿胶鞋和工作服，双脚须踏入消毒池 10s 以上，并且洗手消毒；各栋舍内按规定打扫卫生后，每周喷雾消毒 2 次；饲料及羊只运输车辆在进场前必须严格喷雾消毒 2 次，消毒时间间隔 30min。

严格场区内消毒。羊舍外的走道、装卸点、生物坑为消毒重点，每周三消毒 1 次。外界出现重大疫情时，要用生石灰在场周围建立 2m 宽的隔离带。解剖病死羊只后必须用消毒剂对现场消毒，尸体进入生物坑、焚烧炉焚烧或无害化处理等，参与人员不得在生产区随意走动，更换衣服洗澡消毒后方可返回生产岗位。

空舍消毒很重要。整理舍内用具和清理舍内垃圾，用洗衣粉（1:400）对整个羊舍进行喷洒、浸泡，待停放 30min 完全浸泡后用高压水枪进行清洗。清洗完毕后风干羊舍，然后用消毒药对栏舍所有表面进行全面消毒，消毒时间不低于 2h；消毒后 12h 用清水再次冲洗栏舍，再用消毒药彻底喷雾消毒一次；第二次消毒后 12h 再用清水将栏舍进行冲洗，将栏舍内所有表面打湿，用高锰酸钾/甲醛熏蒸 2 天；空栏消毒时间最好控制在 7~10 天，最低不得低于 3 天。

器械消毒不容忽视。注射器针头煮沸消毒45min，晾干备用。

（三）清理环境卫生，及时清除病原

保持清洁卫生。一是羊舍卫生。圈舍每天清扫1~2次，周围环境每周清扫一次，及时清理污物、粪便、剩余饲料等物品，保持圈舍、场地、用具及圈舍周围环境的清洁卫生，羊床一定要刷洗干净，及时清除不清洁饲料。加大羊舍消毒、羊舍内环境控制，坚持每周对羊舍普遍消毒两次，粪便每天使用自动清粪设施清理一次，保证了羊场内环境优良。二是场区卫生。做好场区绿化工作，同时做好灭鼠、灭蚊蝇工作。及时清除场区的杂草、垃圾，填埋积水沟，减少蚊蝇滋生条件。三是做好羊体卫生。经常对羊体进行刷拭，及时对羊蹄进行修剪。确保羊有足够活动量，每天必须保持2~3h的自由活动或驱赶运动。

粪污处理：建立《洪理养殖专业合作社粪污无害化处理制度》，粪便全部收集于处理设施中，污道和净道完全分离，不得交叉，保证羊舍干燥清洁，对清理的污物、粪便、垫草及饲料残留物应通过生物发酵、焚烧、深埋等进行无害化处理。废弃物处理符合《畜禽养殖业污染防治技术规范》（HJ/T 81—2001），污染物排放达到《畜禽养殖业污染物排放标准》（GB 18596—2001）要求，并符合《畜禽养殖污染防治管理办法》等规定。

病死羊处理：本场人员发现羊只死亡要立即上报场长，场长立即联系执业兽医开展剖检诊断，剖检的时间原则上在病畜死亡后不超过4h。选择远离畜舍、水源、道路和房舍、地势较高、环境较干燥、僻静而又容易处理尸体（如就地焚烧或掩埋）的场所进行。准备好一个1.5m左右的深坑，以备处理尸体，准备好剖检的器械、药品以及消毒器械，备足刀、剪等器械和常用的消毒药以及生石灰等。剖检者要做好个人防护，应有专门工作服、胶手套、口罩等。怀疑感染人畜共患病时，尤其要有严密的个人防护与消毒措施。转移无论是何种原因死亡的动物，尸体都要用两层塑料布包裹严实后，方可转移。本场一般采取将病死羊只送市无害化处理厂焚烧处理，特殊情况下实行焚烧深埋处理。

（四）出入人员、交通工具管理

人员管理：任何外来人员未经场长许可不得进入生活区及生产区；所有进入场区者一定要做好人员信息登记，经过彻底洗澡消毒后穿上本场工作服方可进入；本场工作人员未经许可不得随意出入养殖场。确需外出的，应办理外出请假手续，填明事由和去向，经场长签字后方可出场。进场时要隔离消毒。场内员工出入生产区，应更换工作服，值班期间只能在生产区内，不能随便出入生活区。员工在生产区内禁止串舍，出入每栋羊舍时必须经脚踏消毒盆消毒，才能进入舍内。羊舍内出入人员务必经消毒后方可进入。

车辆管理：本场车辆进入场区均应登记，并做好车身和轮胎消毒。生产区使用专用车，只允许在生产区内行驶，禁止开出生产区，本场其他车辆禁止进入生产区。外来车辆一般不允许进入场区，如特殊情况应报场长批准，经车身和轮胎消毒，方可进入，但严禁进入生产区。运输饲料、物资等的车辆应按照指定路线开到指定的卸货处，用本场车辆中

转运抵本场。

（五）饲料饲草、兽药疫苗等投入品管理

加强饲料管理：建立《饲料及饲料加工管理制度》。饲料需来自农家生产的玉米、水稻、黄豆等，饲料中不得添加国家禁止使用的药物或添加剂。饲料进仓应由采购人员与仓库管理员当面交接，并填写入库单，仓库管理员还必须清点进仓饲料数量及质量，仓库管理员应保持仓库卫生。库内禁止放置任何药品和有害物质，饲料必须隔墙离地分品种存放，建立饲料进出仓库记录，详细记录每天进出仓情况。饲料调配应由技术员根据实际情况配制和投量，调配间、搅拌机及用具应保持清洁，做到不定时消毒，调配间禁止放置有害物品。

强化兽药管理：建立《兽药供应商评估制度》《药品出入库管理制度》和《兽医诊疗和用药管理制度》等，实现制度上墙。一是做好兽药评估。对不同的兽药供应商进行评估时，组织进行实地考察，考察经营企业的经营场所、储存场所、质量管理体系、质量管理制度等，并重点考察其质量管理体系是否满足兽药质量的要求等。兽药采购人员应每年通过扫描二维码对供货企业进行评审，以确保其合法性；兽药检验人员每年应对进货情况进行综合质量评审，评审不同供应商产品质量、疗效、性价比及不良反应等，评审结果存档备查；质量评审应针对上一年度所经营兽药的各项质量指标，对所经营兽药的整体质量情况汇总、分析的基础上，对兽药入库验收合格率、在库储存的稳定性、销后退回情况、顾客投诉、监督抽查、企业质量信誉等内容进行统计；兽药检验人员应做出进货质量评审报告，评审结果应具体明确，为购进计划的审核提供依据。二是强化药品出入库管理。药品验收时验收者严格按照质量标准和质量保证协议书的规定，进行逐批验收。验收者进行药品外观的性状检查，核对药品品名、生产企业、规格、批准文号、产品批号、生产日期、有效期等，对距有效期不足6个月的药品，应拒绝验收，并做好药品购入验收记录。药品入库时，应按流水和品种建立台账。对货与票单不符、质量异常、包装不牢或破损、标志模糊不清或脱落、药品超过有效期等情况、包装的标签和所附说明书不符合规定的药品，验收者应拒收，不得入库。抗菌药实行专账管理。药品出库要根据兽医处方、场长批条、药房凭领料单领取兽药、饲料添加剂。定期开展库存盘点。

（六）严格种羊引进管理

本场原则上采取"自繁自养"方式，确需引种的，应遵守以下原则。

对引种场家进行选择。输出地的场家所在地应是国家畜牧兽医部门划定的非疫区，场内兽医防疫制度健全完善，动物卫生行为操作规范，管理严格；所引场家应有职能部门颁发的《动物防疫合格证》《种畜禽生产经营许可证》等法定售种畜禽资格证照等，在选择引种场家时，尽量选择新建种畜场。

实行报告登记和凭证运输。引种时要对当地的动物防疫监督机构提出引种申请和登

记，同时要报告市动物防疫监督机构，取得《产地检疫证明》，持产地证明换取《出县境动物运输检疫证明》，并持《动物及其产品运载工具消毒证明》《重大动物疫病无疫区证明》进行运输，对运输的动物必须要佩带免疫标志。

做好隔离和消毒工作。对调运动物的车辆在装车前后做好清洗工作，同时严格消毒，理想的是用3%~4%的氢氧化钠溶液进行喷雾消毒。所引动物需隔离观察，隔离舍要远离饲养地的羊群，对隔离舍根据情况进行彻底的喷雾消毒和熏蒸消毒处理，保证干净卫生。

二、综合管理

（一）完善和规范各项规章制度并严格执行

重新修订养殖场各项规章制度，重点修订了养殖场生物安全管理、饲养管理、畜禽舍舍内环境控制、抗菌药替代方案等制度。另外加强了消毒管理制度、兽药饲料使用管理制度以及疫苗使用管理制度的执行力度。

（二）人员及岗位管理

饲养人员要严格遵守防疫卫生制度，定期消毒并保证羊舍和卫生区的清洁，上班时间不得无故随意串栋，不得混用生产用具。每天检查羊只采食、饮水是否正常，保证羊只能正常饮水，发现问题及时汇报，并配合有关技术人员进行处理。加强对病羊、弱羊、羔羊和分娩母羊的护理。做好转群后空舍的清理、消毒工作。

（三）饲养管理方式先进

牧场采用高床舍养殖，能够保持清洁、干燥的生活环境，有效地防止各种疾病产生；同时，还可以有效地减少羊只的活动量，减少能量消耗，缩短饲养周期，提高育肥速度；采用高床舍有利于羊只喂食，还可以避免放牧式饲养对生态环境造成破坏。

三、疫病监控及安全、合理、规范用药

（一）兽医人员及管理

聘请行业资深专家作为兽医技术顾问，配备3名兽医技术人员，建立《兽医诊断与用药制度》，促进羊场疫病防控工作规范化、科学化，有效控制羊病的发生及流行。

明确兽医岗位职责。负责羊群卫生保健、疾病监控和治疗，贯彻防疫制度，做好羊群的定期检（免）疫工作；监督羊场消毒制度的执行工作。建立每天现场检查羊群健康的制度，发现问题及时处理；制定药品和器械购置计划；认真细致地进行疾病诊治，按照兽医工作规范填写病历；按规定做好羊群的传染病免疫接种、驱虫等工作，并做好记录。

执行兽医工作规范。坚持"预防为主，防重于治"的原则，认真落实羊场制定的防

疫、检疫计划及消毒制度；在诊疗、免疫接种、驱虫时要做好保护措施，佩戴口罩，穿防护服，戴乳胶手套等；对用完的疫苗瓶等废弃物要进行无害化处理；进行临床检查时必须仔细、认真、全面，以客观症状为依据；开具处方要规范，字迹要清楚整齐，计量单位克、毫升，用量必须按药品使用说明书使用，严禁随意将使用量加大或者减小。必须坚持先开具处方再用药，对于非常紧急的病例可以先治疗，但必须尽快将处方补全；注射药物时，注射部位必须要用75%酒精棉球消毒后才能注射，以免造成感染；对药物的选择应要有针对性，严禁滥用抗菌药。对常用药物要了解其配伍禁忌，在使用药物治疗前必须查清病史、合理用药，处方月底装订，归档保存，以便今后查阅；在治疗期间做好病羊的护理工作。

（二）诊疗设施、条件及管理

设立兽药房，建立兽药出入库、使用管理、岗位责任等相关管理制度，规范做好养殖用药档案记录管理。组织养殖相关人员和兽医技术人员积极参加有关业务培训，使本场人员对国家有关兽用抗菌药减量政策有正确的认识、了解，做到按照国家兽药使用相关规定规范使用兽用抗菌药，严格执行兽用处方药制度和休药期制度，坚决杜绝使用违禁药物。

（三）畜群免疫及监测

严格把控疫苗质量。疫苗采购要从正常渠道采购，不得从小商小贩等不法渠道采购，严格按照要求贮运疫苗，确保疫苗的有效性；疫苗使用前阅读使用说明书，并检查疫苗包装及性状。瓶子出现裂纹、瓶塞松动及色泽、物理形状等与说明书不一致的疫苗，严禁使用。

制定畜群免疫程序，并严格按照免疫程序进行免疫。羊场按照每4个月免疫一次口蹄疫、羊痘、小反刍兽疫、羊三联四防疫苗，合理交叉安排免疫时间，确保山羊相关疫病的免疫抗体始终处于高水平，注重免疫器具的消毒，防止因免疫造成疫病互相传播。

使用疫苗时，严格按照规定剂量和方法进行。不得自行添加或减少剂量。免疫注射器使用前后严格消毒。遵循一羊一针头制度，避免交叉感染。废弃疫苗及疫苗瓶高温消毒，不得随意丢弃；认真填写免疫档案。

开展免疫效果检测。注射疫苗后两天内注意观察羊的表现，发现异常情况及时救治；定期和不定期对羊进行口蹄疫、羊四防等疾病的免疫效价监测，及时了解免疫效果，完善免疫程序。详细记录免疫日期，疫苗名称，生产厂家，批号，疫苗生产期、有效期，免疫剂量等。

（四）合理规范使用抗菌药

配备技术人员，开展诊疗活动，严格按照诊疗结果用药。树立科学审慎使用兽用抗菌药理念。建立并实施科学合理用药管理制度，对兽用抗菌药物实施分类管理，实施处方药管理制度和休药期制度。科学规范实施联合用药，能用一种抗菌药治疗绝不同时使用多种抗菌药，能用一般级别抗菌药治疗绝不盲目使用更高级别抗菌药。

杜绝使用促生长类兽用抗菌药。加强养殖条件改善，采取"自繁自养"方式养殖，加强动物疫病防控管理，提高健康养殖水平，积极探索使用兽用抗菌药替代品。

（五）替代品、替代措施和替代方案

使用鱼腥草、黄芪多糖、板蓝根等中草药替代产品。

山西桦桂农业科技有限公司

动物种类及规模：肉羊，年存栏 6 500 只。

所在省、市：山西省太原市。

获得荣誉：2020 年被农业农村部评为全国兽用抗菌药使用减量化行动试点达标养殖场。

养殖场概况

山西桦桂农业科技有限公司位于太原市阳曲县城晋驿（原国营良种场），于 2014 年成立，注册资本 1 000 万元。

减抗目标实现状况

2018 年 6 月到 2019 年 5 月，育肥羊 6 359 只，出栏总量 336.89t，全场同期使用兽用抗菌药 23.97kg，比上一年用量减少 11.95kg，减少 33.27%。每 1t 产出约使用兽用抗菌药 71.15g。

主要经验和具体做法

一、加强基础设施建设，改善饲养环境

（一）建设标准化羊场

羊舍建筑标准化，采用漏粪板和机械刮粪模式。羊舍分为母羊舍、产羔舍、育成舍、育肥舍，分阶段饲养管理利于提高养殖效率，建有运动场，可保障羊只充足运动。羊舍有良好的通风系统、保温系统，保障了羊舍在各季节的舒适性。

（二）落实消毒管理

人员和车辆进出口均设有完备的消毒设施，减少了外来传染病传播。配备了专门的无

害化处理车间，减少了对环境的污染。完善了羊场的消毒体系，由专人负责每周2次全场消毒，消毒池、消毒室的消毒液每天更换。设有羊只引进隔离区、出售隔离区、病羊隔离区，保障进出安全。

（三）完善防疫制度

完善了羊场的防疫制度，保障羊群安全。加强口蹄疫、小反刍兽疫免疫与抗体检测，合格率高；布鲁氏菌病检测全部呈阴性，达到布鲁氏菌病净化的要求，被农业农村部认定为动物疫病（布鲁氏菌病）净化创建场。

二、加强饲养管理，提升动物健康水平

根据不同生理阶段、羊机体状况等科学配制日粮，主要以草料为主，保证羊的反刍性能，补充所需的维生素、微量元素及各种矿物质以满足营养需求，提高健康水平。草料主要以全株玉米青贮、苜蓿干草、花生藤为主，所有草料无发霉变质，保证羊只健康和肉品的安全性。

三、科学合理开展免疫接种

合理制定免疫程序，积极开展疫病监测和布鲁氏菌病净化工作，建立健全生物安全防控体系。一是定期进行疫苗免疫抗体效价和布鲁氏菌病血清凝集试验检测，确保免疫效果。二是专人负责，一周2次定期消毒，消毒室和羊舍消毒池每天更换消毒液，人员和车辆出入实施严格的更衣、消毒登记制度。场区划分净道和污道，并严格分离不交叉，病死羊按规定和技术操作规程进行无害化处理，有效减少污染和降低疫病发生风险。

四、合理规范使用抗菌药

按相关规定建立科学合理的用药制度。专人负责兽药采购、入库、出库登记；建立诊断记录、用药记录制度；严格执行处方药使用和休药期制度；杜绝盲目用药、重复用药、叠加用药现象；定期驱虫、药浴保健制度；根据不同季节添加微生态制剂、中草药制剂，促进羊只胃肠道有益菌繁殖和平衡，从而提高饲草料的消化吸收利用率，提高动物健康水平和抗风险能力。

五、诊疗技术及设备设施

聘请了有执业兽医师资质的兽医作为羊场的兽医主管，招聘了大专以上的兽医专业技术人员6名，以便在日常工作中，能及时发现异常羊只，及时做出准确诊断和制定治疗、用药方案。

设有兽医室、解剖室、化验室等办公区域，配有冰箱、培养箱等设施，能正常开展血

清学检测工作，有 $40m^2$ 的药品库房，满足药品储存要求。

六、替代品、替代措施和替代方案

积极探索使用兽用抗菌药替代品。减少了土霉素和庆大霉素的使用数量，增加板蓝根注射液、柴胡注射液、鱼腥草注射液、双黄连注射液、黄芪多糖注射液的使用。其中，土霉素使用减少 2 箱，庆大霉素使用减少 14 箱。增加使用板蓝根注射液、柴胡注射液、鱼腥草注射液、双黄连注射液、黄芪多糖注射液各 1 箱。

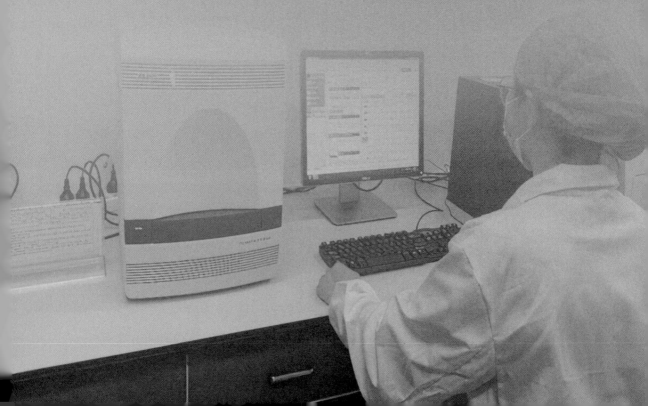

08

第八部分

养殖场典型
做法实例

加强饲养管理应对季节变化（×× 蛋鸡场）

把不同季节、月份的药费统计起来，计算出平均数。可以分析出季节和月份用药数量及费用的不同，也可以看出用药的差异。这样我们在管理方面和用药方面就有了经验。

主要是指一年四季温度变化对饲养管理造成的影响和在季节交替时气候极易突变给饲养管理带来的不便。

春季的特点：温度较低，温差变化较大，多风。

饲养管理重点：增加鸡舍湿度，宽度在 13m 以下的鸡舍，控制通风口不宜过大，进风量不宜过快，并随时根据外界温度的变化调整通风。

夏季的特点：干热和湿热并存。

饲养管理重点：主要以降温为主。初夏天气易突然炎热，可使用纵向风机通风降温，此阶段要注意，虽然外界温度已经较高，但进风温度仍然较凉，要注意进风口不能直接吹鸡，随着温度升高、湿度增加，逐渐使用水帘降温，使用初期要注意缓慢，防止水帘进风过凉（可通过调整风机的使用数量和调整水帘周围的小窗户来缓解湿帘的凉风）。进入三伏天后，要使用一切降温设备，包括风机、湿帘等。

此阶段的注意事项：① 注意进风死角，尤其是鸡舍两头；② 注意舍中间的风速是否达标；③ 注意晚上的通风降温；④ 千万不能控水，要及时检查水线；⑤ 注意舍内负压；⑥ 饲料应少添加、少储存，以免高温高湿霉变。

秋季的特点：温差逐渐加大，初秋多水，风大。

饲养管理要点：最难掌握的就是通风。初秋高温高湿应该以降温为主，深秋则以保温为主。

秋季通风的注意事项：① 首选横向通风，如环境得不到控制时，再使用纵向通风，一定要缓慢开启，逐渐增大；② 进风口要多、不要大，保持微风常通；③ 外界温度是通风的第一标准，要及时关闭风机；④ 如遇降温天气，一定提前升温并调整通风口；⑤ 与夏季相比，秋季的舍内氨气浓度要高，人突然进入鸡舍会有一定的味道，但有一个原则不能超越，"可以让鼻子感觉到味道，但一定不能让眼睛感觉到不舒服"。

冬季的特点：天气逐渐变冷，多干燥，有风。

饲养管理要点：冬季最主要的是考验鸡舍的封闭及保温情况，这个阶段要注意的是，

① 温差会形成风，进风口进来的凉风是否直接吹着鸡；② 在深秋和初冬季节要注意看鸡舍的墙壁、棚顶、隔断是否有水珠形成，凡能形成水珠的位置，冬季将会有凉气渗入进鸡舍，造成鸡舍内温差拉大和局部鸡群受凉；③ 坚决不能让鸡着凉。

兽药、疫苗供应商评估（××养鸡场）

一、目的

评价选择合格供应商并对其进行长期评估，以确保其提供合格的产品与服务。

二、适用范围

适用于为本公司提供兽药、疫苗的所有供应商。

三、权责

防疫中心、青年鸡场、采购部、生产部负责人组成评价小组，负责对供应商的考核与评价。

总经理负责合格供应商的批准。

四、评价流程及内容

（一）供应商的初选

1.供应商资质审查

审查兽药、疫苗生产企业的资质资料、生产技术（技术研发、工艺水平、生产能力、供货能力、产品价格、售后服务等）、质量管理（质量管理机构、质量管理体系、产品检测能力等）及产品服务（售后服务、延伸服务、行业信誉等）、财务状况、社会责任、安全环保等信息，兽药、疫苗的经销商必须有相关的经营许可证明文件。

2.产品合规性审查

（1）看兽药、疫苗产品成分是否符合农业农村部公布的相关要求。

（2）审查相关许可证明文件：兽药生产许可证和产品批准文号，进口产品应有进口登记证、进口兽药注册证书。

（3）对相关证明文件要仔细查对有效期，保证其许可证明文件在有效期内。

（4）必要时，可以对原料供应商进行现场考评。内容包括资质资料的审核、生产现场的察看以及座谈交流等。

3.产品质量安全承诺

要求供应商提供产品质量承诺书：内容包括该公司生产并提供给本公司的产品符合兽

药有关规定及标准，不含违禁成分；本公司有权进行药品检测，如发现该公司的产品含有禁止使用的成分，由此所产生的后果及损失，由该公司承担。

4.产品试用

对供应商提供的产品首先进行小规模试验，评价使用效果。

（二）供应商的评价

1.评价流程

经过对供应商的初选、考评以及样品试用后，由本公司防疫中心、青年鸡场、采购部、生产部负责人组成的评价小组，以会议形式对供应商进行全面、客观的评价，填写供应商评价登记表。供应商的资质和原料都必须符合国家法律法规的强制性要求，凡是任意一项不符合要求的，取消评选资格。

在《供应商评价记录》进行初次评价完成后，若半年该供应商提供的产品无质量问题，则可将符合条件的供应商列入《合格供应商名录》，交总经理批准。

2.评价记录与合格供应商名录

评价记录应当包括生产企业名称及地址、联系人及联系方式、许可证明文件编号、产品批准文号、通用名称及商品名称、评价内容、评价结论、评价日期、评价人等信息；向经销商采购的，评价记录应当包括经销商名称、营业执照编号、注册地址、联系方式、药物通用名称及商品名、评价内容、评价结论及评价人等信息。

合格供应商名录应包括供应商的名称、药物通用名称及商用名称、许可证明文件编号、联系人及联系方式、评价日期等信息。

原则上一种药品，需两家或两家以上的合格供应商，以供采购时选择。

3.合格供应商的再评价

（1）评价对象：列入《合格供应商名录》的所有供应商。

（2）再评价方法：对于已列入《合格供应商名录》的供应商，公司每年对其进行一次再评价，由评价小组对供应商的服务态度、产品质量、信誉、产品价格等分别进行考核评分，并采用一票否决制，重新填写评价记录表，淘汰不合格供应商，修订后的《合格供应商名录》由总经理批准生效。

若不合格的供应商整改后重新提出合作，则需要将其视为首次合作商，根据本制度重新对其进行评价，评价合格后可再次建立合作关系。

4.相关文件记录

《供应商评审评价表》《合格供应商名录》。

供应商评审评价表

编号：

公司名称		公司性质	
地址			
电话		邮政编码	
联系人及电话		传真	
是否新供应商	□ 是	□ 否	
合作时间	□ 1 年以内　　□ 1~3 年　　□ 3 年以上		
供应产品范围			
评审方式	□ 样品评审　　□ 实地评审　　□ 会审		

评审项目：

1. 工商营业执照	有 □	无 □	失效 □
2. 经营许可证或生产许可证	有 □	无 □	失效 □
3. 产品批准文号	有 □	无 □	失效 □
4. 产品合格证及检测报告	有 □	无 □	失效 □
5. 产品质量	好 □	一般 □	差 □
6. 产品质量安全承诺	有 □	无 □	
7. 厂方信誉	好 □	一般 □	差 □
8. 生产能力	好 □	一般 □	差 □
9. 交货期评审	符合 □	不符合 □	
10. 信用、服务评审	好 □	一般 □	差 □
11. 产品价格评审	偏低 □	合理 □	偏高 □
12. 生产设备	较差 □	齐全 □	先进 □
13. 检测设备	较差 □	齐全 □	先进 □
14. 供货能力是否满足发货需求	是 □	否 □	
15. 环境安全评审	安全 □	不安全 □	其他 □

附：企业资质证书共　　　　　份

评审意见与结论：

青年鸡场 签字：	总兽医师 签字：	采购部 签字：	财务部 签字：
评价等级：　　优秀 □　　合格 □　　不合格 □			
批准　　　　日期	审核　　　　　　　　　日期		

疾病诊断与药品使用管理（××公司）

1 诊断

1.1 各养殖场在发现禽群异常时要及时汇报兽医科长。

1.2 兽医主管根据禽群表现与解剖症状对异常进行初步判断；同时立即采样并送疫病诊断专家组进行实验室诊断；根据专家意见与诊断结果，确认是否为重大疫情，如是则启动养殖场重大疫情应急预案；如不是则兽医主管按照发病症状开具处方单，异常场按药品领用、使用、回收流程使用药品。

2 药品使用管理

2.1 药品日常管理：养殖部所有中药、保健药、西药均存放于育雏中心的中、西药房，由药品保管员负责两库房药品的到货验收入库和日常清理整理；蛋鸡、种鸡、福利鸡、蛋鸭、种鸭、育雏的疫苗由药品保管员进行日常管理，蛋鹌、种鹌分别由两场保管员进行日常管理；疫苗的日常管理包括到货验收入库、每日冰箱温度检查记录、日常整理。

2.2 药品领用：领用中药、保健药、西药均需兽医主管所开的处方单，并在育雏场场长确认签字后，由药品保管员发药；疫苗领用须场长或免疫主管填写疫苗领用单，由药品保管人员发药（两鹌鹑场疫苗由各自保管员发药）；药品专用账卡由药品保管员写明数量、出处，并由领药人确认签字（两鹌鹑场在领用疫苗后，须将疫苗账卡拍照发"技术科工作交流群"，方便药品保管填写养殖部总包装回收记录）；同时，药品保管员需在养殖部总包装回收记录上写明发药时间、出处、药品基本信息。

2.3 药品使用：① 各场在领回药品后，用药专员依照处方单每日分发药品，并亲自兑水、兑料化药（若用药专员休息，由场长另指定专人进行）。化药后，用药专员须每栋拍一张照片发"技术科工作交流群"确认药品已使用，拍照画面须包含：已化好药的药桶或料盆、料罐，可数清的空药品包装袋（瓶），拍照时间水印。② 用药专员在每疗程用药结束后，须填写所在场药品包装回收记录、家禽疾病预防用药记录；在生产记录上每日填写用药记录；三表格均须场长监督签字。③ 免疫主管、用药专员在每日免疫结束后将用完的疫苗空瓶集中拍照，发"技术科工作交流群"，并在每栋免疫结束后及时填写免疫记录。

2.4 包装袋回收：① 每疗程用药或每栋免疫结束后，场长、用药专员或免疫主管须及时将空包装袋（瓶）送回育雏。送回育雏的空包装袋（瓶）须药品保管员清理点数，在养殖部总包装回收记录上写明回收数量、相差数量，并由育雏场场长监督签字后集中焚烧处理。② 药品保管每月 5 日和 20 日分别在"技术科工作交流群"通报发出药品 30 天内包装未送回育雏场的场名和药品名称、数量。

进禽、转群及淘汰的防疫制度（××鸡场）

一、引入青年禽防疫细则

1. 由于多数烈性病不能垂直传播，原则上养殖场仅能引入禽苗或者自繁禽苗饲养。若需要引入青年禽，须按照以下步骤对禽群进行检疫、消毒。

2. 引入青年禽需在引入前一周由销售方随机采集 32 份血清样品与 10 份双拭子样品送至引入方技术中心。

3. 技术中心进行禽流感、新城疫抗体检测与禽流感抗原快速检测，检测合格后销售方才可发货。

4. 青年禽转运车辆在到场前须全车内外喷雾消毒，然后由技术中心实验室做禽流感抗原快速检测，检测合格方可入场。

二、转群防疫细则

1. 转群车辆到场前须全车内外喷雾消毒，司机须穿着好防疫服、防疫鞋，有破损及时更换，转群过程中严禁司机进入栋舍。

2. 转群场提供工作服、防疫鞋，严禁工作服、防疫鞋交叉。

3. 运送转群笼的车辆进育雏场必须经过氢氧化钠消毒池，车身需喷雾消毒。

4. 转群笼在使用完毕后必须经高压枪充分冲洗、喷雾消毒后方可放入库房。

三、淘禽防疫细则

1. 淘禽装车不得在场门口进行，须离场至少 100m 之外。

2. 淘禽车辆到场前须全车内外喷雾消毒。

3. 场外放禽人员不得穿场内工作服、工作鞋、工作帽，只能穿一次性防疫服，套鞋套，鞋套要有效，有破损及时更换。

4. 场内抓禽人员不得到场外活动，如有要求，必须换下工作服，更换一次性防疫服、鞋套。不得再将防疫服、防疫鞋穿回场内。

5. 使用后的防疫服、鞋套、手套、口罩须及时集中焚烧，不得随处乱扔。

6. 运送转群笼的车辆进出场区必须经过氢氧化钠消毒池，车身需喷雾消毒。

7. 淘禽使用的转群笼（框）出场后必须经高压枪充分冲洗、喷雾消毒后方能拉回场内。

8. 内外协调组织人员不得返回生产区，只能电话沟通。

9. 不允许外来禽贩子进场，如需进场必须经负责人允许，必须在门口更换防疫服、防疫鞋，进场后只能在办公区活动。

猪群保健治疗方案（××猪场）

××公司在生猪养殖过程中坚持倡导生物安全、舒适环境、合理用药三大理念，根据国家级生猪养殖标准化示范场创建要求配置各类设备设施，制定并落实符合本场的疫苗免疫程序，同时根据《兽药管理条例》及相关规定合理用药。建立防治结合、预防为主及防重于治的方针政策，制定了猪群各阶段保健治疗方案，具体如下。

一、种群保健治疗方案

1. 在每年3月、6月、9月、12月，为防控猪繁殖与呼吸综合征、猪伪狂犬病、猪附红细胞体病、猪弓形虫病等，在猪经产种群饲料中添加酒石酸泰万菌素预混剂、盐酸多西环素、复方磺胺间甲氧嘧啶；再添加中药原料提高机体防病能力。

2. 每年4月、8月、12月使用芬苯达唑、伊维菌素混饲驱虫，每年4月、8月使用双甲脒溶液做体表喷淋驱虫。

3. 母猪产前重胎期，添加猪用复合多维用于预防应激。

4. 母猪分娩后2h内，肌注盐酸头孢噻呋注射液，使用莱索菲—重组溶葡萄球菌酶清洗子宫，预防"产后三联症"。

二、商品仔猪保健治疗方案

1. 仔猪出生当天使用硫酸庆大霉素预防腹泻。

2. 仔猪出生第2天使用右旋糖酐铁补铁，预防贫血。

3. 仔猪7~10日龄去势时，肌注盐酸头孢噻呋注射液，使用莱索菲—重组溶葡萄球菌酶防止感染。

4. 仔猪25~28日龄断奶后，混饲硫酸黏杆菌素、阿莫西林、猪用复合多维5天，预防腹泻、链球菌病、断奶应激。

5. 仔猪转群入保育，混饲阿莫西林、氟苯尼考、中药原料、猪用复合多维1周，预防呼吸道疾病、转群应激。

6. 仔猪45日龄，使用芬苯达唑、伊维菌素混饲驱虫。

7. 生长前期，根据情况选用阿莫西林、氟苯尼考混饲1周，预防猪传染性胸膜肺炎。

种猪引进管理制度（××公司）

一、认识引种是非洲猪瘟传播中的主要传播途径之一，须严密防控

二、引种带来的传播风险因素分析

1.引种来源场风险评估：疫区、受威胁区、非疫区评估。最低潜伏期内供种场停售猪要求、与屠宰猪出售间隔要求、供种场检测报告。

2.车辆及附属品：自备车、外叫车的封闭性，有无挡布，是否为全金属车厢，木板垫板以及附属品、驾驶室清洁要求。

3.人员：本场引种人员、驾驶员、不同客户、供种场人员、检疫人员、其他可能接触人员。

4.场地：洗消点、销售场地、装卸月台。

5.途经交叉点：疫区、猪场、其他运猪车、垃圾场、垃圾车、病死猪装运车、引种集中检测点、高速路检疫通道。

6.中途饮水、用水。

7.装运车安全行驶及防止猪跳出的措施。

三、操作要求

1.提前考察供种场和装运路线、交叉点情况，确定供种场和相应最佳路线、备用路线。

2.引种前、现场装运等过程的事先和及时沟通，主要是单独检疫、抗应激保健、与其他客户售猪间隔、场地、消毒点等事宜，做好各项交叉风险控制。

3.车辆的选择：装种猪的首选车辆应自备全封闭金属车厢，次选平常不装猪适宜货车，再选社会装猪车辆。并配备必要的挡布、赶猪工具、防护网等附属工具，不必要的不带。

4.车辆的清洗消毒烘干：进行严格的清洗、多次消毒、干燥处理，并经引种人员检查合格后再用，参照车辆洗消程序执行。

5.装猪人员准备：准备充足人员，两名随车装猪人员，负责消毒和检查等所有事务。

6.人员的隔离和消毒：提前24h到位，沐浴，随带更换3套防护服、鞋。

7.场地的消毒：装猪场地事先要进行严格的清洗、消毒，按消毒制度执行。

8.物品的准备：更换的雨鞋、防护衣物及其他赶猪棒、拦片等用具，准备途中备用消毒设施、消毒药品。

9.挑猪：在隔离玻璃墙外现场挑选符合品种特性的，并做好标记，以便核对。

10.装猪：保持适宜密度，确保双方人员不交叉；参与卖猪、买猪的人员所着衣物、鞋子必需确保"干净"。手消毒干净。

11.检疫：自行眼观检疫，协调官方兽医着防护服单独检疫。

12.运猪：安全行驶，事先加好油，尽量不停车；如必须停车，则选择远离主道安全点停车。

13.进场前后消毒：根据消毒制度，对人、猪、车、月台进行彻底消毒。

14.卸猪：指定人员进行卸猪，完成后参与人员立即更衣沐浴，不接触其他猪群。

15.隔离饲养：初步隔离两周后确认引种安全，再进行下步隔离饲养。

水线管理制度（××公司）

1 目的

规范水线浸泡、冲洗方法，保证鸡群饮水的清洁卫生，特制定本文件。

2 适用范围

××畜禽养殖有限公司。

3 职责

3.1 养殖场办公室负责本文件的制订、修订、落实和监督工作。

3.2 驻场兽医负责本文件的宣导与落实。

4 正文

4.1 空舍期间的水线浸泡/冲洗

空舍期间水线浸泡参数表

消毒名称	使用浓度	用药量	用水量	加药器比例	浸泡时长	浸泡时机	冲洗时机
优垢净	2%	40L	1 960L	2%	>72h	鸡舍冲洗前	鸡舍薰蒸前
CID200	2%	40L	1 960L	2%	24h	鸡舍冲洗前	

4.1.1 空舍期间水线浸泡注意事项

（1）浸泡前应先用清水冲洗水线，同时检查水线有无漏水、跑水现象，检查压力壶是否正常运转。

（2）加药时保证加药桶的清洁，并确保药液与水充分混匀。

（3）为确保冲洗效果，水线冲洗时应保证每层水线单独进行，冲洗频次和冲洗时间符合要求。

冲洗频次：水线浸泡72h，每日冲洗1次，连续3日。

冲洗时间：≥ 20min/ 次。

（4）进行水线浸泡、冲洗操作时应做好个人防护（耐酸碱手套、围裙、面罩、雨靴）。

4.1.2 空舍期间水线的检测

（1）鸡舍解封后，同空舍棉拭子采样一同进行。

（2）舍内各层水线每层随机采集水样 1 份（青年鸡舍 4 层、蛋鸡舍 8 层），同时采集操作间及供水管道水样各 1 份，进行细菌检测。

4.2 带鸡栋舍水线消毒 / 冲洗

4.2.1 青年鸡场

（1）青年鸡场水线冲洗工作由生产科饲养员负责落实，生产主任应做好监督检查工作，确保冲洗效果合格，微生物检测符合生物安全要求。

（2）因青年鸡舍饲养周期短（平均 4 个月 / 批鸡），水线仅用清水冲洗即可，若因特殊原因需加药消毒 / 冲洗时，请参照 4.1 条款要求，晚上熄灯后向水线内加入规定浓度的优垢净，浸泡至次日开灯前排空并完成冲洗。

（3）水线冲洗频次：≥ 1 次 / 周。

（4）水线冲洗时间：≥ 15min/ 层。

（5）冲洗步骤及要求：

① 为保证冲洗效果，冲洗水线需按层进行，由下至上，逐层冲洗。

② 关闭各层进水阀，到鸡舍前端将各列、各层的反冲阀按下，使之呈水线冲洗模式。

③ 开启第 1 层进水阀，冲洗 15min 后关闭，并将第 1 层各列的反冲阀提起并固定，依次作业，直至全部冲洗完成。

④ 冲洗过程中，要及时到鸡舍尾端确认各列、各层水线的水流情况，确保流速符合要求。

4.2.2 蛋鸡场

（1）蛋鸡场水线消毒 / 冲洗工作由饲养员负责，生产主管及兽医应做好监督检查工作，确保过程及酸化剂浓度符合要求，详见下表。

水线消毒 / 冲洗参数表

酸化剂名称	使用浓度	用药量	用水量	加药器比例	饮用时间
白味酸	0.2%	10L	90L	2%	8：00—15：00

（2）水线冲洗、消毒方法：

① 为保证冲洗效果，冲洗水线需按组进行，每次冲洗 6 列 1 层（6 根水线）。

② 按下反冲阀：按下反冲阀时要匀速逆时针旋转，防止水压骤增冲断水线。

③ 检查水流状况：到鸡舍末端观察排水管是否排水，如不排水，检查水线是否有断裂情况。

④ 复位反冲阀：水线冲洗 10min 后，将压力壶反冲阀复位，继续重复前两步冲洗余下 42 条水线（6 根 / 次）；

⑤ 检查水位报警浮球：全部冲洗完毕后，检查鸡舍末端水线报警浮球，看是否被冲到胶塞上，若被卡在上部要及时复位，保证无水时能够正常报警。

（3）冲洗频次及要求：

① 水线正常的栋舍：

a. 按水线消毒 / 冲洗参数要求，每周消毒 2 次，每次间隔 3~4 天，在第 2 次消毒后冲洗水线。

b. 冲洗要求：在饮用赛可新的次日进行冲洗，每周冲洗 1 次；为保证冲洗效果，冲洗水线需按组进行，每次冲洗 6 列 1 层（6 根水线），每组冲洗时间应 ≥ 10min。

② 水线轻度污染的栋舍：

a. 按水线消毒 / 冲洗参数要求，每周消毒 2 次，每次间隔 3~4 天，并在每次消毒后冲洗水线。

b. 冲洗要求：在饮用赛可新的次日进行冲洗，每周冲洗 2 次。为保证冲洗效果，冲洗水线需按组进行，每次冲洗 2 列 4 层（8 根水线），每组冲洗时间应 ≥ 10min。

③ 水线严重污染栋舍：

a. 先用优垢净对水线进行 1 次彻底浸泡，具体操作要求同 4.1 条款。

b. 浸泡 / 冲洗要求：待目标栋舍熄灯后将优垢净打入水线，浸泡至开灯前 1h 全部排空，并按组对水线进行冲洗，每次冲洗 6 列 1 层（6 根水线），每层的冲洗时间应 ≥ 10min。

c. 优垢净浸泡 / 冲洗完成后，按水线消毒 / 冲洗参数要求隔天饮用 1 次赛可新，连续执行 3 次，并在每次饮用后的次日冲洗水线。

d. 完成以上步骤后，对污染水线进行检测，根据检测结果决定下一步的水线消毒冲洗方法。

4.3　水线乳头流速测定

4.3.1　水线乳头流速的测定工作由饲养工程师负责，应每月至少测定一次，确保各乳头供水正常。

4.3.2　青年鸡舍水线流速测定方法：各层水线乳头压力由水线最前端集水箱与水线的高度差决定，饲养员应根据鸡群日龄调节水线高度（详见下表），并在每次调整后，在鸡舍尾端对水线乳头流速进行测定，按要求 1~2 周龄时水线乳头出水量 25~30mL/min，3 周龄后水线乳头出水量 40~45mL/min。

水线高度设定标准													（单位：cm）	
日龄	1	3	6	9	12	15	18	21	24	27	30	34	37	41	45
高度	11	12	14	16	17.5	19	20.5	22	24	26	27.5	28	29	30.5	32

4.3.3 蛋鸡舍水线流速测定方法

将 PVC 管斜刀口的一端抵住最末端鸡笼内的最后一个乳头，待其正常流水后，用 1 000mL 量筒接水并计时 30s 后，按量筒刻度读出滴水量，并详细记录，要求水线乳头出水 ≥ 60mL。

4.4 带鸡栋舍水线检测

4.4.1 兽医应每月对各栋舍的水质状况进行一次细菌检测，并根据检测结果决定各栋舍的水线浸泡、冲洗方法。

4.4.2 轻度污染至严重污染的栋舍可视情况增加检测频次。

4.4.3 水质检测标准见下表。

水质检测标准

检测项目	检测结果			
	优	良	中	不及格
大肠杆菌	0	0	1~10	>10
葡萄球菌	0	0	1~100	>100
绿脓杆菌	0	0	0	>1
沙门氏菌	（−）	（−）	（−）	（＋）
总菌数	0~10	11~100	101~1 000	>1 000

4.5 相关罚则

4.5.1 上述条款若有违反，按相关条款进行处罚。

4.5.2 因设备故障/检修等原因导致水线消毒/冲洗工作延误的，追究维保人员责任。

参考样表

入库时间	通用名	商品名	生产企业/供货商	入库数量	批号	规格	生产日期	保质期	收货人	包装完整	数量正确	二维码

药品仓库入库登记台账（参考样表）

药品出库登记（参考样表）

日期	单据编号	通用名	商品名	生产企业	批号	单位	含量	规格	数量

抗菌药使用记录（参考样表）

日期	舍号	批次	动物日龄	存栏数	药品通用名	规格	单位	领用数量	开始使用日期	停止使用日期	厂家/供应商	生产批号	生产日期	有效期	休药期	经手人

诊疗记录汇总（参考样表）

日期	圈舍号	日龄	动物数量	发病率	检查方式	解剖症状	诊断结果	诊疗人员	药物名称	给药方式	转归情况

处方笺（参考样表）

**** 场处方笺

动物批次：＿＿＿＿＿＿　　日龄：＿＿＿＿＿＿

动物数量：＿＿＿＿＿　　日期：＿＿＿年＿＿月＿＿日

病情及诊断：＿＿＿＿＿＿＿＿＿＿＿＿＿＿＿＿＿＿

＿＿＿＿＿＿＿＿＿＿＿＿＿＿＿＿＿＿＿＿＿＿＿＿

发药量：＿＿＿＿＿＿＿＿＿＿＿＿＿＿＿＿＿＿＿＿

使用期限：＿＿＿＿＿＿＿＿＿＿＿＿＿＿＿＿＿＿＿

休药期：＿＿＿＿＿＿＿＿＿＿＿＿＿＿＿＿＿＿＿＿

R：

技术员：＿＿＿＿＿＿＿　　审核：＿＿＿＿＿＿

发药：＿＿＿＿＿＿＿＿　　领取人：＿＿＿＿＿＿

**** 场处方笺

动物批次：＿＿＿＿＿＿　　日龄：＿＿＿＿＿＿

动物数量：＿＿＿＿＿　　日期：＿＿＿年＿＿月＿＿日

病情及诊断：＿＿＿＿＿＿＿＿＿＿＿＿＿＿＿＿＿＿

＿＿＿＿＿＿＿＿＿＿＿＿＿＿＿＿＿＿＿＿＿＿＿＿

发药量：＿＿＿＿＿＿＿＿＿＿＿＿＿＿＿＿＿＿＿＿

使用期限：＿＿＿＿＿＿＿＿＿＿＿＿＿＿＿＿＿＿＿

休药期：＿＿＿＿＿＿＿＿＿＿＿＿＿＿＿＿＿＿＿＿

R：

技术员：＿＿＿＿＿＿＿　　审核：＿＿＿＿＿＿

发药：＿＿＿＿＿＿＿＿　　领取人：＿＿＿＿＿＿

养殖场车辆消毒通道

人员消毒通道

自动感应消毒设施

场区环境消毒

厌氧发酵罐、沼气收集池

生化处理池

粪污堆肥发酵处理

污水带机处理

粪污处理设施

无害化处理设备（政府统一处理）

干法化制无害化处理车间

可视化监控

中控室

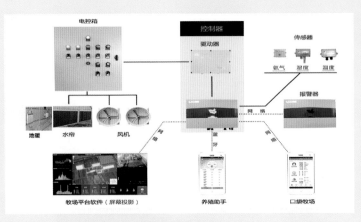

环境监控流程图

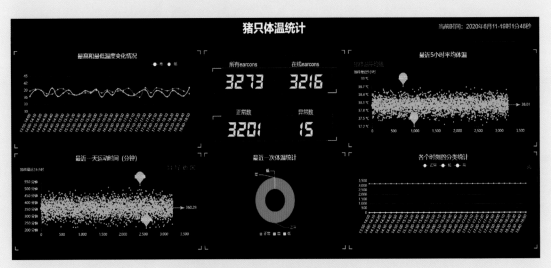

电子耳标识别信息反馈（猪）

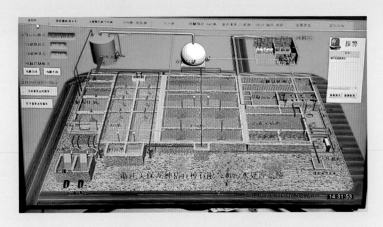

粪污在线监控与监测预警系统

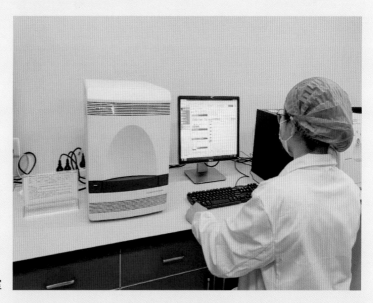

动物疫病检测实验室

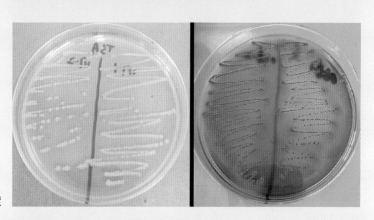

细菌分离鉴定

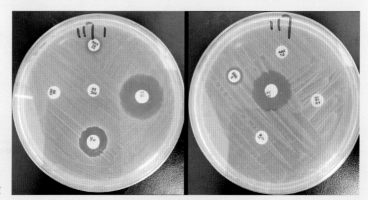

药物敏感性试验

人员培训

减抗相关制度上墙

兽药存储室